高等学校应用型特色规划教材

数字信号处理实验与学习指导

宋宇飞　主　编

潘子宇　魏　岖　副主编

清华大学出版社
北　京

内 容 简 介

本书是立足于工程应用型本科的教学实践而编写的数字信号处理实验与学习指导教材。

本书是主教材《数字信号处理》的教辅材料，分为实验指导篇与学习指导篇。实验指导篇根据数字信号处理的基本概念与原理、重要算法与应用，安排了基本实验与综合实验，方便学生上机练习，以加深理解数字信号处理的基本原理，并熟悉 MATLAB 的应用；学习指导篇贴近数字信号处理的基本知识点与理论体系，系统梳理数字信号处理的基本概念和理论线索，并详细分析典型例题和部分习题，方便学生进行课后的系统练习和巩固基本知识。

本书可作为电子信息类本科专业的教材和其他相关专业的教学参考书，也可作为相关领域工程技术人员的参考书。

图书在版编目(CIP)数据

数字信号处理实验与学习指导/宋宇飞主编；潘子宇，魏岠副主编. —北京：清华大学出版社，2012.8 (2024.8重印)

(高等学校应用型特色规划教材)

ISBN 978-7-302-28412-3

Ⅰ. ①数…　Ⅱ. ①宋…　②潘…　③魏…　Ⅲ. ①数字信号处理—高等学校—教学参考资料　Ⅳ. ①TN911.72

中国版本图书馆 CIP 数据核字(2012)第 056040 号

责任编辑：李春明　郑期彤
封面设计：杨玉兰
责任校对：周剑云
责任印制：曹婉颖

出版发行：清华大学出版社
　　　　　网　　　址：https://www.tup.com.cn, https://www.wqxuetang.com
　　　　　地　　　址：北京清华大学学研大厦 A 座　　　邮　　编：100084
　　　　　社 总 机：010-83470000　　　　　　　　　　邮　　购：010-62786544
　　　　　投稿与读者服务：010-62776969, c-service@tup.tsinghua.edu.cn
　　　　　质量反馈：010-62772015, zhiliang@tup.tsinghua.edu.cn
　　　　　课件下载：https://www.tup.com.cn, 010-62791865

印 装 者：三河市君旺印务有限公司
经　　销：全国新华书店
开　　本：185mm×260mm　　印　张：14　　字　数：333 千字
版　　次：2012 年 8 月第 1 版　　印　次：2024 年 8 月第 9 次印刷
定　　价：36.00 元

产品编号：044633-02

前　言

　　《数字信号处理》是普通高等学校应用型特色规划教材，本书是与之配套的实验和学习辅导教材。

　　本书立足于工程应用型本科的教学实践，根据数字信号处理课程的特点，突出理论与实践相结合。全书分为实验指导篇与学习指导篇。实验指导篇根据数字信号处理的基本概念与原理、重要算法与应用，安排了基本实验与综合实验，方便学生上机练习，以加深理解数字信号处理的基本原理，并熟悉 MATLAB 的应用；学习指导篇贴近数字信号处理的基本知识点与理论体系，系统梳理了数字信号处理的基本概念和理论线索，并详细分析了典型例题和部分习题，方便学生课后的系统练习和巩固基本知识。

　　本书的结构和内容安排如下：实验指导篇共安排了 15 个实验，包括基础实验 12 个，综合实验 3 个；学习指导篇共安排了 6 章，各章均包括本章基本要求、学习要点与公式、典型例题、习题选解等部分。

　　本书由宋宇飞任主编并负责统稿，编写人员及具体分工为：实验指导篇由宋宇飞和潘子宇编写，学习指导篇由宋宇飞和魏岠编写。本书的编写和出版得到了清华大学出版社和南京工程学院通信工程学院等单位的大力支持和帮助，在此表示诚挚的谢意。

　　本书可作为电子信息类本科专业教材和其他相近专业的教学参考书，也可以作为相关领域工程技术人员的参考用书。

　　由于作者的学识有限，书中难免有疏漏和不妥之处，欢迎广大读者批评指正。

编　者

目　录

实验指导篇

学习指导篇

实验指导篇

第1章 基础实验

实验一 时域离散信号的产生和基本运算

一、实验目的

(1) 了解常用的时域离散信号及其特点。

(2) 掌握 MATLAB 产生常用时域离散信号的方法。

(3) 掌握时域离散信号简单的基本运算方法。

二、实验原理与方法

1. 典型离散信号的表示与产生方法

1) 单位采样序列

单位采样序列的表达式为

$$\delta(n) = \begin{cases} 1 & n=0 \\ 0 & n \neq 0 \end{cases} \quad \text{或} \quad \delta(n-k) = \begin{cases} 0 & 1 \leqslant n \leqslant k \\ 1 & n=k \\ 0 & k < n \leqslant N \end{cases}$$

下面的例子介绍了产生 $\delta(n)$ 信号的方法。读者可自行类比 $\delta(n-k)$ 信号的产生方法。

【例 1-1】用 zeros 函数和采样点直接赋值的方法产生单位采样序列 $\delta(n)$。

解：MATLAB 程序如下：

```
x=zeros(1,10)
x(1)=1;
```

2) 单位阶跃序列

单位阶跃序列的表达式为

$$u(n) = \begin{cases} 1 & n \geqslant 0 \\ 0 & n < 0 \end{cases}$$

下面的例子介绍了产生 $u(n)$ 信号的方法。

【例1-2】 用 ones 函数产生 $N=10$ 点的单位阶跃序列 $u(n)$。

解： MATLAB 程序如下：

```
N=10;
u=ones(1,N);
```

3) 正(余)弦序列

正弦序列的表达式为

$$x(n) = A\sin(\omega_0 n + \varphi)$$

连续时间信号与离散时间信号的联系可由下面的例子清楚地反映出来。

【例1-3】 已知一时域周期性正弦信号的频率为 1Hz，振幅为 10V。在窗口中显示两个周期的信号波形，并对该信号的一个周期进行 32 点采样获得离散信号。试显示原连续信号及其采样获得的离散信号的波形。

解： MATLAB 程序如下：

```
f=1;A=10;nt=2;                    %输入信号频率、振幅、显示周期数
N=32; T=1/f;                      %采样点数、信号周期
dt=T/N;                           %采样时间间隔
n=0:nt*N-1;                       %建立离散信号的时间序列
tn=n*dt;                          %确定序列样点在时间轴上的位置
x=A*sin(2*f*pi*tn);
subplot(2,1,1);plot(tn,x);        %原模拟信号
axis([0 nt*T 1.1*min(x) 1.1*max(x)]);
ylabel('x(t)');
subplot(2,1,2);stem(tn,x);        %采样后的离散时间信号
axis([0 nt*T 1.1*min(x) 1.1*max(x)]);
ylabel('x(n)');
```

结果如图 1.1 所示。

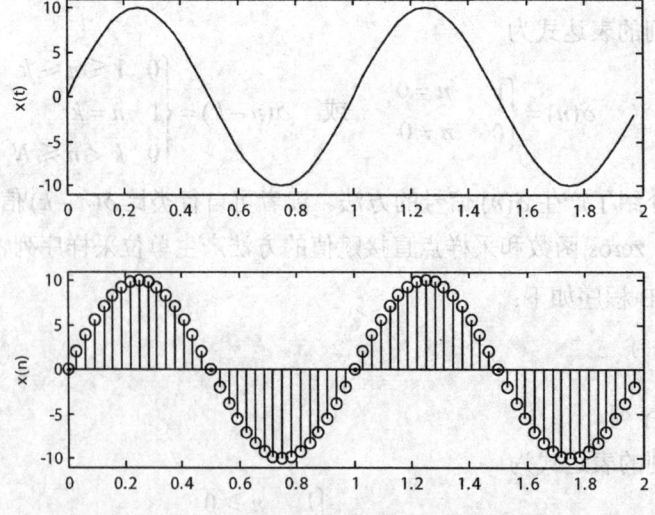

图 1.1   时域连续正弦信号与采样后的离散序列

4) 实指数序列

实指数序列的表达式为

$$x(n) = a^n$$

当 $|a| < 1$ 时，$x(n)$ 的幅度随 n 的增大而减小，序列逐渐收敛；当 $|a| > 1$ 时，$x(n)$ 的幅度随 n 的增大而增大，序列逐渐发散。

【例1-4】编写产生 $a = 1/2$ 和 $a = 2$ 实指数序列的程序。

解：MATLAB 程序如下：

```
N=10;
n=0:N;
a1=1/2,a2=2;
x1=a1.^n;
x2=a2.^n;
subplot(2,1,1);
stem(n,x1,'filled','k');
title('实指数序列 a=1/2');
xlabel('时间(n)');ylabel('幅度 x(n)');
subplot(2,1,2);
stem(n,x2,'filled','k');
title('实指数序列 a=2');
xlabel('时间(n)');ylabel('幅度 x(n)');
```

结果如图 1.2 所示。

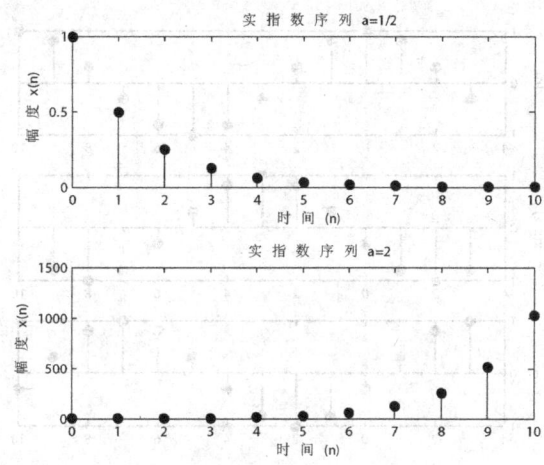

图 1.2 $a=1/2$ 和 $a=2$ 的实指数序列

5) 随机序列

在实际系统的研究和处理中，常常需要产生随机信号。MATLAB 提供的 rand 函数可以生成随机信号。

$rand(1, N)$：产生[0,1]上均匀分布的随机序列。

$randn(1, N)$：产生均值为 0、方差为 1 的高斯随机序列，也就是白噪声序列。

2. 时域离散信号的基本运算

1) 信号的移位

在 MATLAB 中给定离散信号 $x(n)$，若信号 $y(n)$ 定义为 $y(n) = x(n-k)$，那么 $y(n)$ 是信号 $x(n)$ 在时间轴上的移位序列。当 $k > 0$ 时，原序列右移 k 位，形成的新序列称为 $x(n)$ 的延时序列；当 $k < 0$ 时，原序列左移 k 位，形成的新序列称为 $x(n)$ 的超前序列。

【例 1-5】已知一余弦序列 $x(n) = \cos\dfrac{2\pi n}{10}$，求其移位信号 $x(n-3)$ 和 $x(n+3)$ 在 $-3 < n < 10$ 区间的序列波形。

解： MATLAB 程序如下：

```
n=-3:10;k0=3;k1=-3;
x=cos(2*pi*n/10);          %建立原信号x(n)
x1=cos(2*pi*(n-k0)/10);    %建立x(n-2)信号
x2=cos(2*pi*(n-k1)/10);    %建立x(n+2)信号
subplot(3,1,1),stem(n,x,'filled','k');
ylabel('x(n)');
subplot(3,1,2),stem(n,x1,'filled','k');
ylabel('x(n-2)');
subplot(3,1,3),stem(n,x2,'filled','k');
ylabel('x(n+2)');
```

结果如图 1.3 所示。

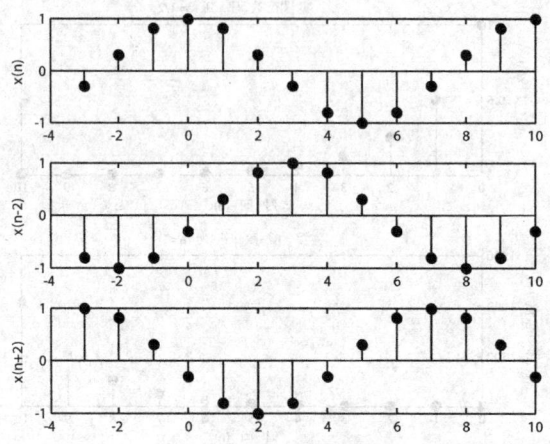

图 1.3　余弦序列 $x(n)$、$x(n-3)$ 和 $x(n+3)$

2) 信号相加

信号相加，即

$$x(n) = x_1(n) + x_2(n)$$

当序列 $x_1(n)$ 和 $x_2(n)$ 的长度不等或位置不对应时，首先应使两者位置对齐，然后通过 zeros 函数左右补零使其长度相等后再相加。

3) 信号相乘

信号相乘，即

$$x(n) = x_1(n)x_2(n)$$

当序列 $x_1(n)$ 和 $x_2(n)$ 的长度不等或位置不对应时，首先应使两者位置对齐，然后通过 zeros 函数左右补零使其长度相等后，在 MATLAB 中用 ".*" 来实现相乘。

【例 1-6】已知序列 x_1=[0,1,2,3,4,3,2,1,0]，n_1=[-2:6]；x_2=[2,2,0,0,0,-2,-2]，n_2=[2:8]。求 x_1 与 x_2 的和及乘积，并画出序列的图形。

解：MATLAB 程序如下：

```
x1=[0,1,2,3,4,3,2,1,0];ns1=-2;          % 给定 x1 及 ns1
x2=[2,2,0,0,0,-2,-2]; ns2=2;            % 给定 x2 及 ns2
nf1=ns1+length(x1)-1; nf2=ns2+length(x2)-1;
ny= min(ns1,ns2):max(nf1,nf2);          % y(n)的时间变量
xa1 = zeros(1,length(ny)); xa2 = xa1;   % 延拓序列初始化
xa1(find((ny>=ns1)&(ny<=nf1)==1))=x1;   % 给 xa1 赋值 x1
xa2(find((ny>=ns2)&(ny<=nf2)==1))=x2;   %  给 xa2 赋值 x2
ya = xa1 + xa2                          % 序列相加
yp = xa1.* xa2                          % 序列相乘
subplot(4,1,1), stem(ny,xa1,'.')        % 绘图
subplot(4,1,2), stem(ny,xa2,'.')
line([ny(1),ny(end)],[0,0])        % 画 x 轴
subplot(4,1,3), stem(ny,ya,'.')
line([ny(1),ny(end)],[0,0])        % 画 x 轴
subplot(4,1,4), stem(ny,yp,'.')
line([ny(1),ny(end)],[0,0])        % 画 x 轴
```

结果如图 1.4 所示。

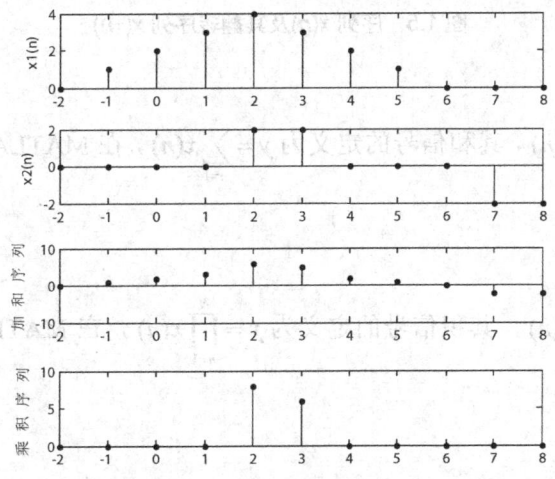

图 1.4　序列 x_1 和 x_2 的加和与乘积

4) 信号的翻转

离散序列翻转是指离散序列的两个向量以零时刻的取值为基准点，以纵轴为对称轴翻

转。在 MATLAB 中提供了 fliplr 函数，可以实现序列的翻转。

【例1-7】已知一实指数序列 $x(n) = e^{-0.3n}(-4 < n < 4)$，求它的翻转序列 $x(-n)$。

解：MATLAB 程序如下：

```
n=-5:5;
x=exp(-0.4*n);
x1=fliplr(x);
n1=-fliplr(n);
subplot(1,2,1),stem(n,x,'filled','k');title('x(n)');
subplot(1,2,2),stem(n1,x1,'filled','k');title('x(-n)');
```

结果如图 1.5 所示。

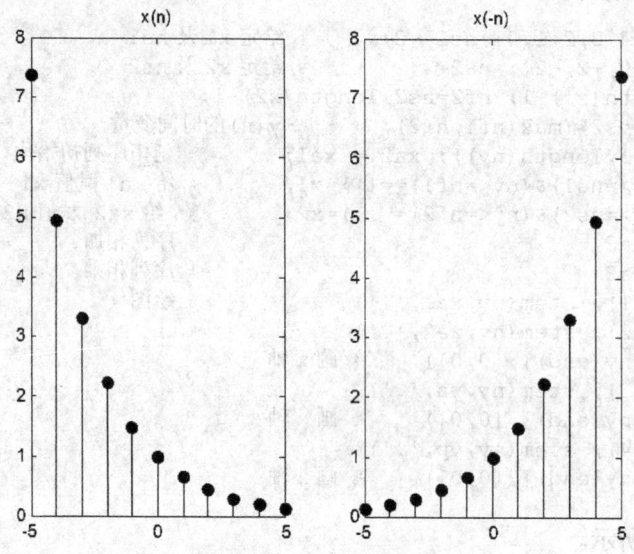

图 1.5　序列 $x(n)$ 及其翻转序列 $x(-n)$

5) 信号和

对于 N 点信号 $x(n)$，其和信号的定义为 $y = \sum_{n=1}^{N} x(n)$，在 MATLAB 中用 $y = sum(x)$ 来实现。

6) 信号积

对于 N 点信号 $x(n)$，其积信号的定义为 $y = \prod_{n=1}^{N} x(n)$，在 MATLAB 中用 $y = prod(x)$ 来实现。

7) 信号的能量

有限长信号的能量定义为

$$E_X = \sum_{n=1}^{N} x(n)x^*(n) = \sum_{n=1}^{N} |x(n)|^2$$

在 MATLAB 中有两种方法来实现：$Ex = sum(x.*conj(x))$ 或 $Ex = sum(abs(x).*2)$。

三、实验内容

(1) 自己设定参数，分别表示并绘制单位采样序列、单位阶跃序列、正弦序列、实指数序列、随机序列。

(2) 自己设定参数，分别表示并绘制信号移位、信号相加、信号相乘、信号翻转、信号和、信号积、信号能量。

(3) 已知信号

$$x(n) = \begin{cases} 2n+5 & -4 \leqslant n \leqslant -1 \\ 6 & 0 \leqslant n \leqslant 4 \\ 0 & \text{其他} \end{cases}$$

① 描绘 $x(n)$ 序列的波形。

② 用延迟的单位脉冲序列及其加权和表示 $x(n)$ 序列。

③ 描绘以下序列的波形：$x_1(n) = 2x(n-2)$，$x_2(n) = 2x(n+2)$，$x_3(n) = x(2-n)$。

四、实验预习

(1) 认真阅读实验原理，明确本次实验任务，读懂例题程序，复习有关序列运算的理论知识，了解实验方法。

(2) 根据实验任务预先编写实验程序。

(3) 预习思考：离散时间信号有哪些区别于模拟信号的运算方式？

五、实验报告

(1) 列出调试通过的实验程序，打印或描绘实验程序产生的图形曲线。

(2) 思考题：当进行离散序列的相乘运算时，例 1-6 程序中有 yp = xa1.* xa2，请问此处进行的相乘运算是矩阵乘还是数组乘，为何要这样使用？

六、实验参考

MATLAB 是由美国 MathWorks 公司推出的一款高性能的数值计算和可视化软件。MATLAB 是 Matrix Laboratory 的缩写，意思是矩阵实验室。它以矩阵为基本数据结构，交互式地处理数据，具有强大的计算、仿真及绘图等功能，是目前世界上应用广泛的工程计算软件之一，具有编程效率高、使用方便、运算高效、绘图方便等优点。

在安装了 MATLAB 软件之后，双击 MATLAB 图标就可以进入 MATLAB 界面。MATLAB 提供了一个集成化的开发环境，通过这个集成环境，用户可以方便地完成从编辑

到执行，以及分析仿真结果的过程。图 1.6 所示为一个完整的 MATLAB 集成开发环境，其中包括 Command Window(命令窗口)、Workspace(工作区)窗口、Current Directory(当前目录)窗口、Launch Pad(快速启动)窗口以及 Command History(历史命令)窗口。这些窗口通常以默认的方式集成在 MATLAB 主窗口中，可以通过单击各窗口右上方的 █ 按钮使这些窗口单独成为一个窗口，也可以通过各独立窗口中的菜单命令 View|dock 将这些窗口集成到 MATLAB 的主窗口中。

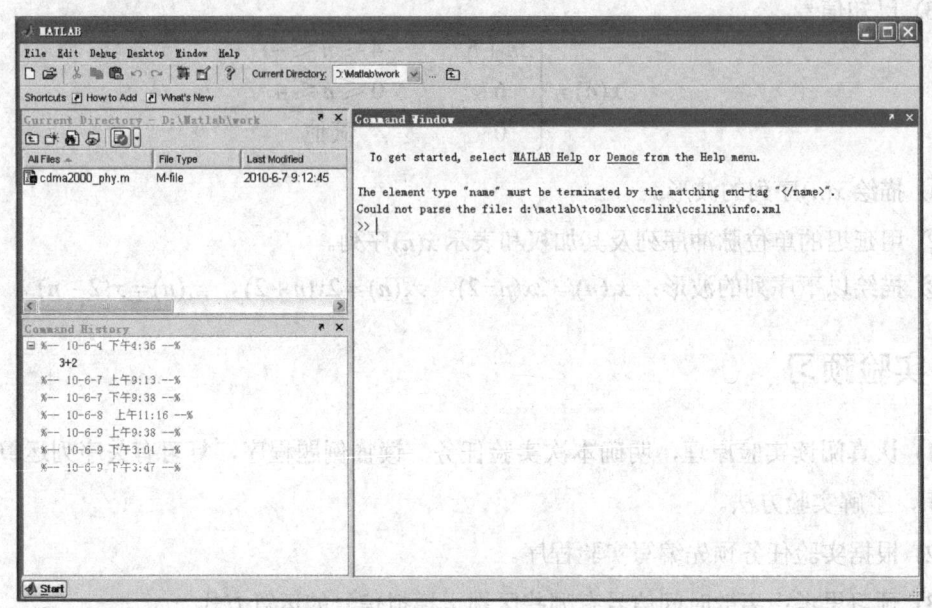

图 1.6　MATLAB 集成开发环境

Command Window(命令窗口)是 MATLAB 的主窗口，在出现命令提示符"＞＞"之后可以输入各种 MATLAB 命令，这些命令能够完成对 MATLAB 环境的设置和创建、仿真变量的设置及仿真程序的运行。常用的 MATLAB 函数如下。

1) plot

语法：

```
plot(X,Y)
plot(X,Y,LineSpec)
```

介绍：plot 是 MATLAB 中最常用的画图命令，plot(X,Y)将画出一条以向量 X 为横坐标、向量 Y 为纵坐标的线。plot(X,Y,LineSpec)是按照特定的方式画出由向量 X 和向量 Y 描述的曲线，特定的方式包括线的种类、粗细、颜色，标记的种类、大小和颜色等。

2) figure

语法：

```
figure
figure(h)
```

介绍：figure 用来以默认的值创造一个新的图形窗口，后面的图形将画在这个图形窗口内。figure(h)根据句柄为 h 的图形窗口是否存在有两种处理的可能：如果句柄为 h 的图形窗口存在，那么执行完 figure(h)之后，句柄为 h 的图形窗口成为当前窗口，后面的图形就画在该图形上面；如果句柄为 h 的图形窗口不存在，当 h 是一个正整数时，将产生一个句柄为 h 的图形窗口，当 h 不是一个正整数时，则产生一个错误。

3) subplot

语法：

```
subplot(m,n,p)
```

介绍：该语句将当前的图形窗口划分成m×n个小块，而且把第 p 个小块作为当前的图形窗口。当前窗口的计算是从第一行开始，然后是第二行。

4) stem

语法：

```
stem(X,Y)
stem(X,Y,'fill')
stem(X,Y,LineSpec)
```

介绍：stem 主要用来画离散的图形。stem(X,Y)可画出以 X 为横坐标、Y 为纵坐标的类似火柴杆的图形。stem(X,Y,'fill')和 stem(X,Y,LineSpec)的区别在于火柴杆的顶端是否涂上颜色。stem(X,Y,LineSpec)可按照特定的方式画出由向量 X 和向量 Y 确定的火柴杆图形，特定的方式包括火柴杆的类型、粗细、颜色，标记的种类、大小和颜色等。

5) title

语法：

```
title('string')
title('fname')
```

介绍：title('string')用于在图形的顶部和中部输出特定的字符串。title(fname)用于在图形的顶部和中部输出由 fname 指定的字符。如果想输出希腊字符，可以利用"\"加英文字母的方式，比如"\omega"可以输出一个 Ω 。

6) xlable 和 ylable

语法：

```
xlable('string')
ylable('string')
```

介绍：xlable 和 ylable 主要用来在图形的横坐标和纵坐标上写上适当的文字。

7) help

语法：

```
help
```

介绍：help 函数是 MATLAB 的帮助函数。如果想查看一个函数详细的功能，只需在命令窗口输入 help 和该函数的名字就可以了。

8) clear

语法：

```
clear
```

介绍：clear 用于清除 MATLAB 工作空间的所有变量。

9) clc

语法：

```
clc
```

介绍：clc 用于清除当前的屏幕，使得当前的光标处于命令窗口的左上角。clc 和 clear 的区别在于：clear 是清除所有变量的值，而 clc 的作用仅仅是清屏。

10) sin 和 cos

语法：

```
Y=sin(X)
Y=cos(X)
```

介绍：sin 和 cos 是 MATLAB 中的正弦和余弦函数，Y=sin(X)和 Y=cos(X)可用来计算向量 X 所对应的正弦值和余弦值。

【例 1-8】试用 MATLAB 命令绘制正弦序列 $x(n) = \sin\left(\dfrac{n\pi}{6}\right)$ 的波形图。

解：MATLAB 程序如下：

```
n=0:39;
x=sin(pi/6*n);
stem(n,x,'fill'),xlabel('n'),grid on
title('正弦序列')
axis([0,40,-1.5,1.5]);
```

结果如图 1.7 所示。

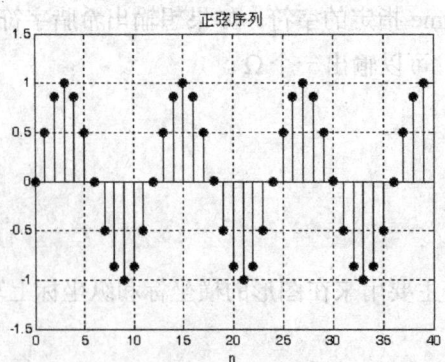

图 1.7   正弦序列

实验二　时域离散系统及系统响应

一、实验目的

(1) 掌握求解离散时间系统脉冲响应和阶跃响应的方法。

(2) 进一步理解卷积定理，掌握应用线性卷积求解离散时间系统响应的基本方法。

(3) 掌握离散系统的响应特点。

二、实验原理与方法

1) 用 impz 和 dstep 函数求解离散系统的单位脉冲响应和阶跃响应

在 MATLAB 语言中，求解系统单位脉冲响应和阶跃响应的最简单的方法就是使用 MATLAB 提供的 impz 和 dstep 函数。

下面举例说明使用 impz 和 dstep 函数求解系统单位脉冲响应和阶跃响应的方法。

【例 1-9】 已知某因果系统的差分方程为

$$y(n) + 0.5y(n-1) = x(n) + 2x(n-2)$$

系统为零状态，求系统的脉冲响应和阶跃响应。

解： 该系统是一个 2 阶系统，列出 b_m 和 a_k 系数为

$$a_0 = 1，\quad a_1 = 0.5，\quad a_2 = 0$$
$$b_0 = 1，\quad b_0 = 0，\quad b_2 = 2$$

MATLAB 程序如下(取 16 点作图)：

```
a=[1,0.5,0];
b=[1,0,2];
n=16;
hn=impz(b,a,n);                    %脉冲响应
gn=dstep(b,a,n);                   %阶跃响应
subplot(1,2,1),stem(hn,'k');       %显示脉冲响应曲线
title('系统的单位脉冲响应');
ylabel('h(n)');xlabel('n');        %显示阶跃响应曲线
axis([0,n,1.1*min(hn),1.1*max(hn)]);
subplot(1,2,2),stem(gn,'k');
title('系统的单位阶跃响应');
ylabel('g(n)');xlabel('n');
axis([0,n,1.1*min(gn),1.1*max(gn)]);
```

结果如图 1.8 所示。

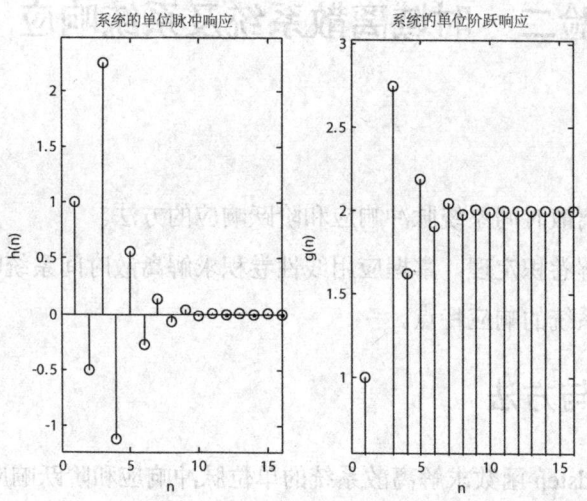

图 1.8　系统的单位脉冲响应和阶跃响应

2) 用 conv 函数进行卷积计算

卷积计算的计算公式为

$$y(n) = x(n) * h(n) = \sum_{m=-\infty}^{+\infty} x(m)h(n-m)$$

MATLAB 提供了卷积计算函数 conv，即 y=conv(x,h)，调用十分方便。

下面举例说明使用 conv 函数求解两序列卷积的方法。

【例 1-10】 某离散时间系统的脉冲响应为

$$h_b(n) = \delta(n) + 2.5\delta(n-1) + 2.5\delta(n-2) + \delta(n-3)$$

激励信号为

$$x_a(t) = Ae^{-\alpha nT} \sin(\Omega_0 nT) \qquad 0 \leqslant n < 50$$

试求该系统在输入信号激励下的响应。

解： MATLAB 程序如下：

```
n=1:50;                        %定义序列的长度是 50
hb=zeros(1,50);                %注意：MATLAB 中数组下标从 1 开始
hb(1)=1; hb(2)=2.5; hb(3)=2.5; hb(4)=1;
close all; subplot(3,1,1);stem(hb);title('系统 h[n]');
m=1:50; T=0.001;               %定义序列的长度和采样率
A=444.128; a=50*sqrt(2.0)*pi;  %设置信号有关的参数
w0=50*sqrt(2.0)*pi;
x=A*exp(-a*m*T).*sin(w0*m*T);  %pi 是 MATLAB 定义的 π，信号乘可采用 ".*"
subplot(3,1,2);stem(x);title('输入信号 x[n]');
y=conv(x,hb);
subplot(3,1,3);stem(y);title('输出信号 y[n]');
```

结果如图 1.9 所示。

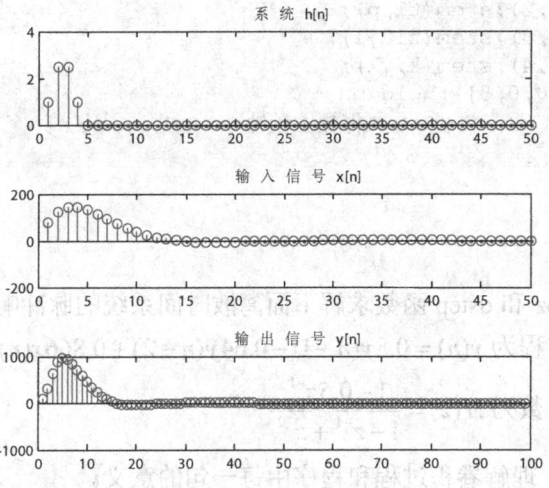

图 1.9　系统的激励与响应

3) 序列卷积和的动态过程演示

为了更深入地理解两个序列卷积的原理，下面的例子演示序列卷积和的动态过程。

【例 1-11】 已知两个序列

$$\begin{cases} f_1 = 0.8^n & 0<n<20 \\ f_2 = u(n) & 0<n<10 \end{cases}$$

动态演示卷积和的过程。

解： MATLAB 程序如下：

```
clf;
nf1=0:20;                    %f1 的时间向量
f1=0.8.^nf1;
lf1=length(f1);
nf2=0:10;                    %f2 的时间向量
lf2=length(nf2);            %取 f2 的时间向量的长度
f2=ones(1,lf2);
lmax=max(lf2,lf1);
if lf2>lf1 nf2=0;nf1=lf2-lf1;
   elseif lf2<lf1 nf1=0;nf2=lf1-lf2;
   else nf2=0;lf1=0;
end
lt=lmax;
u=[zeros(1,lt),f2,zeros(1,nf2),zeros(1,lt)];
t1=(-lt+1:2*lt);
f1=[zeros(1,2*lt),f1,zeros(1,nf1)];
hf1=fliplr(f1);
N=length(hf1);
y=zeros(1,3*lt);
for k=0:2*lt
    p=[zeros(1,k),hf1(1:N-k)];
    y1=u.*p
    yk=sum(y1);
```

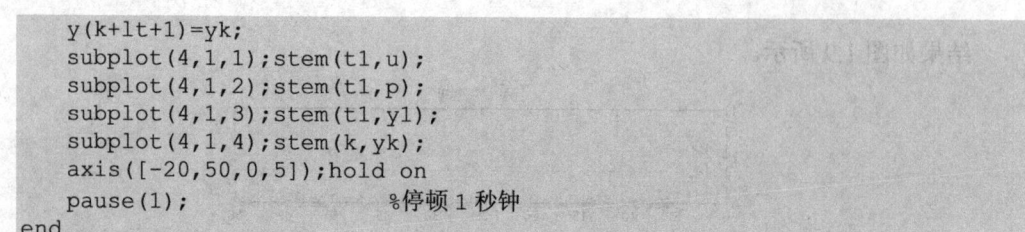

```
      y(k+lt+1)=yk;
      subplot(4,1,1);stem(t1,u);
      subplot(4,1,2);stem(t1,p);
      subplot(4,1,3);stem(t1,y1);
      subplot(4,1,4);stem(k,yk);
      axis([-20,50,0,5]);hold on
      pause(1);                    %停顿 1 秒钟
end
```

三、实验内容

(1) 请分别用 impz 和 dstep 函数求解下面离散时间系统的脉冲响应和阶跃响应。

① 系统的差分方程为 $y(n) = 0.8y(n-1) - 0.64y(n-2) + 0.866x(n)$

② 系统的系统函数为 $H(z) = \dfrac{1-0.5z^{-1}}{1-z^{-1}+z^{-2}}$

(2) 运行例 1-11，理解卷积过程和程序中每一句的意义。

(3) 利用第(1)题求得的系统脉冲响应求解系统在激励 $x(n) = u(n-3)$ 下的响应。

四、实验预习

(1) 认真阅读实验原理，明确本次实验任务，读懂例题程序，复习有关序列运算的理论知识，了解实验方法。

(2) 根据实验任务预先编写实验程序。

(3) 预习思考：利用 impz 和 dstep 函数时，b_m 和 a_k 系数在编写程序时要注意什么？

五、实验报告

(1) 列出调试通过的实验程序，打印或描绘实验程序产生的图形曲线。

(2) 思考题：MATLAB 中提供的 conv 卷积函数在使用中应满足什么条件？若条件不能满足，应如何处理？

六、实验参考

由于 MATLAB 的数值计算特点，用它来实现离散时间信号的系统是非常方便的，在 MATLAB 中可以用两个行向量来表示一个长度有限的序列，一个行向量(通常用 n 表示)用来表示采样位置或时间的信息，另一个行向量(通常用 x 表示)表示对应时间上信号的大小。当采样位置信息是从 0 开始时，也可以省略表示采样位置的行向量。

1. 典型序列的 MATLAB 实现

通过前面的学习，我们已经知道常见的典型序列有单位采样序列、单位阶跃序列、矩形序列、实指数序列、正弦序列和复指数序列。下面在 MATLAB 信号处理工具箱函数的

基础上编写这些常见的典型序列。

1) 单位采样序列

```
function[x,n]=impseq(n0,ns,nf)
%ns=序列的起点；nf=序列的终点；n0=序列在 n0 处有一个单位脉冲；
%x=产生的单位采样序列；n=产生序列的位置信息
n=[ns:nf];
x=[(n-n0)==0];
```

2) 单位阶跃序列

```
function[x,n]=stepseq(n0,ns,nf)
%ns=序列的起点；nf=序列的终点；
%n0=从 n0 处开始生成单位阶跃序列；
%x=产生的单位阶跃序列；n=产生序列的位置信息
n=[ns:nf];
x=[(n-n0)>=0];
```

3) 矩形序列

```
function[x,n]=rectseq(n0,ns,nf,N)
%ns=序列的起点；nf=序列的终点；n0=矩形序列开始的位置；
%N=矩形序列的长度；x=产生的矩形序列；n=产生序列的位置信息
n=[ns:nf];
x=[(n-n0)>=0&((n0+N-1)-n)>=0];
```

4) 实指数序列

```
function[x,n]=realindex(ns,nf,a)
%ns=序列的起点；nf=序列的终点；a=实指数的值；
%x=产生的实指数序列；n=产生序列的位置信息
n=[ns:nf];
x=a.^n;
```

5) 正弦序列

```
function[x,n]=sinseq(ns,nf,A,w0,alpha)
%ns=序列的起点；nf=序列的终点；A=正弦序列的幅度
%w0=正弦序列的频率；alpha=正弦序列的初始相位；
%x=产生的正弦序列；n=产生序列的位置信息
n=[ns:nf]
x=A*sin(w0*n+alpha);
```

6) 复指数序列

```
function[x,n]=complexindex(ns,nf,index)
%ns=序列的起点；nf=序列的终点；index=复指数的值
%x=产生的复指数序列；n=产生序列的位置信息；
n=[ns:nf];
x=exp(index.*n);
```

【例 1-12】利用上面的函数，画出下列序列的图形。

(1) 单位脉冲序列 $\delta(n-3)$，序列的起点和终点为-3 和 6。

(2) 阶跃序列 $u(n-2)$，序列的起点和终点为-3 和 6。

(3) 矩形序列 $R_4(n)$，序列的起点和终点为-3 和 6，矩形序列的起点为 0。

(4) 实指数序列 2^n，序列的起点和终点为-3 和 6。

(5) 正弦序列 $5\sin(0.1\pi n + \pi/4)$，序列的起点和终点为 0 和 30。

(6) 复指数序列 $e^{(0.3-0.5j)n}$，序列的起点和终点为 5 和 15。

解： MATLAB 程序如下：

```
%单位脉冲序列
[x,n]=impseq(3,-3,6);
subplot(2,2,1);stem(n,x,'k.');title('单位脉冲序列\delta(n-3)');
%阶跃序列
[x,n]=stepseq(2,-3,6);
subplot(2,2,2);stem(n,x,'k.');title('阶跃序列u(n-2)');
%矩形序列
[x,n]=rectseq(0,-3,6,4);
subplot(2,2,3);stem(n,x,'k.');title('矩形序列R_4(n)');
%实指数序列
[x,n]=realindex(-3,6,2);
subplot(2,2,4);stem(n,x,'k.');title('实指数序列2^n');
%正弦序列
[x,n]=sinseq(0,30,5,0.1*pi,pi/4);
figure;
subplot(3,1,1);stem(n,x,'k.');
title('正弦序列5sin(0.1*pi*n+pi/4)');
%复指数序列
[x,n]=complexindex(5,15,0.3-0.5*j);
subplot(3,1,2);stem(n,real(x),'k.');
title('复指数序列');ylabel('实部');
subplot(3,1,3);stem(n,imag(x),'k.');
title('复指数序列');ylabel('虚部');
```

结果如图 1.10 和图 1.11 所示。通过这个例子，可以加深我们对数字信号处理中常用序列的 MATLAB 编程，这是后续学习的基础。

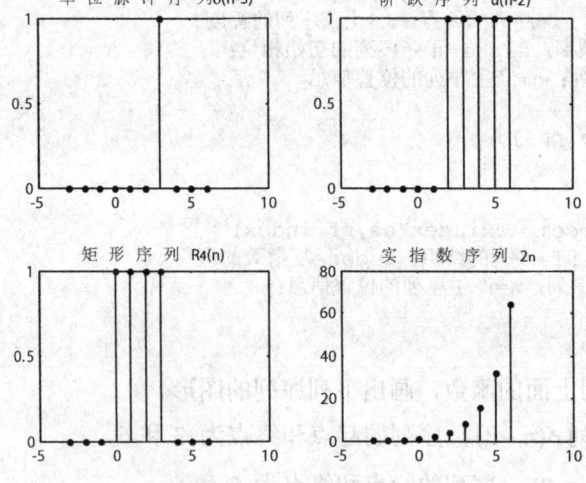

图 1.10　例 1-12 图形(1)

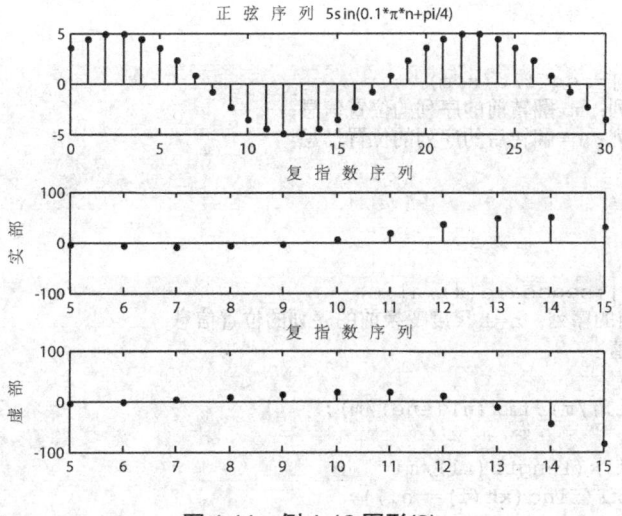

图 1.11　例 1-12 图形(2)

2. 序列运算的 MATLAB 实现

我们知道，数字信号处理中常见的序列运算包括乘法、加法、移位、翻转、尺度变换和卷积。这些运算在以后的编程中会经常遇到，为了方便，可以将这些运算编写成函数，下面给出这些运算的 MATLAB 函数程序。

1) 乘法

```
function[y,n]=seqmult(x1,n1,x2,n2)
%x1=第一个序列；n1=第一个序列的位置信息；x2=第二个序列
%n2=第二个序列的位置信息；y=相乘之后的序列；
%n=相乘之后的序列的位置信息
n=min(min(n1),min(n2)):max(max(n1),max(n2))
y1=zeros(1,length(n));y2=y1;
y1(find((n>=min(n1))&(n<=max(n1))==1))=x1;
y2(find((n>=min(n2))&(n<=max(n2))==1))=x2;
y=y1.*y2;
```

2) 加法

```
function[y,n]=seqadd(x1,n1,x2,n2)
%x1=第一个序列；n1=第一个序列的位置信息；x2=第二个序列
%n2=第二个序列的位置信息；y=相加之后的序列；
%n=相加之后的序列的位置信息
n=min(min(n1),min(2)):max(max(n1),max(n2))
y1=zeros(1,length(n));y2=y1;
y1(find((n>=min(n1))&(n<=max(n1))==1))=x1;
y2(find((n>=min(n2))&(n<=max(n2))==1))=x2;
y=y1+y2;
```

3) 移位

```
function[y,n]=seqshift(x,m,n0)
%x=移位前的序列；m=移位前的序列的位置信息；n0=移位的大小
%y=移位后的序列；n=移位后的序列的位置信息
n=m+n0;
y=x
```

4) 翻转

```
function[y,n]=seqfold(x,m)
%x=翻转前的序列；m=翻转前的序列的位置信息；
%y=翻转后的序列；n=翻转后的序列的位置信息
y=fliplr(x);
n=-fliplr(m);
```

5) 尺度变换

```
function[y,n]=seqscale(x1,n1,m)
%x1=尺度变换前的序列；n=1 尺度变换前的序列的位置信息；
%m=尺度变换的值
if m>=1
    n=fix(n1(1)/m):fix(n1(end)/m);
    xh=m*n;
    for i=1:fix(length(x1)/m)
        y(i)=x1(find(xh(i)==n1));
    end
    else
        n=fix(n1(1)/m):fix(n1(end)/m);
        y=zeros(1,length(n));
        for i=1:length(n)
            if find(n(i)==n1/m)>0
                y(i)=x1(find(n(i)==n1/m));
            else
                y(i)=0;
            end
        end
    end
```

6) 卷积

```
function[y,ny]=conv_m(x,nx,h,nh)
%x=第一个序列；nx=第一个序列的位置信息；
%h=第二个序列；nh=第二个序列的位置信息；
%y=卷积后的序列；ny=卷积后的序列的位置信息
ny1=nx(1)+nh(1);
ny2=nx(end)+nh(end);
ny=ny1:ny2;
y=conv(x,h);
```

【例 1-13】假设有如下两个序列：

$$x_1 = \delta(n+1) + 2\delta(n) + 2\delta(n-1) + 1\delta(n-3)$$
$$x_2 = \delta(n+2) + 2\delta(n+1) + 3\delta(n-1) + 4\delta(n-2) + 5\delta(n-3)$$

求：

(1) $y_1 = x_1 + x_2$。

(2) $y_2 = x_1 \times x_2$。

(3) $y_3 = x_1(n+3)$，$y_4 = x_2(n-2)$。

(4) $y_5 = -x_1$，$y_6 = -x_2$。

(5) $y_7 = x_1(2n)$，$y_8 = x_2(0.5n)$。

(6) $y_9 = x_1 * x_2$（求卷积）。

解： MATLAB 程序如下：

```
x1=[1 2 2 0 1];n1=[-1 0 1 2 3];x2=[1 2 0 3 4 5];n2=[-2 -1 0 1 2 3];
subplot(2,2,1);stem(n1,x1,'k.');title('序列x1');
subplot(2,2,2);stem(n2,x2,'k.');title('序列x2');
[y1,ny1]=seqadd(x1,n1,x2,n2);
subplot(2,2,3);stem(ny1,y1,'k.');title('序列相加x1+x2');
[y2,ny2]=seqmult(x1,n1,x2,n2);
subplot(2,2,4);stem(ny2,y2,'k.');title('序列相乘x1*x2');
figure;[y3,ny3]=seqshift(x1,n1,3);
subplot(2,2,1);stem(ny3,y3,'k.');title('序列x1(n+3)');
[y4,ny4]=seqshift(x2,n2,-2);
subplot(2,2,2);stem(ny4,y4,'k.');title('序列x2(n-2)');
[y5,ny5]=seqfold(x1,n1);
subplot(2,2,3);stem(ny5,y5,'k.');title('序列-x1');
[y6,ny6]=seqfold(x2,n2);
subplot(2,2,4);stem(ny6,y6,'k.');title('序列-x2');
figure;[y7,ny7]=seqscale(x1,n1,2);
subplot(3,1,1);stem(ny7,y7,'k.');title('序列x1(2n)');
[y8,ny8]=seqscale(x2,n2,0.5);
subplot(3,1,2);stem(ny8,y8,'k.');title('序列x2(0.5n)');
[y9,ny9]=conv_m(x1,n1,x2,n2);
subplot(3,1,3);stem(ny9,y9,'k.');title('x1卷积x2');
```

结果如图 1.12～图 1.14 所示。

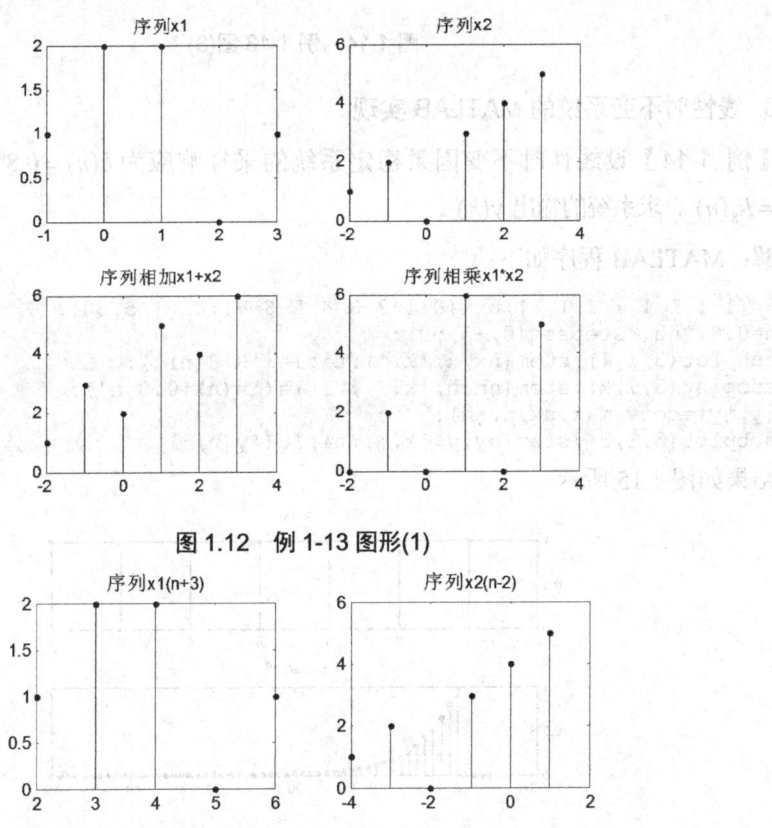

图 1.12　例 1-13 图形(1)

图 1.13　例 1-13 图形(2)

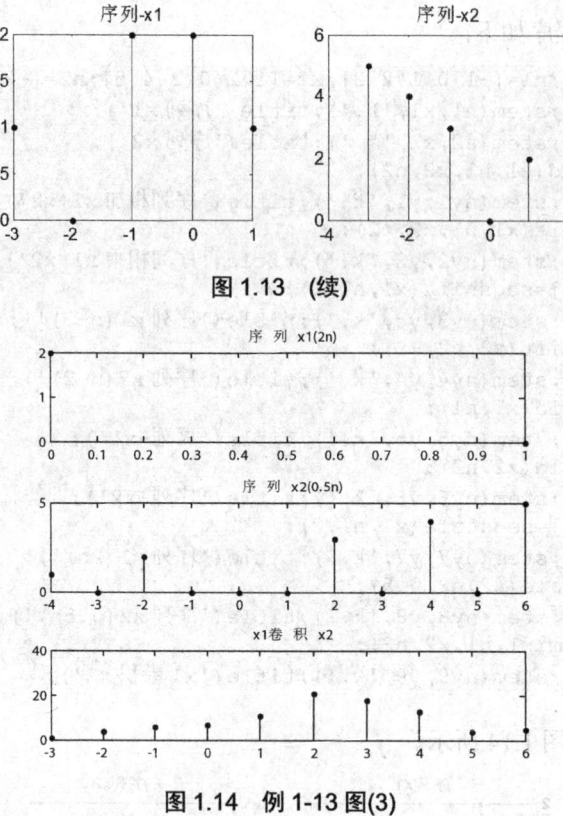

图 1.13　(续)

图 1.14　例 1-13 图(3)

3. 线性时不变系统的 MATLAB 实现

【例 1-14】设线性时不变因果稳定系统的采样响应为 $h(n)=0.8^n u(n)$，输入序列为 $x(n)=R_8(n)$。求系统的输出 $y(n)$。

解：MATLAB 程序如下：

```
x=[1 1 1 1 1 1 1 1];nx=[0 1 2 3 4 5 6 7];nh=[-5:50];
h=0.8.^nh.*stepseq(0,-5,50);
subplot(3,1,1);stem(nx,x,'k.');title('R 8(n)');
subplot(3,1,2);stem(nh,h,'k.');title('h(n)=0.8^n');
[y,ny]=conv m(x,nx,h,nh);
subplot(3,1,3);stem(ny,y,'k.');title('y(n)')
```

结果如图 1.15 所示。

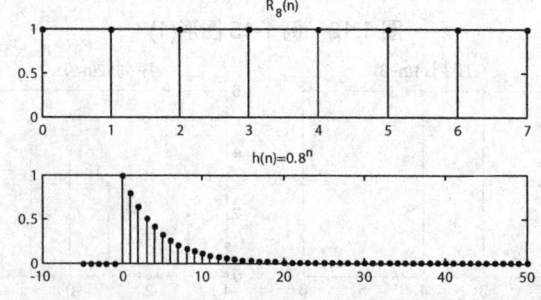

图 1.15　例 1-14 图

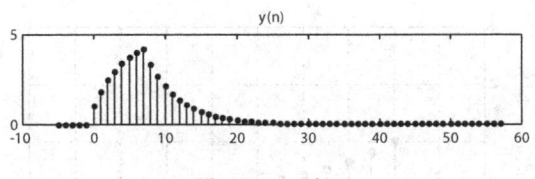

图 1.15 （续）

【例 1-15】已知某系统的单位采样响应为 $h(n) = 0.8^n[u(n) - u(n-8)]$，试用 MATLAB 求当激励信号为 $x(n) = u(n) - u(n-4)$ 时，系统的零状态响应。

解： MATLAB 中可通过卷积求解零状态响应，即 $x(n) * h(n)$。由题意可知，描述 $h(n)$ 向量的长度至少为 8，描述 $x(n)$ 向量的长度至少为 4，因此为了使图形完整美观，我们将 $h(n)$ 向量和 $x(n)$ 向量加上一些附加的零值。MATLAB 程序如下：

```
nx=-1:5;                    %x(n)向量显示范围(添加了附加的零值)
nh=-2:10;                   %h(n)向量显示范围(添加了附加的零值)
x=uDT(nx)-uDT(nx-4);
h=0.8.^nh.*(uDT(nh)-uDT(nh-8));
y=conv(x,h);
ny1=nx(1)+nh(1);            %卷积结果起始点
%卷积结果长度为两序列长度之和减1，即0到(length(nx)+length(nh)-2)
%因此卷积结果的时间范围是将上述长度加上起始点的偏移值
ny=ny1+(0:(length(nx)+length(nh)-2));
subplot(311)
stem(nx,x,'fill'),grid on
xlabel('n'),title('x(n)')
axis([-4 16 0 3])
subplot(312)
stem(nh,h,'fill'),grid on
xlabel('n'),title('h(n)')
axis([-4 16 0 3])
subplot(313)
stem(ny,y,'fill'),grid on
xlabel('n'),title('y(n)=x(n)*h(n)')
axis([-4 16 0 3])
```

结果如图 1.16 所示。

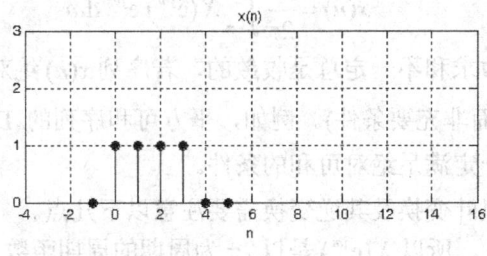

图 1.16 例 1-15 图

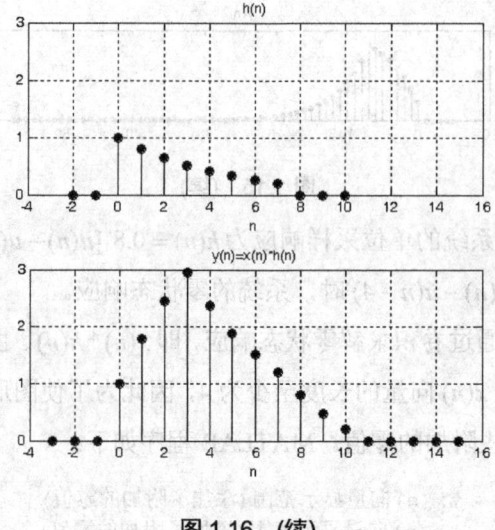

图 1.16 (续)

实验三 离散时间傅里叶变换 DTFT 及 IDTFT

一、实验目的

(1) 通过本实验，加深对 DTFT 和 IDTFT 的理解。

(2) 熟悉应用 DTFT 对典型信号进行频谱分析的方法。

(3) 掌握用 MATLAB 进行离散时间傅里叶变换及其逆变换的方法。

二、实验原理与方法

离散时间信号(序列)的 DTFT 定义为

$$X(\mathrm{e}^{\mathrm{j}\omega}) = \sum_{n=-\infty}^{\infty} x(n)\mathrm{e}^{-\mathrm{j}\omega n}$$

数字序列的 IDTFT 变换定义为

$$x(n) = \frac{1}{2\pi}\int_{-\pi}^{\pi} X(\mathrm{e}^{\mathrm{j}\omega})\,\mathrm{e}^{\mathrm{j}\omega n}\mathrm{d}\omega$$

DTFT 公式中的级数求和不一定总是收敛的，若序列 $x(n)$ 绝对可和，则该级数绝对收敛(注意：这是充分条件而非充要条件)。例如，平方可和序列的 DTFT 是存在的，但要强调的是平方可和序列不一定满足绝对可和的条件。

序列的离散时间傅里叶变换及其逆变换需要注意以下几点。

(1) 由于 $\mathrm{e}^{\mathrm{j}\omega} = \mathrm{e}^{\mathrm{j}(\omega+2\pi)}$，所以 $X(\mathrm{e}^{\mathrm{j}\omega})$ 是以 2π 为周期的周期函数。

(2) 序列的 DTFT

$$X(\mathrm{e}^{\mathrm{j}\omega}) = \sum_{n=-\infty}^{\infty} x(n)\mathrm{e}^{-jn\omega}$$

正是周期函数 $X(\mathrm{e}^{\mathrm{j}\omega})$ 的傅里叶级数展开，而 $x(n)$ 是傅里叶级数的系数。

下面举例说明序列 DTFT 及其逆变换 IDTFT 之间的关系。

【例 1-16】 某矩形序列 $x(n)=\begin{cases} 1 & -4 \leqslant n \leqslant 4 \\ 0 & \text{其他} \end{cases}$，利用序列 DTFT 画出其频谱图。

解：MATLAB 程序如下：

```
M=4;N=2*M+1;T=0.5;n=-4*M:4*M;
x=[zeros(1,3*M),ones(1,N),zeros(1,3*M)];      % 给出输入序列
w=[-15:0.1:15]+1e-10;
X=sin(0.5*N*w*T)./sin(0.5*w*T);               % 给出频谱序列
subplot(1,3,1),stem(n,x,'.')                  % 画出输入序列
axis([-20,20,-0.1,1.1]),grid on
xlabel('n'),title('(a) 序列幅度')
subplot(1,3,2),plot(w,X),grid on              % 画出频谱序列
xlabel('\Omega'),title('(b) 幅频特性')
subplot(1,3,3),plot(w,X),grid on              % 改变横轴比例，画出频谱序列
v=axis;axis([-pi/T,pi/T,v(3),v(4)])
xlabel('\Omega'),title('(c) 横轴放大后幅频特性')
set(gcf,'color','w')                          % 置图形背景色为白
```

结果如图 1.17 所示。

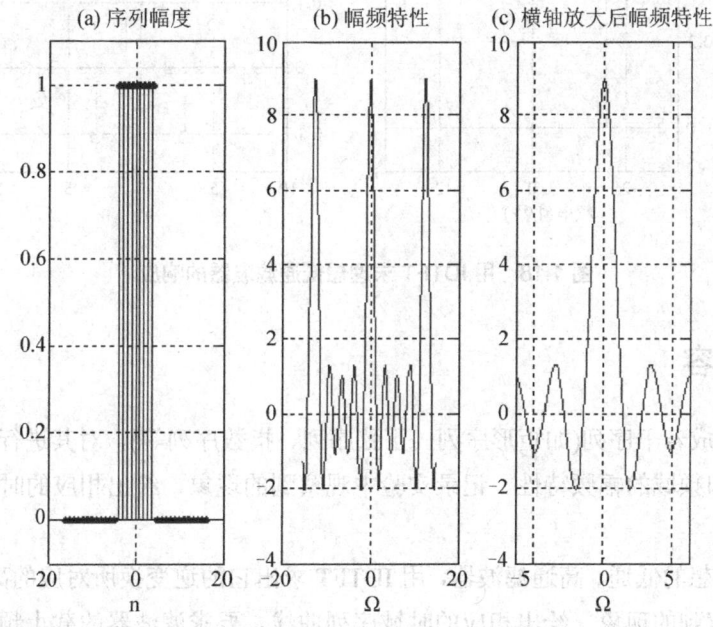

图 1.17　应用序列 DTFT 求序列频谱

【例 1-17】 某理想数字低通滤波器的截止频率为 0.5π，请用序列离散时间傅里叶逆变换 IDTFT 求出它的时域响应 $h(n)$。要求画出数字滤波器的幅频特性曲线以及序列 $h(n)$。

解：MATLAB 程序如下：

```
clear,close all
wc=0.5*pi;              % 低通滤波器的截止频率
```

```
n=[-10:10]+1e-10;
hd=sin(n*wc)./(n*pi);                                      % 理论的逆变换脉冲序列
subplot(1,2,1),
plot([-pi,-wc,-wc,wc,wc,pi],[0,0,1,1,0,0])                 % 画出理想频率响应
xlabel('频率(1/秒)'),ylabel('幅度')
axis([-pi,pi,-0.1,1.1]),grid on
subplot(1,2,2),stem(n,hd),grid on                          % 画出对应的脉冲序列
xlabel('n'),ylabel('序列')
axis([-10,10,-0.1*wc,0.4*wc])                              % 确定适当的坐标比例尺
set(gcf,'color','w')                                       % 置图形背景色为白
```

结果如图 1.18 所示。

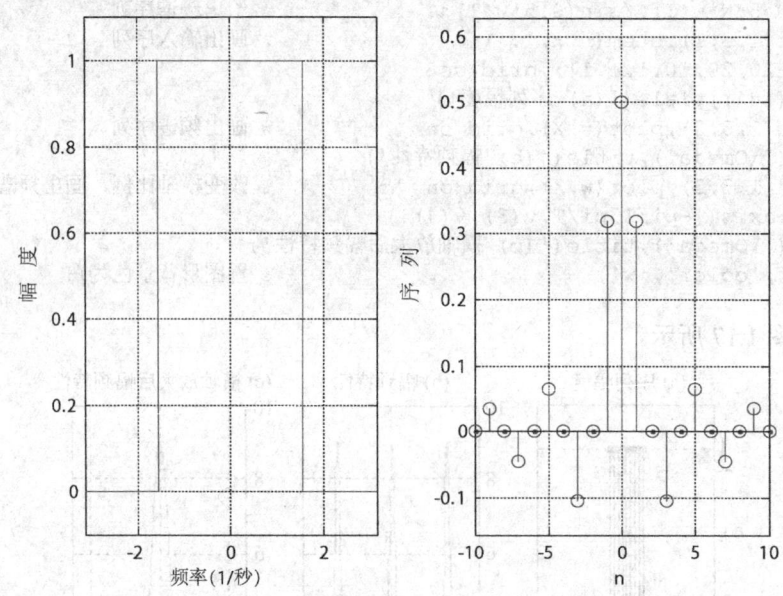

图 1.18 用 IDTFT 求理想低通滤波器的响应

三、实验内容

(1) 自己生成若干序列(如矩形序列、正弦序列、指数序列等),对其进行频谱分析,观察其时域波形和频域的幅频特性。记录实验中观察到的现象,绘出相应的时域序列和幅频特性曲线。

(2) 对于理想的低通、高通滤波器,用 IDTFT 求出它的逆变换所对应的离散时间序列。记录实验中观察到的现象,绘出相应的时域序列曲线。要求滤波器的截止频率可由用户在 MATLAB 界面自行输入。

四、实验预习

(1) 认真阅读实验原理,明确本次实验任务,读懂例题程序,复习有关序列运算的理论知识,了解实验方法。

(2) 根据实验任务预先编写实验程序。

(3) 预习思考：矩形序列的长度选择有什么要求？通过该实验你能看出离散时间信号序列频谱的周期性吗？

五、实验报告

(1) 列出调试通过的实验程序，打印或描绘实验程序产生的图形曲线。

(2) 思考题：离散时间信号的频谱分辨率在实验中能体现出来吗？实序列的 DTFT 具有对称性吗？若是，如何体现出来？

六、实验参考

【例 1-18】若 $x(n) = (-0.9)^n$，$-10 \leqslant n \leqslant 10$，求相应的 $X(e^{j\omega})$。

解：MATLAB 程序如下：

```
n=-5:5;x=(-0.9).^n;
k=-200:200;w=(pi/100)*k;
X=x*(exp(-j*pi/100)).^(n'*k);
magX=abs(X);angX=angle(X);
subplot(2,1,1);plot(w/pi,magX,'k');grid;
axis([-2,2,0,15])
xlabel('frequency in units of \pi');ylabel('|X|')
gtext('Magnitde Part')
subplot(2,1,2);plot(w/pi,angX,'k')/pi;grid;
axis([-2,2,-4,4])
xlabel('frequency in units of \pi');ylabel('radians \pi')
gtext('Angle Part');
```

结果如图 1.19 所示。

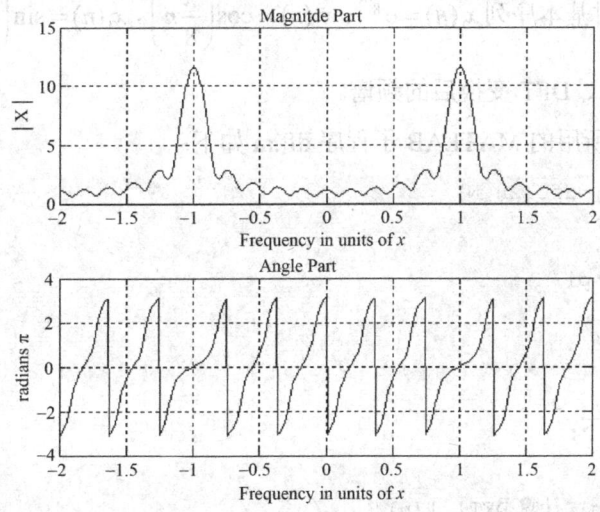

图 1.19　例 1-18 图

实验四 离散傅里叶变换 DFT 及 IDFT

一、实验目的

(1) 在理论学习的基础上，通过本实验，加深对 DFT 的理解，熟悉 DFT 子程序。

(2) 掌握计算离散信号 DFT 的方法。

(3) 体会有限长序列 DFT 与离散时间傅里叶变换 DTFT 之间的联系。

(4) 掌握用 MATLAB 进行离散傅里叶变换 DFT 及其逆变换 IDFT 的方法。

二、实验原理与方法

1) 有限长序列的 DFT 和 IDFT

如果有限长序列信号为 $x(n)$，则该序列的离散傅里叶变换对定义为：

正变换 $$X(k) = \mathrm{DFT}[x(n)] = \sum_{n=0}^{N-1} x(n) W_N^{nk} \qquad k = 0,1,\cdots,N-1$$

逆变换 $$x(n) = \mathrm{IDFT}[X(k)] = \frac{1}{N} \sum_{k=0}^{N-1} X(k) W_N^{-nk} \qquad n = 0,1,\cdots,N-1$$

从离散傅里叶变换的定义式可以看出，有限长序列在时域是离散的，频域也是离散的。
DFT 仅在单位圆上 N 个等间距的点上取值，这为使用计算机进行处理带来了方便。

下面的例子先给出 DFT 的子程序，并应用该子程序对序列进行 DFT。

【例 1-19】对基本序列 $x_1(n) = \mathrm{e}^{\frac{\mathrm{j}\pi}{8}n}$，$x_2(n) = \cos\left(\dfrac{\pi}{8}n\right)$，$x_3(n) = \sin\left(\dfrac{\pi}{8}n\right)$ 进行 16 点 DFT。

要求：画出原序列、DFT 变换后的频谱。

解： (1) DFT 所用的 MATLAB 子程序 dft.m 如下：

```
function[Xk]=dft(xn,N)
n=[0:1:N-1];
k=[0:1:N-1];
WN=exp(-j*2*pi/N);
nk=n'*k;
WNnk=WN.^nk;
Xk=xn*WNnk;
```

(2) 主程序如下：

```
N=16;
%产生序列 x1(n),计算 DFT[x1(n)]
n=0:N-1;
x1n=exp(j*pi*n/8); %产生 x1(n)
X1k=dft(x1n,N);    %计算 N 点 DFT[x1(n)]
%产生序列 x2(n),计算 DFT[x2(n)]
```

```
x2n=cos(pi*n/8);
X2k=dft(x2n,N);        %计算 N 点 DFT[x2(n)]
%产生序列 x3(n),计算 DFT[x3(n)]
x3n=sin(pi*n/8);
X3k=dft(x3n,N);        %计算 N 点 DFT[x3(n)]
%绘图
subplot(2,3,1);stem(n,x1n,'.');
title('序列 x1(n)');
xlabel('k');ylabel('x1(n)')
subplot(2,3,2);stem(n,x2n,'.');
title('序列 x2(n)');
xlabel('k');ylabel('x2(n)')
subplot(2,3,3);stem(n,x3n,'.');
title('序列 x3(n)');
xlabel('k');ylabel('x3(n)')
subplot(2,3,4);stem(n,abs(X1k),'.');
title('16 点 DFT[x1(n)]');
xlabel('k');ylabel('|X1(k)|')
subplot(3,3,5);stem(n,abs(X2k),'.');
title('16 点 DFT[x2(n)]');
xlabel('k');ylabel('|X2(k)|')
subplot(3,3,6);stem(n,abs(X3k),'.');
title('16 点 DFT[x3(n)]');
xlabel('k');ylabel('|X3(k)|')
```

结果如图 1.20 所示。

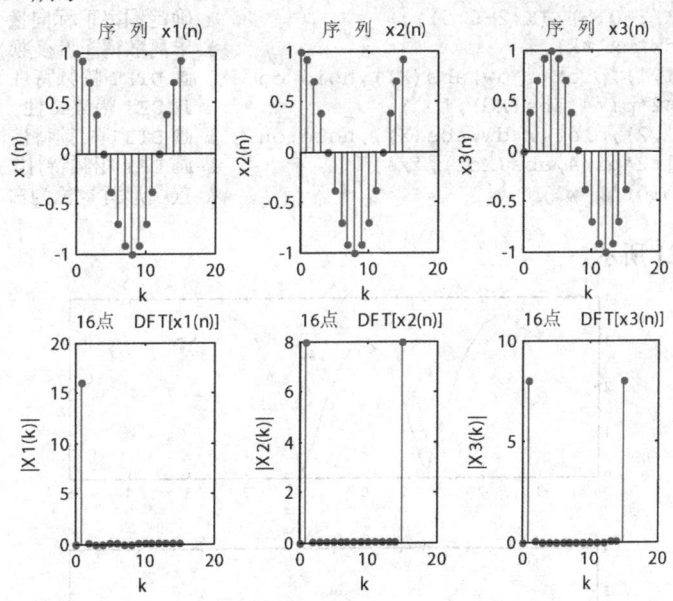

图 1.20　有限长序列的 DFT

2) 有限长序列 DFT 与离散时间傅里叶变换 DTFT 之间的关系

离散时间傅里叶变换(DTFT)是指信号在时域上是离散的，而在频域上是连续的。

如果离散时间非周期信号为 $x(n)$，则它的离散时间傅里叶变换对为

正变换 $\qquad \mathrm{DTFT}[x(n)] = X(\mathrm{e}^{\mathrm{j}\omega}) = \displaystyle\sum_{n=-\infty}^{\infty} x(n)\mathrm{e}^{-\mathrm{j}\omega n}$

逆变换 $\qquad \mathrm{IDTFT}[X(\mathrm{e}^{\mathrm{j}\omega})] = x(n) = \dfrac{1}{2\pi}\displaystyle\int_{-\pi}^{\pi} X(\mathrm{e}^{\mathrm{j}\omega})\mathrm{e}^{\mathrm{j}\omega n}\,\mathrm{d}\omega$

式中，$X(\mathrm{e}^{\mathrm{j}\omega})$ 称为序列的频谱，可表示为

$$X(\mathrm{e}^{\mathrm{j}\omega}) = |X(\mathrm{e}^{\mathrm{j}\omega})|\,\mathrm{e}^{\varphi(\omega)}$$

式中，$|X(\mathrm{e}^{\mathrm{j}\omega})|$ 称为序列的幅度谱；$\varphi(\omega) = \arg|X(\mathrm{e}^{\mathrm{j}\omega})|$ 称为序列的相位谱。

从离散时间傅里叶变换的定义可以看出，信号在时域上是离散的、非周期的，而在频域上则是连续的、周期的。

与有限长序列相比，$X(\mathrm{e}^{\mathrm{j}\omega})$ 仅在单位圆上取值，$X(k)$ 是在单位圆上 N 个等间距的点上取值。因此，连续谱 $X(\mathrm{e}^{\mathrm{j}\omega})$ 可以由离散谱 $X(k)$ 经插值后得到。

下面举例说明有限长序列 DFT 和 DTFT 之间的关系。

【例 1-20】 序列 $x(n)=[2,-1,1,1]$，分别求其 DFT 和 DTFT 并比较。

解： MATLAB 程序如下：

```
x=[2,-1,1,1];Xd=dft(x,4); nx=0:3;        % 输入序列，求 DFT
Xd1=fftshift(Xd);                         % 移位到对称位置
K=64;dw=2*pi/K;                           % 求频率分辨率
k=floor((-K/2+0.5):(K/2-0.5));            % 确定频率下标向量
X=x*exp(j*dw*nx'*k);                      % 求离散傅里叶变换 DTFT
subplot(2,1,1),plot(k*dw,abs(X)),hold on  % 画 DTFT 幅频特性
plot([0:3]*2*pi/4,abs(Xd),'o')            % 画 DFT 幅频特性
subplot(2,1,2),plot(k*dw,abs(X)),hold on  % 画 DTFT 相频特性
plot([-2:1]*2*pi/4,abs(Xd1),'x')          % 画 DFT 相频特性
set(gcf,'color','w')                      % 置图形背景色为白
```

结果如图 1.21 所示。

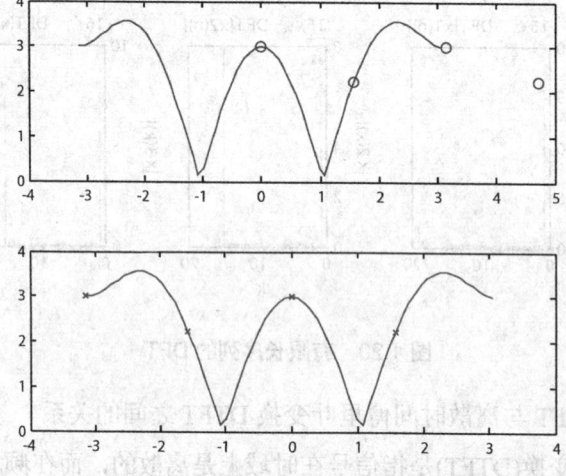

图 1.21　序列 DTFT 和 DFT 的比较

三、实验内容

(1) 已知有限长序列 $x(n)$=[7,6,5,4,3,2]，求 $x(n)$ 的 DFT 和 IDFT。要求：

① 画出序列 DFT 对应的 $|X(k)|$ 和 $\arg[X(k)]$ 的图形。

② 画出原信号与 IDFT[$X(k)$]的图形，并进行比较。

(2) 将第 1 题中的 $x(n)$ 以补零方式加长到 $0 \leqslant n \leqslant 100$，重复第(1)题。

四、实验预习

(1) 认真阅读实验原理，明确本次实验任务，读懂例题程序，复习有关序列运算的理论知识，了解实验方法。

(2) 根据实验任务预先编写实验程序。

(3) 预习思考：有限长序列的 DFT 与周期序列的 DFS 有何联系与区别？

五、实验报告

(1) 列出调试通过的实验程序，打印或描绘实验程序产生的图形曲线。

(2) 思考题：如何验证实验预习中有限长序列的 DFT 与周期序列的 DFS 的联系。

六、实验参考

1. 与频域分析相关的 MATLAB 函数

在 MATLAB 中，和离散时间信号与系统的频域分析的实现有关的函数主要有：residuez、freqz、zplane，roots、poly。

1) residuez

语法：

```
[r,p,k]=residuez(b,a)
[b,a]=residuez(r,p,k)
```

介绍：[r,p,k]=residuez(b,a)语句计算两个多项式的比值(b/a)的部分分式展开的留数、极点和直接项。

[b,a]=residuez(r,p,k)语句根据 r、p、k，把部分分式展开形式转换为包含系数 b 和 a 的多项式。

2) freqz

语法：

```
[h,w]=freqz(b,a,len)
h=freqz(b,a,len)
[h,w]=freqz(b,a,len,'whole')
[h,f]=freqz(b,a,len,fs)
h=freqz(b,a,f,fs)
[h,f]=freqz(b,a,len,'whole',fs)
freqz(b,a,…)
```

介绍：freqz 函数用于计算数字滤波器的频率器的频率响应。[h,w]=freqz(b,a,len)语句返回数字滤波器的频率响应 h 和相位响应 w。这个滤波器传输函数的分子和分母分别由向量 b 和 a 来确定。h 和 w 的长度都是 len。角度频率向量 w 的大小为 0～π。如果没有定义整数 len 的大小或者 len 是空向量，则默认为 512。

h=freqz(b,a,w)语句在向量 w 规定的频率点上计算滤波器的频率响应 h。

[h,w]=freqz(b,a,len,'whole')语句围绕整个单位圆计算滤波器的频率响应。频率向量 w 的长度为 len，它的大小为 0～2π。

[h,f]=freqz(b,a,len,fs)语句返回滤波器的频率响应 h 和对应的频率响应 f。h 和 f 的长度都为 len，f 的单位为 Hz，大小为 0～fs/2。频率响应 h 是根据采样频率 fs 来计算的。

h=freqz(b,a,f,fs)语句在向量 f 所规定的频率点上计算滤波器的频率响应 h。向量 f 可以有任意的长度。

[h,f]=freqz(b,a,len,'whole',fs)语句在整个单位圆上计算 len 点的频率响应。频率向量 f 的长度为 len，大小为 0～fs。

freqz(b,a,…)语句自动画出滤波器的频率响应和相位响应。

3) zplane

语法：

```
zplane(z,p)
zplane(b,a)
```

介绍：zplane 函数用于显示离散时域系统的极点和零点。

zplane(z,p)语句在当前的图形窗口画出零点和极点。符号"○"代表一个零点，符号"×"代表一个极点。这个图也画出了单位圆作为参考。如果 z 和 p 是矩阵，zplane(z,p)则按照 z 和 p 的列用不同的颜色画出零点和极点。

4) roots

语法：

```
r=roots(c)
```

介绍：r=roots(c)语句返回一个列向量，这个向量的元素是多项式 c 的根。行向量 c 是一个按照降幂排列的多项式的系数。如果 c 有 n+1 个元素，则多项式可以表示为 $c_1 s^n + \cdots + c_n s + c_n + 1$。

5) poly

语法：

```
p=poly(A)
p=poly(r)
```

介绍：p=poly(A)语句中，A 是一个 $n \times n$ 的矩阵，poly(A)返回的是一个 n+1 维的行向量，这个向量的元素是特征多项式的系数。

p=poly(r)语句中，r 是一个向量，poly(r)返回的是一个向量，这个向量的元素是以 r 为根的多项式系数。

2. 离散时间信号和系统的频域分析的 MATLAB 实现

【例 1-21】设 $x(n) = R_4(n)$，用 MATLAB 编写程序求解 $x(n)$ 的离散时间傅里叶变换。

解： MATLAB 程序如下：

```
x=[1 1 1 1];nx=[0 1 2 3];
K=500;k=0:1:K;w=pi*k/K;
X=x*exp(-j*nx'*w);X=abs(X);
w=[-fliplr(w),w(2:501)];
X=[fliplr(X),X(2:501)];
figure;subplot(2,1,1);stem(nx,x,'k.');title('R_4(n)');
subplot(2,1,2);plot(w/pi,X,'k');
title('R_4(n)的DTFT');xlable('\omega/\pi');
```

结果如图 1.22 所示。

【例 1-22】已知一离散因果 LTI 系统的系统函数为

$$H(z) = \frac{z^2 - 0.36}{z^2 - 1.52z + 0.68}$$

试用 MATLAB 命令绘出该系统的零极点分布图。

解： 用 zplane 函数求系统的零极点，MATLAB 程序如下：

```
B=[1,0,-0.36];
A=[1,-1.52,0.68];
zplane(B,A),grid on
legend('零点','极点')
title('零极点分布图')
```

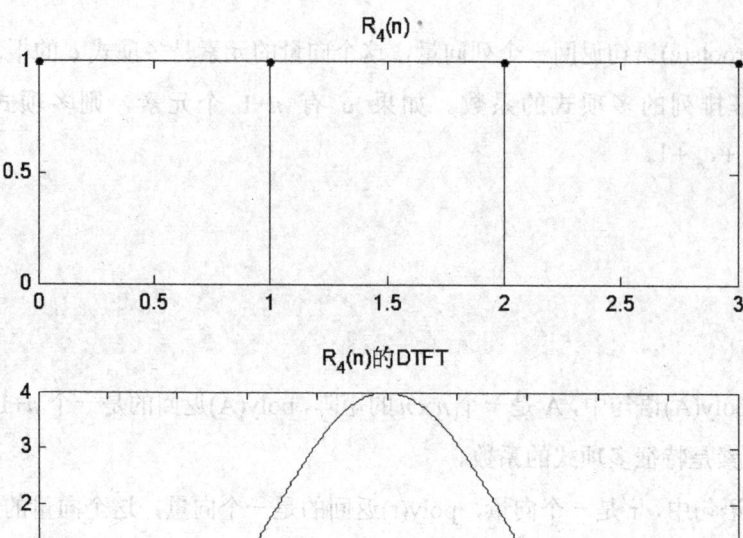

图 1.22 例 1-21 图

该因果系统的极点全部在单位圆内，如图 1.23 所示，故系统是稳定的。

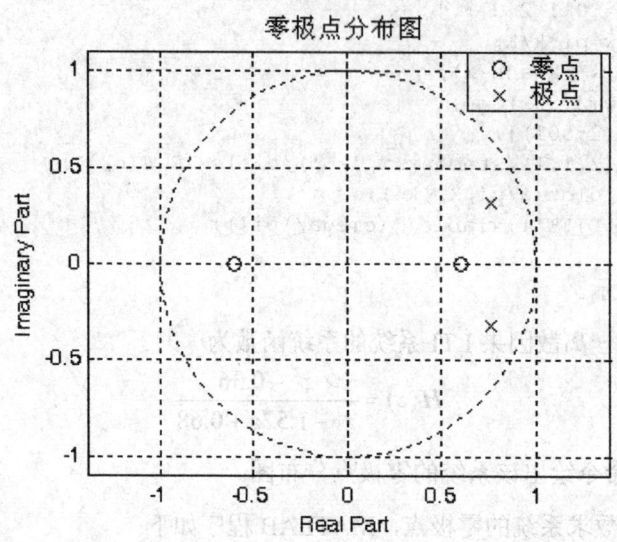

图 1.23 例 1-22 图

实验五　用 FFT 做频谱分析

一、实验目的

(1) 在理论学习的基础上,通过本实验,加深对 FFT 的理解,熟悉 FFT 子程序。

(2) 熟悉应用 FFT 对典型信号进行频谱分析的方法。

(3) 了解应用 FFT 进行信号频谱分析过程中可能出现的问题,以便在实际中正确应用 FFT。

(4) 熟悉应用 FFT 实现两个序列的线性卷积的方法。

(5) 初步了解用周期图法做随机信号谱分析的方法。

二、实验原理与方法

在各种信号序列中,有限长序列信号处理占有很重要的地位,对有限长序列,我们可以使用离散傅里叶变换(DFT)。这一变换不但可以很好地反映序列的频谱特性,而且易于用快速算法在计算机上实现,当序列 $x(n)$ 的长度为 N 时,它的 DFT 定义为

$$X(k) = \sum_{n=0}^{N-1} x(n) W_N^{kn}, \ W_N = \mathrm{e}^{-\mathrm{j}\frac{2\pi}{N}}$$

逆变换为

$$x(n) = \frac{1}{N} \sum_{k=0}^{N-1} X(k) W_N^{-kn}$$

有限长序列的 DFT 是其 z 变换在单位圆上的等距采样,或者说是序列傅里叶变换的等距采样,因此可以用于序列的谱分析。

FFT 并不是与 DFT 不同的另一种变换,而是为了减少 DFT 运算次数的一种快速算法。它是对变换式进行一次次分解,使其成为若干小点数的组合,从而减少运算量。常用的 FFT 是以 2 为基数的,其长度 $N = 2^L$,其中,L 为正整数。它的效率高,程序简单,使用非常方便。当要变换的序列长度不等于 2 的整数次方时,为了使用以 2 为基数的 FFT,可以用末位补零的方法,使其长度延长至 2 的整数次方。

1) 在运用 DFT 进行频谱分析的过程中可能产生的三种误差

(1) 混叠。序列的频谱是被采样信号的周期延拓,当采样速率不满足奈奎斯特定理时,就会发生频谱混叠,使得采样后的信号序列频谱不能真实地反映原信号的频谱。

避免混叠现象的唯一方法是保证采样速率足够高,使频谱混叠现象不致出现,即在确定采样频率之前,必须对频谱的性质有所了解。在一般情况下,为了保证高于折叠频率的

分量不会出现，可在采样前先用低通模拟滤波器对信号进行滤波。

(2) 频谱泄露。实际中我们往往用截短的序列来近似很长的甚至是无限长的序列，这样可以使用较短的 DFT 来对信号进行频谱分析，这种截短等价于给原信号序列乘以一个矩形窗函数，也相当于在频域将信号的频谱和矩形窗函数的频谱卷积，所得的频谱是原序列频谱的扩展。

泄露不能与混叠完全分开，因为泄露导致频谱的扩展，从而造成混叠。为了减少泄露的影响，可以选择适当的窗函数使频谱的扩散减至最小。

(3) 栅栏效应。DFT 是对单位圆上 z 变换的均匀采样，所以它不可能将频谱视为一个连续函数，就一定意义上看，用 DFT 来观察频谱就好像通过一个栅栏来观看一个图景一样，只能在离散点上看到真实的频谱，这样就有可能发生一些频谱的峰点或谷点被"尖桩的栅栏"所拦住，而不能被我们观察到的现象。

减小栅栏效应的一个方法就是借助于在原序列的末端填补一些零值，从而变动 DFT 的点数，这一方法实际上是人为地改变了对真实频谱采样的点数和位置，相当于搬动了每一根"尖桩栅栏"的位置，从而使得频谱的峰点或谷点暴露出来。

2) 用 FFT 计算线性卷积

用 FFT 可以实现两个序列的圆周卷积。在一定的条件下，可以使圆周卷积等于线性卷积。一般情况，设两个序列的长度分别为 N_1 和 N_2，要使圆周卷积等于线性卷积的充要条件是 FFT 的长度 $N \geqslant N_1+N_2$。对于长度不足 N 的两个序列，分别将它们补零延长到 N。

当两个序列中有一个序列比较长的时候，我们可以采用分段卷积的方法，具体有以下两种方法。

(1) 重叠相加法。将长序列分成与短序列相仿的片段，分别用 FFT 对它们作线性卷积，再将分段卷积各段重叠的部分相加构成总的卷积输出。

(2) 重叠保留法。这种方法在长序列分段时，段与段之间保留有互相重叠的部分，在构成总的卷积输出时只需将各段线性卷积部分直接连接起来，省掉了输出段的直接相加。

3) 用周期图法(平滑周期图的平均法)对随机信号做谱分析

实际中许多信号往往既不具有有限能量，同时又是非周期性的。无限能量信号的基本概念是随机过程，也就是说无限能量信号是一随机信号。周期图法是随机信号做谱分析的一种方法，它特别适用于用 FFT 直接计算功率谱的估值。

将长度为 N 的实平稳随机序列的样本 $x(n)$ 再次分割成 K 段，每段长度为 L，即 $L=N/K$。每段序列仍可表示为

$$x_i(n)=x(n+(i-1)L) \quad 0 \leqslant n \leqslant L-1, \ 1 \leqslant i \leqslant K$$

这里在计算周期图之前，先用窗函数 $w(n)$ 给每段序列 $x_i(n)$ 加权，K 个修正的周期图定义为

$$I_{Li}^{\omega}(\omega) = \frac{1}{LU}\left|\sum_{n=0}^{L-1}x_i(n)w(n)\mathrm{e}^{-j\omega nT}\right|^2 \qquad i=1,2,\cdots,K$$

式中，U 表示窗口序列的能量，有

$$U = \frac{1}{L}\sum_{n=0}^{L-1}w^2(n)$$

在此情况下，功率谱估计量可表示为

$$S_{NX}^{\omega}(\omega) = \frac{1}{K}\sum_{i=1}^{K}I_{Li}^{w}$$

下面举例说明 FFT 在频谱分析中的应用。

【例 1-23】已知连续信号 $x(t) = \cos(200\pi t) + \sin(100\pi t) + \cos(50\pi t)$。用 FFT 对该信号做谱分析。

解：MATLAB 程序如下：

```
clear;close all
fs=400; T=1/fs;        %采样频率为400Hz
Tp=0.04; N=Tp*fs;      %采样点数为N
N1=[N, 4*N, 8*N];                        % 设定三种截取长度供调用
st=['|X1(jf)|';'|X4(jf)|';'|X8(jf)|']; % 设定三种标注语句供调用
%矩形窗截断
for m=1:3
    n=1:N1(m);
    xn=cos(200*pi*n*T)+sin(100*pi*n*T)+cos(50*pi*n*T);%产生采样序列x(n)
    Xk=fft(xn,4096);   %4096点DFT，用FFT实现
    fk=[0:4095]/4096/T;
    subplot(3,2,2*m-1)
    plot(fk,abs(Xk)/max(abs(Xk)));ylabel(st(m,:))
    if m==1 title('矩形窗截取');end
end
%加哈明窗改善谱间干扰
for m=1:3
    n=1:N1(m);
    wn=hamming(N1(m)); %调用工具箱函数hamming产生N长哈明窗序列wn
    xn=(cos(200*pi*n*T)+sin(100*pi*n*T)+cos(50*pi*n*T)).*wn';
    Xk=fft(xn,4096);   %4096点DFT，用FFT实现
    fk=[0:4095]/4096/T;
    subplot(3,2,2*m)
    plot(fk,abs(Xk)/max(abs(Xk)));ylabel(st(m,:))
    if m==1 title('哈明窗截取');end
end
```

结果如图 1.24 所示。

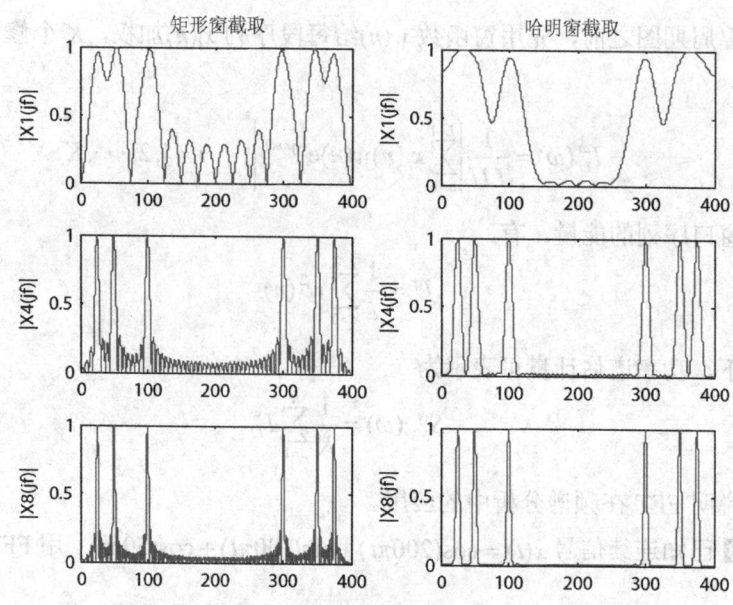

矩形窗截取　　　　　　　　哈明窗截取

图 1.24　用 FFT 求连续信号的频谱

【**例 1-24**】已知序列 $x(n) = \sin(0.4n)$，$1 \le n \le 15$；$y(n) = 0.9^n$，$1 \le n \le 20$。用 FFT 实现快速卷积，并测试直接卷积和快速卷积的时间。

解： MATLAB 程序如下：

```
clear;close all
xn=input('请输入 x(n)序列：xn= 如 sin(0.4*[1:15])');
hn=input('请输入 h(n)序列：hn= 如  0.9.^(1:20)');
M=length(xn); N=length(hn);
nx=1:M; nh=1:N;
%循环卷积等于线性卷积的条件：循环卷积区间长度 L>=M+N-1
L=pow2(nextpow2(M+N-1));%取 L 为大于等于且最接近(N+M-1)的 2 的正次幂
tic,               %快速卷积计时开始
Xk=fft(xn,L);      %L 点 FFT[x(n)]
Hk=fft(hn,L);      %L 点 FFT[h(n)]
Yk=Xk.*Hk;         %频域相乘得 Y(k)
yn=ifft(Yk,L);     %L 点 IFFT 得到卷积结果 y(n)
toc               %快速卷积计时结束
subplot(2,2,1),stem(nx,xn,'.');
ylabel('x(n)')
subplot(2,2,2),stem(nh,hn,'.');
ylabel('h(n)')
subplot(2,1,2);ny=1:L;
stem(ny,real(yn),'.');ylabel('y(n)')
tic,
yn=conv(xn,hn);    %直接调用函数 conv 计算卷积与快速卷积比较
toc
```

结果如图 1.25 所示。

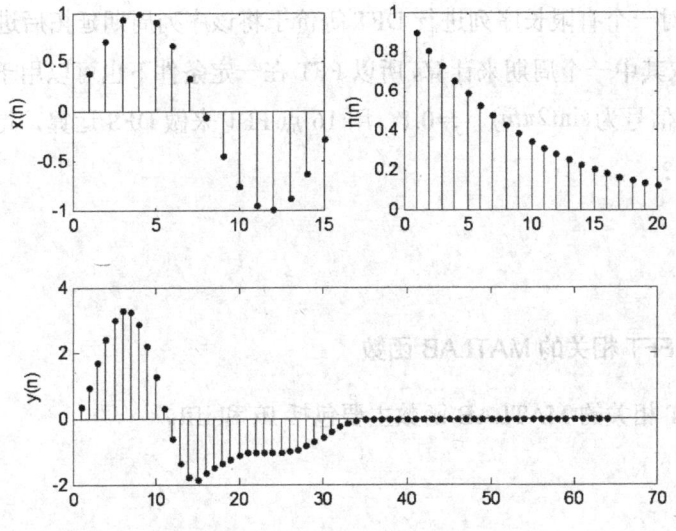

图 1.25 用 FFT 实现序列快速卷积

快速卷积的时间为 0.00055s，直接卷积的时间为 0.000121s。

三、实验内容

(1) 已知有限长序列 $x(n) = [1, 0.5, 0, 0.5, 1, 1, 0.5, 0]$，要求：

① 用 FFT 求该序列的 DFT、IDFT 的图形。

② 假设采样频率 $F_s = 20\text{Hz}$，序列长度 N 分别取 8、32 和 64，用 FFT 计算其幅度频谱和相位频谱。

(2) 用 FFT 计算下面连续信号的频谱，并观察选择不同的采样周期 T_s 和序列长度 N 值对频谱特性的影响：

$$x_a(t) = e^{-0.01t}(\sin 2t + \sin 2.1t + \sin 2.2t) \quad t \geqslant 0$$

四、实验预习

(1) 认真阅读实验原理，明确本次实验任务，读懂例题程序，复习有关序列运算的理论知识，了解实验方法。

(2) 根据实验任务预先编写实验程序。

(3) 预习思考：快速傅里叶变换(FFT)与离散傅里叶变换(DFT)有什么联系？简述使用 FFT 的必要性。

五、实验报告

(1) 列出调试通过的实验程序，打印或描绘实验程序产生的图形曲线。

(2) 思考题：对一个有限长序列进行 DFT 等价于将该序列周期延拓后进行 DFS 展开，因为 DFS 也只是取其中一个周期来计算，所以 FFT 在一定条件下也可以用于分析周期信号序列。如果实正弦信号为 $\sin(2\pi fn)$，$f=0.1$，用 16 点 FFT 来做 DFS 运算，得到的频谱是信号本身的真实谱吗？

六、实验参考

1. 与 DFT 和 FFT 相关的 MATLAB 函数

与 DFT 和 FFT 相关的 MATLAB 函数主要包括 fft 和 ifft。

1) fft

语法：

```
Y=fft(X)
Y=fft(X,n)
Y=fft(X,[],dim)
Y=fft(X,n,dim)
```

介绍：Y=fft(X)语句中，如果 X 是矩阵，则计算该矩阵每一列的傅里叶变换；如果 X 是多维数组，则计算第一个非单元素维的离散傅里叶变换。

Y=fft(X,n)语句可计算 X 的 n 点的 DFT。如果 X 的长度小于 n，则在 X 的后面补 0。如果 X 的长度大于 n，则对 X 进行截取。当 X 是一个矩阵时，X 的每一列的长度按照统一的方法进行调整。

Y=fft(X,[],dim)和 Y=fft(X,n,dim)语句可根据参数 dim 在指定的维上进行离散傅里叶变换。

2) ifft

语法：

```
Y=ifft(X)
Y=ifft(X,n)
Y=ifft(X,[],dim)
Y=ifft(X,n,dim)
```

介绍：ifft 函数和 fft 函数的调用类似，所不同的就是 fft 的输入参数是时域信号，而 ifft 的输入参数是频域信号。

2. DFT 和 FFT 的 MATLAB 实现

【例 1-25】设 $x_a(t) = \cos(200\pi t) + \sin(100\pi t) + \cos(50\pi t)$，用 DFT 分析 $x_a(t)$ 的频谱结构，选择不同的截取长度 T_p，观察截断效应，试用加窗的方法减少频谱间干扰。

(1) 频率 $f_s = 400\text{Hz}$，$T = 1/f_s$。

(2) 采样信号序列 $x(n) = x_a(nT)\omega(n)$，$\omega(n)$ 是窗函数，选取两种窗函数：矩形窗和哈明窗。

(3) 对 $x(n)$ 做 2048 点 DFT，作为 $x_a(t)$ 的近似连续频谱 $X_a(jf)$。N 为采样点数，

$N = f_s T_p$，T_p 为截取时间长度，取三种长度 $0.04\mathrm{s}$、$4 \times 0.04\mathrm{s}$、$8 \times 0.04\mathrm{s}$。

解： MATLAB 程序如下：

```
clear;fs=400;T=1/fs;Tp=0.04;N=Tp*fs;N1=[N,4*N,8*N];
for m=1:3
    n=1:N1(m);
    xn=cos(200*pi*n*T)+sin(100*pi*n*T)+cos(50*pi*n*T);
    xk=fft(xn,4096);
    fk=[0:4095]/4096/T;
    subplot(3,2,2*m-1);plot(fk,abs(xk)/max(abs(xk)),'k');
    if m==1
        title('矩形窗截取')
    end
end
for m=1:3                %哈明窗截取
    n=1:N1(m);
    wn=hamming(N1(m));
    xn=(cos(200*pi*n*T)+sin(100*pi*n*T)+cos(50*pi*n*T)).*wn';
    xk=fft(xn,4096)
    fk=[0:4095]/4096/T
    subplot(3,2,2*m);plot(fk,abs(xk)/max(abs(xk)),'k');
    if m==1
        title('哈明窗截取');
    end
end
```

结果如图 1.26 所示。图 1.26 中从上到下截取的长度依次分别是 N、$4N$、$8N$。由于截断使原频谱中的单线谱线展宽(也称为泄露)，截取的长度越长，泄露越少，频谱分辨率越高。当截取长度为 N 时，25Hz 和 50Hz 两根谱线已经分辨不清楚了。另外，在本来应该为 0 的频段上出现了一些参差不齐的小谱包，称为谱间干扰，其大小和窗的类型有关。

比较矩形窗和哈明窗的频谱分析结构可见，用矩形窗比用哈明窗的频谱分辨率高(泄露少)，但是谱间干扰大，因此哈明窗是以牺牲分辨率来换取谱间干扰的降低的。

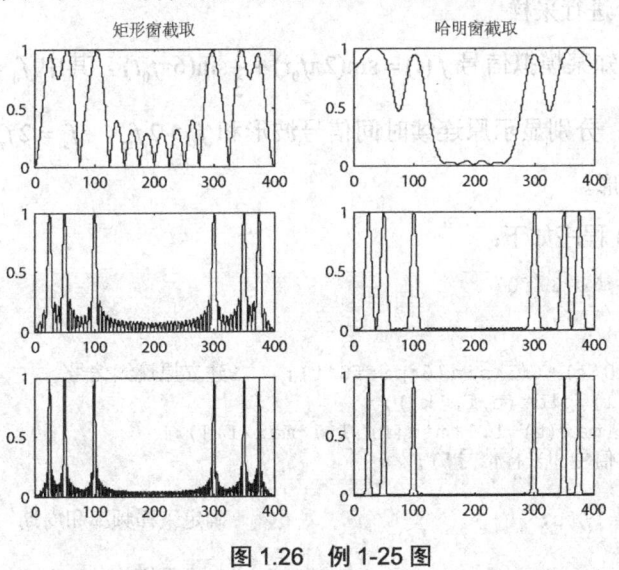

图 1.26 例 1-25 图

实验六　时域采样与信号的重建

一、实验目的

(1) 了解用 MATLAB 语言进行时域采样与信号重建的方法。

(2) 进一步加深对时域信号采样与恢复的基本原理的理解。

(3) 掌握采样频率的确定方法和内插公式的编程方法。

二、实验原理与方法

离散时间信号基本上都是由模拟信号采样获得。在模拟信号数字化的过程中，主要经过 A/D 转换、数字信号处理、D/A 转换和低通滤波等过程。其中 A/D 转换的作用是对模拟信号进行采样、量化、编码，令其变成数字信号。经过处理后的数字信号则由 D/A 转换器重新恢复成模拟信号。

如果在 A/D 转换的过程中，采样速率不满足采样定理的要求，A/D 转换器输出的信号频谱已经发生了混叠现象，则信号再通过后续的数字信号处理器和 D/A 转换器就没有任何意义了。因此，信号在进行 A/D 转换时，采样速率的确定是十分重要的。要使得有限带宽信号 $x_a(t)$ 被采样后能不失真地恢复出原始信号，采样信号的采样频率 f_s 必须符合奈奎斯特定理。假设 $x_a(t)$ 的最高频率为 f_m，那么，采样频率应满足 $f_s \geq 2f_m$。

下面，我们举例用 MATLAB 仿真演示信号从采样到恢复的全过程。

1) 对连续信号进行采样

【例 1-26】已知某模拟信号 $f(t) = \sin(2\pi f_0 t) + \dfrac{1}{3}\sin(6\pi f_0 t)$，其中 $f_0 = 1\text{Hz}$，取最高有限带宽频率 $f_m = 5f_0$。分别显示原连续时间信号波形和 $f_s > 2f_m$、$f_s = 2f_m$、$f_s < 2f_m$ 三种情况下采样信号的波形。

解： MATLAB 程序如下：

```
dt=0.01;f0=1;T0=1/f0;
fm=5*f0;Tm=1/fm;
t=-2:dt:2;
f=sin(2*pi*f0*t)+1/3*sin(6*pi*f0*t);       %建立原连续信号
subplot(4,1,1),plot(t,f,'k');
axis([min(t) max(t) 1.1*min(f) 1.1*max(f)]);
title('原连续信号和采样信号');
for i=1:3;
  fs=i*fm;Ts=1/fs;                         %确定采样频率和周期
  n=-2:Ts:2;
  f=sin(2*pi*f0*n)+1/3*sin(6*pi*f0*n);     %生成采样信号
```

```
 subplot(4,1,i+1),stem(n,f,'filled','k');
 axis([min(n) max(n) 1.1*min(f) 1.1*max(f)]);
end
```

结果如图 1.27 所示。

原连续信号和采样信号

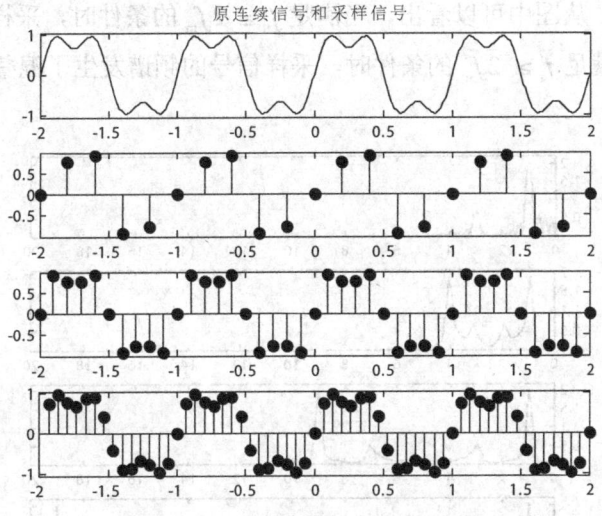

图 1.27　连续信号及其采样信号波形

2) 连续信号和采样信号的频谱

【例 1-27】求解例 1-26 中原始信号和 $f_s > 2f_m$、$f_s = 2f_m$、$f_s < 2f_m$ 三种情况下采样信号的频谱。

解： MATLAB 程序如下：

```
f0=1;T0=1/f0;dt=0.01;           %输入基波频率、周期
fm=5*f0;Tm=1/fm;                %最高频率为基波频率的 5 倍
t=-2:dt:2;
N=length(t);                    %时间轴上采样点数
f=sin(2*pi*f0*t)+1/3*sin(6*pi*f0*t); %建立原始信号
wm=2*pi*fm;
k=0:N-1;
w1=k*wm/N;                      %频率轴上采样点数
F1=f*exp(-j*t'*w1)*dt;          %对原始信号进行傅里叶变换
subplot(4,1,1),plot(w1/(2*pi),abs(F1),'k');
axis([0 max(4*fm) 1.1*min(abs(F1)) 1.1*max(abs(F1))]);
%生成三种采样信号的频谱
for i=1:3;
    if i<=2 c=0,else c=1,end
    fs=(i+c)*fm;Ts=1/fs;        %确定采样频率和周期
    n=-2:Ts:2;
    f=sin(2*pi*f0*n)+1/3*sin(6*pi*f0*n);%生成采样信号
    N=length(n);
    wm=2*pi*fs;
    k=0:N-1;
    w=k*wm/N;
    F=f*exp(-j*n'*w)*Ts;
```

```
    subplot(4,1,i+1),plot(w/(2*pi),abs(F),'k');
    axis([0 max(4*fm) 1.1*min(abs(F)) 1.1*max(abs(F))]);
end
```

结果如图 1.28 所示。图 1.28 显示了原始信号和 $f_s > 2f_m$、$f_s = 2f_m$、$f_s < 2f_m$ 三种情况下采样信号的频谱。从图中可以看出，当满足 $f_s \geq 2f_m$ 的条件时，采样信号的频谱没有发生混叠现象；当不满足 $f_s \geq 2f_m$ 的条件时，采样信号的频谱发生了混叠，如图 1.28 中第 2 幅图所示。

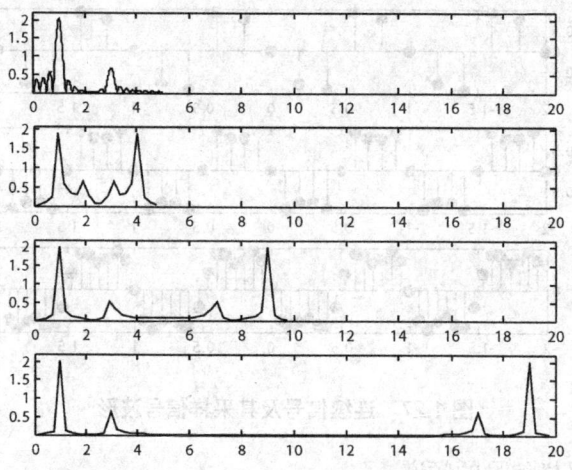

图 1.28 连续信号及其采样信号的频谱

3) 由内插公式重建信号

满足奈奎斯特采样定理的采样信号 $\hat{x}_a(t)$，只要经过一个理想的低通滤波器，将原始信号有限带宽以外的部分滤去，保留基带信号，就可以重建原模拟信号。

信号重建一般采用内插公式完成，即用时域信号与理想低通滤波器的单位脉冲响应进行卷积积分来求解。

理想低通滤波器的频率特性为一矩形，其单位脉冲响应为

$$h(t) = \frac{1}{2\pi} \int_{-\infty}^{\infty} H(\mathrm{j}\Omega) \mathrm{e}^{\mathrm{j}\Omega t} \mathrm{d}\Omega = \frac{\sin(\pi t/T)}{\pi t/T}$$

采样信号 $\hat{x}_a(t)$ 通过滤波器输出，其结果为 $\hat{x}_a(t)$ 与 $h(t)$ 的卷积积分，即

$$y_a(t) = x_a(t) = \hat{x}_a(t) * h(t) = \int_{-\infty}^{\infty} \hat{x}_a(\tau) h(t-\tau) \mathrm{d}\tau = \sum_{n=-\infty}^{\infty} x_a(nT) \frac{\sin[\pi(t-nT)/T]}{\pi(t-nT)/T}$$

上面的公式称为内插公式。由上式可知，模拟信号 $x_a(t)$ 可以由其采样值 $x_a(nT)$ 及内插函数重构。MATLAB 提供了 sinc 函数，可以很方便地实现内插重构。

【例 1-28】用内插公式重构例 1-26 的采样信号以恢复原始信号。

解： MATLAB 程序如下：

```
f0=1;T0=1/f0;dt=0.01;
```

```
fm=5*f0;Tm=1/fm;
t=0:dt:3*T0;
x=sin(2*pi*f0*t)+1/3*sin(6*pi*f0*t);     %建立原连续信号
subplot(4,1,1),plot(t,x,'k');
axis([min(t) max(t) 1.1*min(x) 1.1*max(x)]);
title('用内插公式重建采样信号');
for i=1:3;
  fs=i*fm;Ts=1/fs;                        %确定采样频率和周期
  n=0:(3*T0)/Ts
  t1=0:Ts:3*T0;
  x1=sin(2*pi*n*f0/fs)+1/3*sin(6*pi*n*f0/fs);  %生成采样信号
  T_N=ones(length(n),1)*t1-n'*Ts*ones(1,length(t1));  %生成 t-nT 矩阵
  xa=x1*sinc(fs*pi*T_N);                  %内插
  subplot(4,1,i+1),plot(t1,xa,'k');
  axis([min(t1) max(t1) 1.1*min(xa) 1.1*max(xa)]);
end
```

结果如图 1.29 所示。由图 1.29 可以看出，满足采样频率的采样信号可以恢复出原始信号。

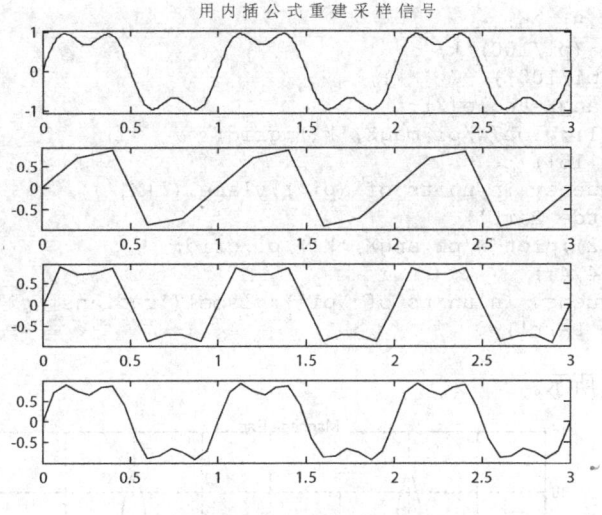

图 1.29　用内插公式重建采样信号

三、实验内容

(1) 认真阅读并输入实验原理与方法中介绍的例子，观察输出波形曲线，理解每一条语句的含义。

(2) 已知连续时间信号 $x(t) = \sin c(t)$，取最高有限带宽频率 $f_m = 1\text{Hz}$。

① 分别显示原信号波形和 $f_s = f_m$、$f_s = 2f_m$、$f_s = 3f_m$ 三种情况下采样信号的波形。

② 求解原连续信号和采样信号所对应的频谱。

③ 用内插公式重建信号。

四、实验预习

(1) 认真阅读实验原理，明确本次实验任务，读懂例题程序，了解实验方法。

(2) 根据实验任务预先编写实验程序。

(3) 预习思考：什么是内插公式？在 MATLAB 中内插公式可以用什么函数来实现？

五、实验报告

(1) 列出调试通过的实验程序，打印或描绘实验程序产生的图形曲线。

(2) 思考题：信号的重建除了使用内插函数外还有没有其他方法？

六、实验参考

【例 1-29】 若 $x_a(t) = \mathrm{e}^{-1000|t|}$，求采样频率分别为 f_s=5kHz、1kHz 时，相应的 $X(\mathrm{e}^{j\omega})$。

解：MATLAB 程序如下：

```
n=-5:5;x=(-0.9).^n;
k=-200:200;w=(pi/100)*k;
X=x*(exp(-j*pi/100)).^(n'*k);
magX=abs(X);angX=angle(X);
subplot(2,1,1);plot(w/pi,magX,'k');grid;
axis([-2,2,0,15])
xlabel('frequency in units of \pi');ylabel('|X|')
gtext('Magnitde Part')
subplot(2,1,2);plot(w/pi,angX,'k')/pi;grid;
axis([-2,2,-4,4])
xlabel('frequency in units of \pi');ylabel('radians \pi')
gtext('Angle Part');
```

结果如图 1.30 所示。

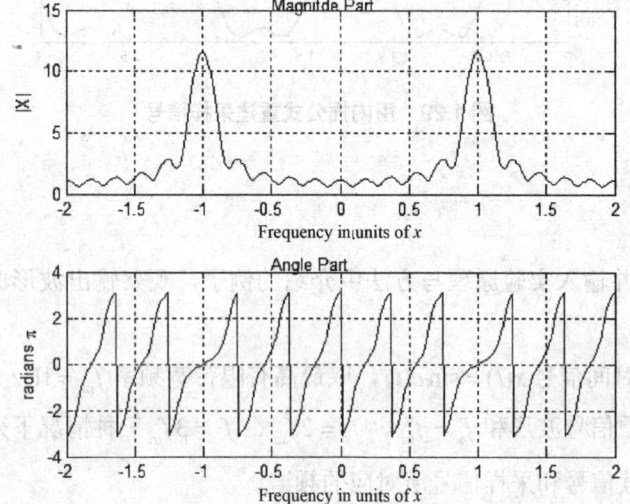

图 1.30　例 1-29 图

实验七　频域采样与恢复

一、实验目的

(1) 加深对离散序列频域采样定理的理解。

(2) 理解从频域采样序列恢复离散时间信号的条件和方法。

(3) 掌握实现频域采样与恢复的编程方法。

二、实验原理与方法

1) 频域采样定理

在单位圆上对任意序列 $x(n)$ 的 z 变换 $X(z)$ 进行 N 点的等间隔采样可得

$$X(k) = X(z)\Big|_{z=e^{j\frac{2\pi}{N}nk}} \quad k = 0,1,\cdots,N-1$$

上式实现了序列在频域的采样。

那么，由频域采样获得的频谱序列能否和连续信号时域采样一样，在一定的条件下能不失真地恢复出原离散序列呢？频域采样定理给出了答案。

频域采样定理由下列公式表述：

$$\tilde{x}(n) = \sum_{r=-\infty}^{\infty} x(n+rN)$$

上式表明，对一个频谱采样后经 IDFT 生成的周期序列 $\tilde{x}(n)$ 是原非周期序列 $x(n)$ 的周期延拓序列，其时域周期等于频域采样点数 N。

假设有限长序列 $x(n)$ 的长度是 M，其频域采样点数为 N，则原时域离散信号能够不失真地由频域采样恢复的条件如下。

(1) 如果 $x(n)$ 为无限长序列，则必然造成混叠现象，无法无失真恢复。

(2) 如果 $x(n)$ 为有限长序列，且频域采样点数 N 小于序列长度 M（即 $N < M$），则 $x(n)$ 以 N 为周期进行延拓也将产生混叠，从 $\tilde{x}(n)$ 中不能无失真地恢复出 $x(n)$。

(3) 如果 $x(n)$ 为有限长序列，且频域采样点数 N 大于或等于序列长度 M（即 $N \geq M$），则从 $\tilde{x}(n)$ 中能够无失真地恢复出 $x(n)$，即

$$x_N(n) = \tilde{x}_N(n)R_N(n) = \sum_{r=-\infty}^{\infty} x(n+rN)R_N(n) = x(n)$$

2) 从频谱恢复离散时间序列

【例 1-30】已知序列 $x(n)=[1,1,1;n=0,1,2]$，对其频谱 $X(\mathrm{e}^{\mathrm{j}\omega})$ 进行采样，分别取 $N=2$、3、5，观察频域采样造成的混叠现象。

解：MATLAB 程序如下：

```
Ts=1;N1=2;D1=2*pi/(Ts*N1);
kn1=floor(-(N1-1)/2:-1/2);kp1=floor(0:(N1-1)/2);
w1=[kp1,kn1]*D1;X1=1+1*exp(-j*w1)+exp(-j*2*w1);
n=0:N1-1;
x1=abs(ifft(X1,N1));
subplot(1,3,1);stem(n*Ts,x1,'filled','k');
N2=3;D2=2*pi/(Ts*N2);kn2=floor(-(N2-1)/2:-1/2);kp2=floor(0:(N2-1)/2);
w2=[kp2,kn2]*D2;X2=1+1*exp(-j*w2)+exp(-j*2*w2);
n=0:N2-1;
x2=abs(ifft(X2,N2));
subplot(1,3,2);stem(n*Ts,x2,'filled','k');
N3=5;D3=2*pi/(Ts*N3);kn3=floor(-(N3-1)/2:-1/2);kp3=floor(0:(N3-1)/2);
w3=[kp3,kn3]*D3;X3=1+1*exp(-j*w3)+exp(-j*2*w3);
n=0:N3-1;
x3=abs(ifft(X3,N3));
subplot(1,3,3);stem(n*Ts,x3,'filled','k');
```

结果如图 1.31 所示。

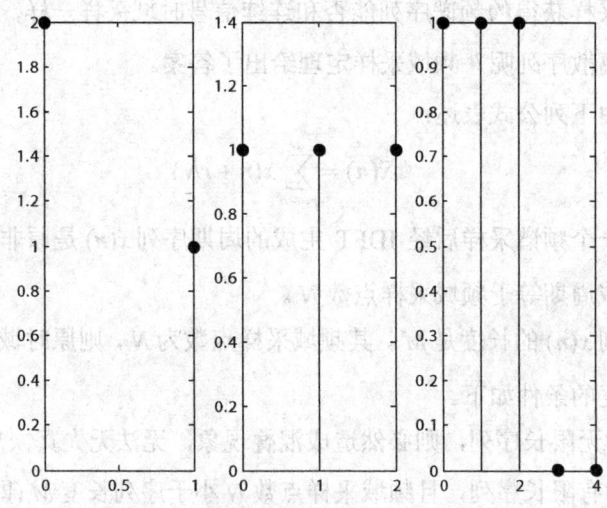

图 1.31　频率采样点数 N 对时间混叠的影响

从例 1-30 可知，有限长序列 $x(n)$ 的长度 $M=3$，现分别取频域采样点数为 $N=2$、3、5，由图 1.31 显示的结果可以验证：

(1) 当 $N=3$ 和 $N=5$ 时，$N\geqslant M$，能够不失真地恢复出原信号 $x(n)$。

(2) 当 $N=2$ 时，$N<M$，时间序列有泄露，形成了混叠，不能无失真地恢复出原信号 $x(n)$。混叠的原因是上一周期的最后一点与本周期的第一点发生重叠，如下所示：

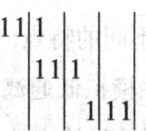

因此显示 $x_N(n) = [2,1]$。

三、实验内容

(1) 认真阅读并输入实验原理与方法中介绍的例子，观察输出的数据和图形，理解每一条语句的含义。

(2) 已知一个时间序列 $x(n) = [2,4,6,4,2]$，先求其频谱，再分别取频域采样点数 N 为 3、5 和 10，用 IFFT 计算并求出其时间序列 $x(n)$，用图形显示各时间序列。观察时域序列是否存在混叠，有何规律？

四、实验预习

(1) 认真阅读实验原理，明确本次实验任务，读懂例题程序，了解实验方法。

(2) 根据实验任务预先编写实验程序。

(3) 预习思考：从频域采样序列不失真地恢复离散时域信号的条件是什么？

五、实验报告

(1) 列出调试通过的实验程序，打印或描绘实验程序产生的图形曲线。

(2) 思考题：从离散频谱如何恢复出原连续时间信号(时域采样得到离散信号)？

实验八　用脉冲响应不变法设计 IIR 数字滤波器

一、实验目的

(1) 加深对脉冲响应不变法设计 IIR 数字滤波器基本方法的了解。

(2) 掌握三类模拟滤波器的设计方法以及利用模拟原型进行脉冲响应变换的方法。

(3) 了解 MATLAB 有关脉冲响应变换的子函数。

二、实验原理与方法

1) 模拟低通原型滤波器的设计及模拟域的频率变换

典型的模拟滤波器有巴特沃思(Butterworth)滤波器、切比雪夫(Chebyshev)滤波器、椭圆

(Ellipse)滤波器等。每种滤波器都有其不同的特点。由于 IIR 数字滤波器是在已知的低通滤波器的基础上设计的，因此我们把这些模拟低通滤波器称为滤波器原型。下面以巴特沃思滤波器为例，举例说明模拟原型滤波器的设计方法。

【例 1-31】 设计一巴特沃思低通滤波器，要求其通带截止频率 3400Hz，通带最大衰减 3dB；阻带截止频率 4000Hz，阻带最小衰减 40dB。

解： MATLAB 程序如下：

```
fp=3400;fs=4000;Rp=3;As=40;
[N,fc]=buttord(fp,fs,Rp,As,'s')%计算阶数 N 和 3dB 截止频率 fc
[B,A]=butter(N,fc,'s');        %A、B 为系统函数 Ha(s)的分母、分子多项式系数行向量
[hf,f]=freqs(B,A,1024);        %计算模拟滤波器频率响应,freqs 为工具箱函数
plot(f,20*log10(abs(hf)/abs(hf(1))));
grid;xlabel('频率(Hz)');ylabel('幅度(dB)')
axis([0,4000,-40,5])
line([0,4000],[-3,-3]);
line([3400,3400],[-90,5])
```

结果如图 1.32 所示。

MATLAB 提供了模拟域的频率变换子函数，可以方便地将模拟低通滤波器变换成低通、高通、带通、带阻滤波器。变换函数分别为 lp2lp(低通→低通)、lp2hp(低通→高通)、lp2bp(低通→带通)、lp2bs(低通→带阻)，具体调用方法请读者自行查阅 MATLAB 工具包。

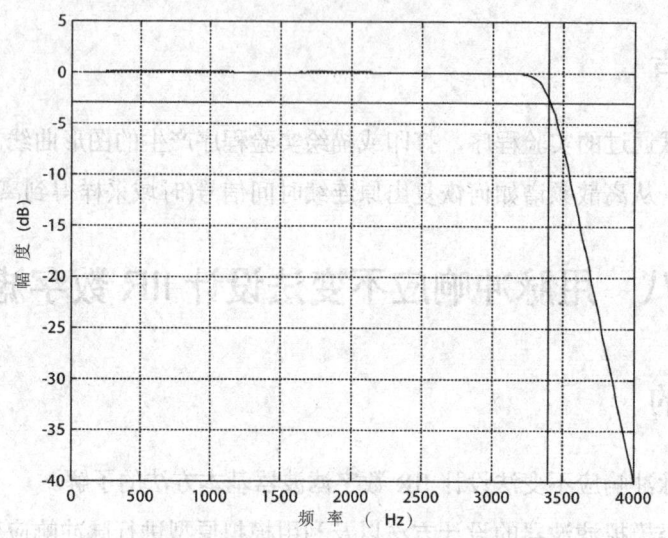

图 1.32 巴特沃思低通滤波器的幅频特性

2) 脉冲响应不变法的基本知识

脉冲响应不变法又称冲激响应不变法，是将系统从 s 域变换到 z 域的一种映射方法，用数字滤波器的单位脉冲响应序列 $h(n)$ 模仿模拟滤波器的冲激响应 $h_a(t)$，使得 $h(n)$ 正好等于 $h_a(t)$ 的采样值，即

$$h(n) = h_a(nT)$$

式中，T 为采样间隔。如果以 $H_a(s)$ 及 $H(z)$ 分别表示 $h_a(t)$ 的拉式变换及 $h(n)$ 的 z 变换，则

$$H(z)\big|_{z=e^{sT}} = \frac{1}{T} \sum_{m=-\infty}^{\infty} H_a\left(S + j\frac{2\pi}{T}m\right)$$

MATLAB 提供了用脉冲响应不变法实现模拟域到数字域的滤波器变换函数 impinvar。调用格式为：[bd,ad]=impinvar(b,a,Fs)；它可将模拟滤波器系数 b、a 变换为数字滤波器系数 bd、ad，两者的脉冲响应不变，Fs 为采样频率，默认值为 1Hz。

由于脉冲响应不变法只适用于带限的滤波器，因此高频区幅频特性不为零的高通和带阻滤波器不能使用脉冲响应不变法。下面我们举例说明使用脉冲响应不变法设计低通、带通滤波器的过程。

【例 1-32】用脉冲响应不变法设计数字低通滤波器，要求通带和阻带具有单调下降特性，指标参数如下：$\omega_p = 0.2\pi\mathrm{rad}$，$\alpha_p = 1\mathrm{dB}$，$\omega_s = 0.35\pi\mathrm{rad}$，$\alpha_s = 10\mathrm{dB}$。

解：根据单调下降的要求，选择巴特沃思滤波器。

MATLAB 程序如下：

```
T=1;
wp=0.2*pi/T;ws=0.35*pi/T;rp=1;rs=10;
[N,wc]=buttord(wp,ws,rp,rs,'s');   %计算模拟滤波器阶数 N 和 3dB 截止频率
[B,A]=butter(N,wc,'s');     %计算模拟滤波器系统函数
[Bz,Az]=impinvar(B,A);   %用脉冲响应不变法将模拟滤波器转换成数字滤波器
[H,w]=freqz(Bz,Az);
plot(w/pi,abs(H));
xlabel('频率{\pi}');
ylabel('幅度');
```

结果如图 1.33 所示。

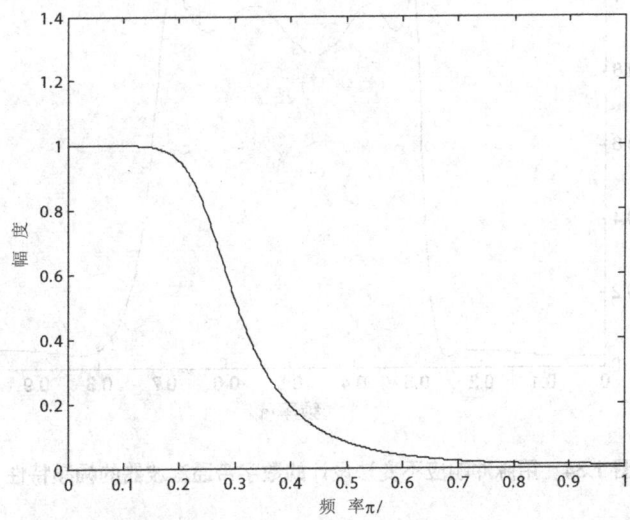

图 1.33　用脉冲响应不变法设计的数字低通滤波器的幅频特性

【例1-33】 用脉冲响应不变法设计数字带通滤波器，阻带为 $\omega_{p1} \le 0.1\pi\text{rad}$、$\omega_{p2} \ge 0.9\pi\text{rad}$，$R_p = 1\text{dB}$；通带为 $0.3\pi\text{rad} \le \omega_s \le 0.7\pi\text{rad}$，$A_s = 40\text{dB}$，系统采样频率 $F_s = 2\text{kHz}$，要求选择合适的方法使得滤波器阶数最低。

解： 为了使得滤波器阶数最低，选用椭圆滤波器。

MATLAB 程序如下：

```
wp1=0.3*pi;wp2=0.7*pi;
ws1=0.1*pi;ws2=0.9*pi;
Rp=1;As=40;
Fs=2000;T=1/Fs;
Omgp1=wp1*Fs;Omgp2=wp2*Fs;%模拟通带截止频率
Omgp=[Omgp1,Omgp2];
Omgs1=ws1*Fs;Omgs2=ws2*Fs;% 模拟阻带截止频率
Omgs=[Omgs1,Omgs2];
bw=Omgp2-Omgp1;w0=sqrt(Omgp1*Omgp2);%模拟带宽和中心频率
[n,Omgn]=ellipord(Omgp,Omgs,Rp,As,'s')  %计算模拟原型滤波器的阶数 n 和截止频率
[z0,p0,k0]=ellipap(n,Rp,As);
ba1=k0*real(poly(z0));
aa1=real(poly(p0));
[ba,aa]=lp2bp(ba1,aa1,w0,bw)   %变换为模拟带通
[bd,ad]=impinvar(ba,aa,Fs)
[H,w]=freqz(bd,ad);
plot(w/pi,abs(H));
ylabel('幅度');xlabel('频率/\pi');
```

结果如图 1.34 所示。

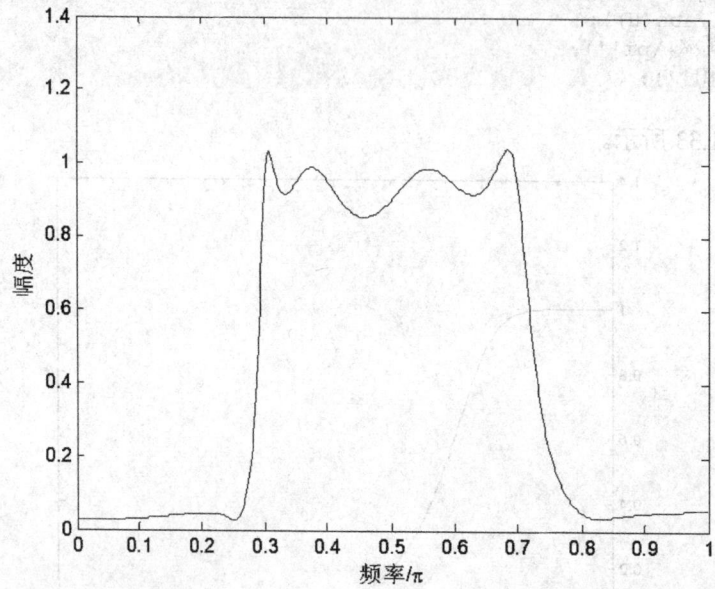

图 1.34   用脉冲响应不变法设计的数字带通滤波器的幅频特性

三、实验内容

(1) 认真阅读并输入实验原理与方法中介绍的例子，观察输出数据和图形，理解每一条语句的含义。

(2) 用脉冲响应不变法设计一个切比雪夫 I 型数字低通滤波器，要求：$\omega_p = 0.2\pi\text{rad}$，$\alpha_p = 1\text{dB}$，$\omega_s = 0.35\pi\text{rad}$，$\alpha_s = 10\text{dB}$。

(3) 用脉冲响应不变法设计一个切比雪夫 II 型数字带通滤波器，阻带为 $\omega_{p1} \leqslant 0.1\pi\text{rad}$、$\omega_{p2} \geqslant 0.9\pi\text{rad}$，$R_p = 1\text{dB}$；通带为 $0.3\pi\text{rad} \leqslant \omega_s \leqslant 0.7\pi\text{rad}$，$A_s = 15\text{dB}$，系统采样频率 $F_s = 2\text{kHz}$。

四、实验预习

(1) 认真阅读实验原理，明确本次实验任务，读懂例题程序，了解实验方法。

(2) 根据实验任务预先编写实验程序。

(3) 预习思考：使用脉冲响应不变法设计数字滤波器有哪些基本步骤？

五、实验报告

(1) 列出调试通过的实验程序，打印或描绘实验程序产生的图形曲线。

(2) 思考题：能否利用公式 $H(z) = H(s)\Big|_{s=\frac{1}{T}\ln z}$ 完成脉冲响应不变法的数字滤波器设计？

为什么？

六、实验参考

IIR 滤波器设计的主要方法有两种：脉冲响应不变法和双线性变换法。主要的 MATLAB 函数包括 butter、buttap、buttord、lp2lp、lp2hp、lp2bp、lp2bs、bilinear、impinvar 等。

1. 与 IIR 滤波器有关的 MATLAB 函数

1) butter
语法：
```
[b,a]=butter(n,Wn)
[b,a]=butter(n,Wn,'ftype')
[b,a]=butter(n,Wn,'s')
[b,a]=butter(n,Wn,'ftype','s')
[z,p,k]=butter(…)
```

介绍：函数 butter 主要用来设计低通、高通、带通、带阻的模拟和数字巴特沃思滤波器。巴特沃思滤波器具有在通带内最平稳和全部都是单调的特点。由于通带和阻带内的单调特性，使得巴特沃思滤波器的陡降特性不够好。除非需要平滑的特性，否则椭圆或者切比雪夫滤波器可以用较低的阶数实现更好的陡降特性。

[b,a]=butter(n,Wn)语句可设计一个归一化频率为 Wn 的 n 阶的数字低通巴特沃思滤波器。b 和 a 分别是所设计的滤波器的分子和分母的系数。如果 Wn 是一个具有两个元素的向量，Wn=[w1,w2]，则是设计一个通带为[w1,w2]的 2×n 阶的带通滤波器。

[b,a]=butter(n,Wn,'ftype')语句根据参数 ftype 设计高通、低通和带阻数字滤波器。ftype 的取值如下。

(1) 'high'：设计一个归一化截止频率为 Wn 的高通滤波器。

(2) 'low'：设计一个归一化截止频率为 Wn 的低通滤波器。

(3) 'stop'：设计一个 2×n 阶的带阻滤波器，此时 Wn 是一个具有两个元素的向量，Wn=[w1,w2]，阻带为[w1,w2]。

[b,a]= butter(n,Wn,'s')语句设计的是一个模拟低通巴特沃思滤波器。

[b,a]= butter(n,Wn,'ftype', 's')语句根据参数 ftype 设计高通、低通和带阻模拟滤波器。

[z,p,k]=butter(…)语句中，当有三个输出变量时，butter 返回的是所设计的滤波器零极点和增益。

2) buttap

语法：

```
[z,p,k]=buttap(n)
```

介绍：[z,p,k]=buttap(n)语句返回一个 n 阶的巴特沃思模拟低通原型滤波器的零点(z)、极点(p)和增益(k)。因为没有零点，所以 z 是空矩阵。

3) buttord

语法：

```
[n,Wn]=buttord(Wp,Ws,Rp,Rs)
[n,Wn]=buttord(Wp,Ws,Rp,Rs,'s')
```

介绍：[n,Wn]=buttord(Wp,Ws,Rp,Rs)语句根据通带的截止频率和阻带的截止频率以及通带的最大衰减和阻带的最小衰减计算数字巴特沃思滤波器的最小阶数 n 和对应的截止频率 Wn。输出变量 n 和 Wn 在函数 butter 中使用。

在 MATLAB 中还有几个函数 cheb1、cheb1ap、cheb1ord、cheb2、cheb2ap、cheb2ord 以及 ellip、ellipap、ellipord，它们的作用和 butter、buttap、buttord 的作用是一样的，所不同的就是传统滤波器的幅度平方函数不同。

4) lp2lp

语法：

```
[bt,at]=lp2lp(b,a,Wo)
```

介绍：lp2lp 函数可把模拟低通滤波器的原型转换成截止角频率为 Wo 的低通滤波器。

5) lp2hp

语法：

```
[bt,at]=lp2ph(b,a,Wo)
```

介绍：lp2hp 函数可把模拟低通滤波器的低通原型转化成截止角频率为 Wo 的高通滤波器。

6) lp2bp

语法：

```
[bt,ba]=lp2hp(b,a,Wo,Bw)
```

介绍：lp2bp 函数可把模拟低通滤波器的原型转换成中心角频率为 Wo、带宽为 Bw 的带通滤波器。

7) lp2bs

语法：

```
[bt,ba]=lp2bs(b,a,Wo,Bw)
```

介绍：lp2bs 函数可把模拟低通滤波器的原型转换成中心角频率为 Wo、带宽为 Bw 的阻带滤波器。

8) bilinear

语法：

```
[zd,pd,kd]=bilinear(z,p,k,fs)
[zd,pd,kd]=bilinear(z,p,k,fs,fp)
[numd,dend]=bilinear(num,den,fs)
[numd,dend]=bilinear(num,den,fs,fp)
```

介绍：bilinear 函数可将模拟滤波器用双线性变换法转换成数字滤波器。

[zd,pd,kd]=bilinear(z,p,k,fs) 和 [zd,pd,kd]=bilinear(z,p,k,fs,fp) 语句将模拟滤波器的零点、极点和增益转化成数字域的零点、极点和增益。fs 是采样频率，fp 是可以选择的预处理频率。

[numd,dend]=bilinear(num,den,fs) 和 [numd,dend]=bilinear(num,den,fs,fp) 语句将用 num 和 den 定义的模拟滤波器的传输函数转换为 numd 和 dend 定义的数字滤波器的传输函数。fs 是采样频率，fp 是可以选择的预处理频率。

9) impinvar

语法：

```
[bz,az]=impinvar(b,a,fs)
[bz,az]=impinvar(b,a)
[bz,az]=impinvar(b,a,fs,tol)
```

介绍：[bz,az]=impinvar(b,a,fs)语句利用脉冲响应不变法，将用 b 和 a 确定的模拟滤波器转换为用 bz 和 az 确定的数字滤波器，采样频率为 fs。如果没有定义采样频率 fs，或者采样频率为[]，则默认采样频率为 1。

[bz,az]=impinvar(b,a,fs,tol)语句用被 tol 定义的容忍度来确定极点是否重复。一个较大的容忍度增大了靠近的极点被 impinvar 认为是多重极点的可能性。默认的容忍度为极点幅度的 0.1%。值得注意的是极点值的准确度和 roots 函数相关。

2. IIR 滤波器设计的 MATLAB 实现

【例 1-34】试用双线性变换法设计一个低通滤波器，给定技术指标是 $f_p = 100\text{Hz}$，$f_s = 250\text{Hz}$，$\alpha_p = 2\text{dB}$，$\alpha_s = 02\text{dB}$，采样频率 $F_s = 1000\text{Hz}$。

解：MATLAB 程序如下：

```
fp=100;fst=250;Fs=1000;rp=2;rs=20;wp=2*pi*fp/Fs;
ws=2*pi*fst/Fs;Fs=Fs/Fs;wap=tan(wp/2);was=tan(ws/2);
[n,wn]=buttord(wap,was,rp,rs,'s');
[z,p,k]=buttap(n);[bp,ap]=zp2tf(z,p,k);
[bs,as]=lp2lp(bp,ap,wap);
[bz,az]=bilinear(bs,as,Fs/2);
[h,w]=freqz(bz,az,256,Fs*1000);
plot(w,abs(h));grid on
```

结果如图 1.35 所示。

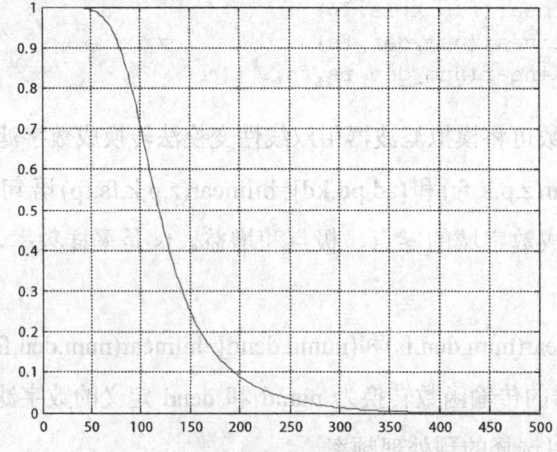

图 1.35　例 1-34 图

【**例 1-35**】设计一个中心频率为 500Hz，带宽为 600Hz 的数字带通滤波器，采样频率为 1000Hz。

解：MATLAB 程序如下：

```
[z,p,k]=buttap(3);
[b,a]=zp2tf(z,p,k);
[bt,at]=lp2bp(b,a,500*2*pi,600*2*pi);
[bz,az]=impinvar(bt,at,1000);   %将模拟滤波器变换成数字滤波器
freqz(bz,az,512,'whole',1000)
```

结果如图 1.36 所示。

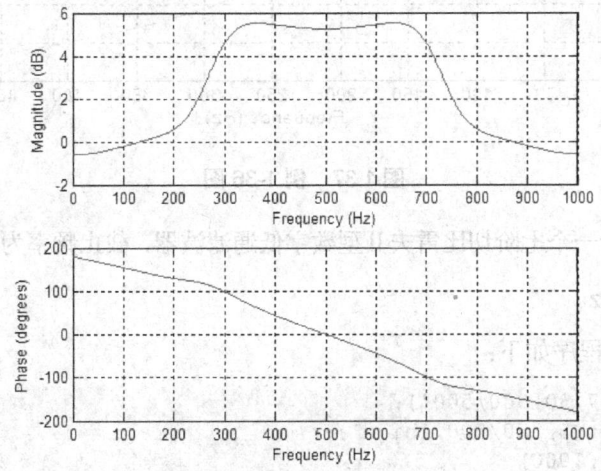

图 1.36 例 1-35 图

【**例 1-36**】设计一个五阶巴特沃思数字高通滤波器，阻带截止频率为 250Hz。设采样频率为 1000Hz。

解：MATLAB 程序如下：

```
[b,a]=butter(5,250/500,'high')
[z,p,k]=butter(5,250/500,'high')
freqz(b,a,512,1000)
```

程序运行后，产生结果如下(图形如图 1.37 所示)：

```
b =
   0.0528   -0.2639    0.5279   -0.5279    0.2639   -0.0528
a =
   1.0000   -0.0000    0.6334   -0.0000    0.0557   -0.0000
z =
    1  1  1  1  1
p =
  0.0000 + 0.7265i   0.0000 - 0.7265i   0.0000 + 0.3249i
  0.0000 - 0.3249i   0.0000
k =    0.0528
```

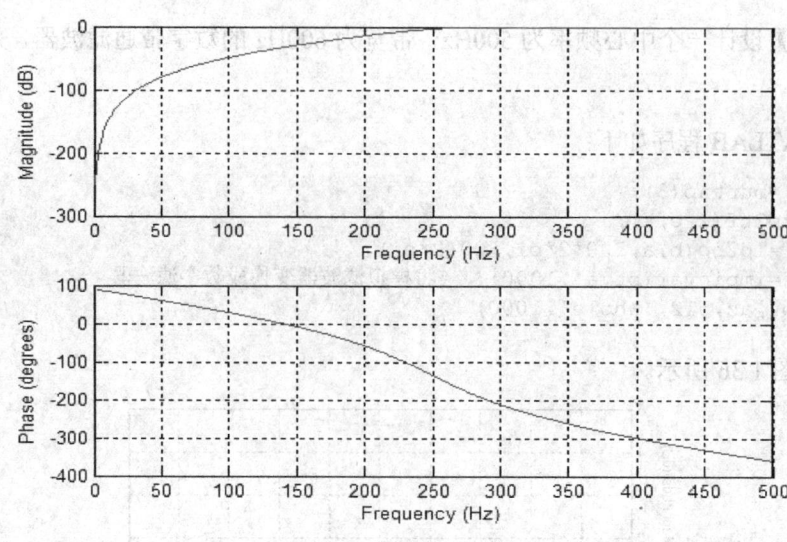

图 1.37 例 1-36 图

【例 1-37】设计一个七阶切比雪夫 II 型数字低通滤波器，截止频率为 3000Hz，R_s =30dB。设采样频率为 1000Hz。

解：MATLAB 程序如下：

```
[b,a]=cheby2(7,30,300/500');
[z,p,k]=butter(5,250/500,'high');
freqz(b,a,512,1000)
```

结果如图 1.38 所示。

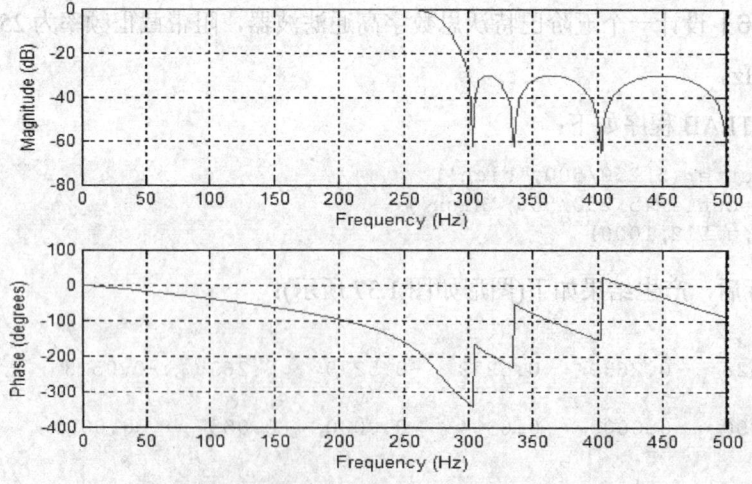

图 1.38 例 1-37 图

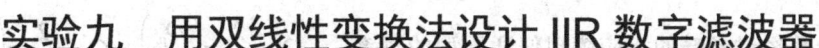

实验九 用双线性变换法设计 IIR 数字滤波器

一、实验目的

(1) 观察双线性变换法设计的滤波器的频域特性，了解双线性变换法的特点。

(2) 掌握双线性变换法设计 IIR 低通、高通、带通数字滤波器的方法。

(3) 了解 MATLAB 有关双线性变换法的子函数。

二、实验原理与方法

1) 双线性变换法的基本知识

双线性变换法 s 平面与 z 平面之间的映射关系为

$$s = \frac{2}{T}\frac{1-z^{-1}}{1+z^{-1}}, \quad z = \frac{1+\frac{Ts}{2}}{1-\frac{Ts}{2}}, \quad \left\{ s = \sigma + \mathrm{j}\Omega; \ z = r\mathrm{e}^{\mathrm{j}\omega} \right\}$$

s 平面的虚轴单值地映射于 z 平面的单位圆上，s 平面的左半平面完全映射到 z 平面的单位圆内。因此，双线性变换不存在混叠问题。

双线性变换是一种非线性变换 $\left(\mathrm{tg}\left(\dfrac{\omega}{2} = \dfrac{\Omega T}{2} \right) \right)$，这种非线性引起的幅频特性畸变可通过预畸而得到校正。

IIR 低通、高通、带通数字滤波器设计采用如表 1.1 所示的双线性原型变换公式。

表 1.1 双线性原型变换公式

变换类型	变换关系式		备 注
低通	$s = \dfrac{2}{T}\dfrac{1-z^{-1}}{1+z^{-1}}$	$\Omega = \dfrac{2}{T}\mathrm{tg}\left(\dfrac{\omega}{2}\right)$	$\omega = 2\pi f T$
高通	$s = \dfrac{2}{T}\dfrac{1+z^{-1}}{1-z^{-1}}$	$\Omega = \dfrac{2}{T}\mathrm{ctg}\left\|\dfrac{\omega}{2}\right\|$	—
带通	$s = \dfrac{z^2 - 2z\cos\omega_0 + 1}{z^2 - 1}$	$\Omega = \left\|\dfrac{\cos\omega_0 - \cos\omega}{\sin\omega}\right\|$	$\cos\omega_0 = \dfrac{\sin(\omega_1 + \omega_2)}{\sin\omega_1 + \sin\omega_2}$ ω_1、ω_2：带通的上、下边带临界频率

以低通数字滤波器为例，将设计步骤归纳如下。

(1) 确定数字滤波器的性能指标：通带临界频率 f_p、阻带临界频率 f_r；通带内的最大衰减 A_p；阻带内的最小衰减 A_r；采样周期 T。

(2) 确定相应的数字角频率，$\omega_p = 2\pi f_p T$；$\omega_r = 2\pi f_r T$。

(3) 计算经过预畸的相应模拟低通原型的频率：$\Omega_p = \dfrac{2}{T} \mathrm{tg}\left(\dfrac{\omega_p}{2}\right)$，$\Omega_r = \dfrac{2}{T} \mathrm{tg}\left(\dfrac{\omega_r}{2}\right)$。

(4) 根据 Ω_p 和 Ω_r 计算模拟低通原型滤波器的阶数 N，并求得低通原型的传递函数 $H_a(s)$。

(5) 用上面的双线性变换公式代入 $H_a(s)$，求出所设计的传递函数 $H(z)$。

(6) 分析滤波器特性，检查其指标是否满足要求。

MATLAB 提供了双线性变换法实现模拟到数字的滤波器变换函数 bilinear。调用格式为：[bd,ad]=bilinear(b,a,Fs)；它可将模拟滤波器系数 b、a 变换为数字滤波器系数 bd、ad，Fs 为采样频率，默认值为 1Hz。

2) 用双线性变换法设计 IIR 数字低通滤波器

【例 1-38】 用双线性变换法设计数字低通滤波器，要求通带和阻带具有单调下降特性，指标参数如下：$\omega_p = 0.2\pi \text{rad}$，$\alpha_p = 1\text{dB}$，$\omega_s = 0.35\pi \text{rad}$，$\alpha_s = 10\text{dB}$。

解：根据单调下降的要求，选择巴特沃思滤波器。

MATLAB 程序如下：

```
T=1;Fs=1/T;
wp=0.2*pi/T;ws=0.35*pi/T;rp=1;rs=10;
Omgp=(2/T)*tan(wp/2);Omgs=(2/T)*tan(ws/2);
[N,Omgc]=buttord(Omgp,Omgs,rp,rs,'s');
[B,A]=butter(N,Omgc,'s');
[Bz,Az]=bilinear(B,A,Fs);
[H,w]=freqz(Bz,Az);
plot(w/pi,abs(H));
xlabel('频率/{\pi}');ylabel('幅度');
```

结果如图 1.39 所示。

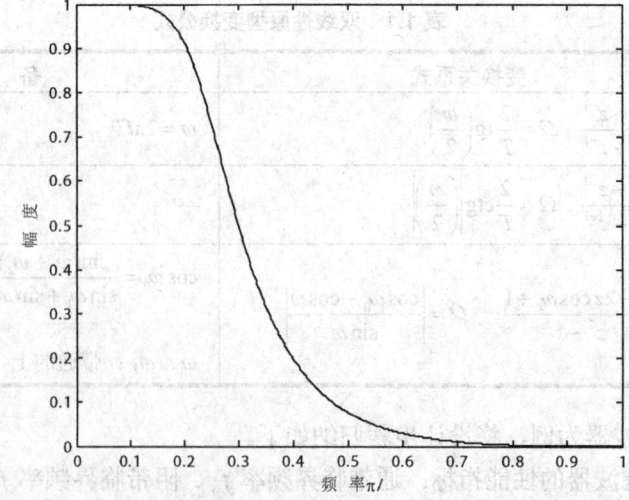

图 1.39 用双线性变换法设计的数字低通滤波器的幅频特性

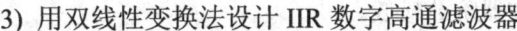

3) 用双线性变换法设计 IIR 数字高通滤波器

【例 1-39】 用双线性变换法设计一个切比雪夫 I 型数字高通滤波器，要求对输入模拟信号进行如下处理：保留 300Hz 以上频段，幅度失真小于 1dB；滤除 200Hz 以下频段，衰减大于 40dB。滤波器采样频率 1000Hz。

解： MATLAB 程序如下：

```
fs=200;fp=300;Fs=1000;T=1/Fs;
wp=fp/Fs*2*pi;              %转换为数字频率
ws=fs/Fs*2*pi;
Rp=1;As=40;
Omgp=(2/T)*tan(wp/2);
Omgs=(2/T)*tan(ws/2);
[n,Omgc]=cheb1ord(Omgp,Omgs,Rp,As,'s');
[z0,p0,k0]=cheb1ap(n,Rp);
ba=k0*real(poly(z0));
aa=real(poly(p0));
[ba1,aa1]=lp2hp(ba,aa,Omgc);
[bd,ad]=bilinear(ba1,aa1,Fs);
[H,w]=freqz(bd,ad);
plot(w/2/pi*Fs,abs(H),'k');
xlabel('频率');ylabel('幅度');
axis([0,Fs/2,0,1.1]);
```

结果如图 1.40 所示。

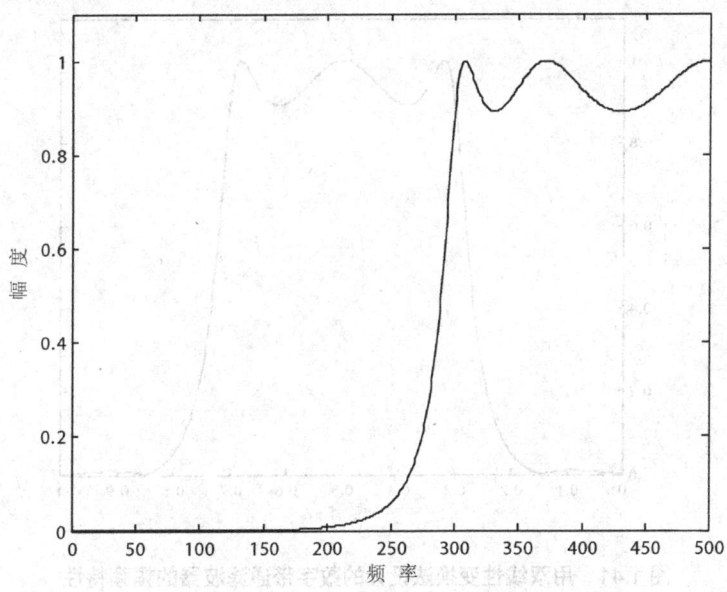

图 1.40 用双线性变换法设计的高通滤波器的幅频特性

4) 用双线性变换法设计 IIR 数字带通滤波器

【例 1-40】 用双线性变换法设计一个数字带通滤波器，阻带为 $\omega_{p1} \leqslant 0.1\pi\mathrm{rad}$、$\omega_{p2} \geqslant 0.9\pi\mathrm{rad}$，$R_p = 1\mathrm{dB}$；通带为 $0.3\pi\mathrm{rad} \leqslant \omega_s \leqslant 0.7\pi\mathrm{rad}$，$A_s = 40\mathrm{dB}$，系统采样频率

$F_s = 2\text{kHz}$，要求选择合适的方法使得滤波器阶数最低。

解：为了使得滤波器阶数最低，选用椭圆滤波器。

MATLAB 程序如下：

```
wp1=0.3*pi;wp2=0.7*pi;
ws1=0.1*pi;ws2=0.9*pi;
Rp=1;As=40;
Fs=2000;T=1/Fs;
Omgp1=(2/T)*tan(wp1/2);Omgp2=(2/T)*tan(wp2/2);
Omgp=[Omgp1,Omgp2];
Omgs1=(2/T)*tan(ws1/2);Omgs2=(2/T)*tan(ws2/2);
Omgs=[Omgs1,Omgs2];
bw=Omgp2-Omgp1;w0=sqrt(Omgp1*Omgp2);
[n,Omgn]=ellipord(Omgp,Omgs,Rp,As,'s');
[z0,p0,k0]=ellipap(n,Rp,As);
ba1=k0*real(poly(z0));
aa1=real(poly(p0));
[ba,aa]=lp2bp(ba1,aa1,w0,bw);
[bd,ad]=bilinear(ba,aa,Fs)
[H,w]=freqz(bd,ad);
plot(w/pi,abs(H),'k');
ylabel('幅度');xlabel('频率/\pi');axis([0,1,0,1.1]);
```

结果如图 1.41 所示。

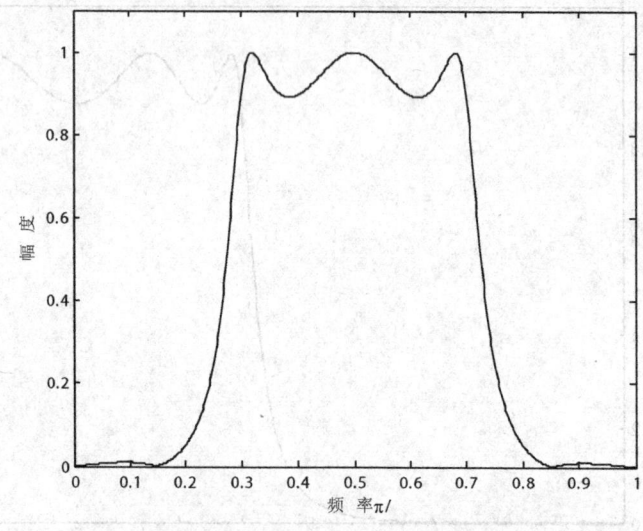

图 1.41   用双线性变换法设计的数字带通滤波器的幅频特性

三、实验内容

(1) 认真阅读并输入实验原理与方法中介绍的例子，观察输出数据和图形，理解每一条语句的含义。

(2) 用双线性变换法设计切比雪夫 II 型数字低通滤波器，要求：通带 $\omega_p = 0.2\pi \text{rad}$、$\alpha_p = 1\text{dB}$；阻带 $\omega_s = 0.35\pi \text{rad}$、$\alpha_s = 20\text{dB}$，采样频率 10Hz。

(3) 用双线性变换法设计一个切比雪夫 II 型数字高通滤波器，要求：通带 $\omega_p = 0.35\pi \text{rad}$、$\alpha_p = 1\text{dB}$；阻带 $\omega_s = 0.2\pi \text{rad}$、$\alpha_s = 20\text{dB}$，采样频率 10Hz。

(4) 用双线性变换法设计一个切比雪夫 II 型数字带通滤波器，要求：保留输入模拟信号 2025~2225 频段成分、幅度失真小于 1dB；滤除 0~1500Hz 和 2700Hz 以上频段成分、幅度衰减大于 40dB，采样频率 8000Hz。

四、实验预习

(1) 认真阅读实验原理，明确本次实验任务，读懂例题程序，了解实验方法。

(2) 根据实验任务预先编写实验程序。

(3) 预习思考：使用双线性不变法时，模拟频率与数字频率有什么关系？会产生什么影响？如何解决？

五、实验报告

(1) 列出调试通过的实验程序，打印或描绘实验程序产生的图形曲线。

(2) 思考题：双线性变换法中 Ω 和 ω 之间的关系是非线性的，在实验中你注意到这种非线性关系了吗？从哪几种数字滤波器的幅频特性曲线中可以观察到这种非线性关系？

实验十　用窗函数法设计 FIR 数字滤波器

一、实验目的

(1) 熟悉线性相位 FIR 滤波器的幅频特性和相频特性。

(2) 加深对窗函数法设计 FIR 数字滤波器的基本原理的理解。

(3) 了解 MATLAB 有关窗函数法设计的子函数以及各种不同窗函数对滤波器性能的影响。

二、实验原理与方法

1) 线性相位 FIR 数字滤波器的基本知识

线性相位实系数 FIR 滤波器按其 N 值奇偶和 $h(n)$ 的奇偶对称性分为以下四种。

(1) $h(n)$ 为偶对称，N 为奇数时，有

$$H(\mathrm{e}^{\mathrm{j}\omega}) = \left[h\left(\frac{N-1}{2}\right) + \sum_{n=1}^{(N-1)/2} 2h\left(\frac{N-1}{2}+n\right)\cos(n\omega) \right] \mathrm{e}^{-\mathrm{j}\omega\frac{N-1}{2}}$$

$H(\mathrm{e}^{\mathrm{j}\omega})$ 的幅值关于 $\omega=0$、π、2π 成偶对称。

(2) $h(n)$ 为偶对称，N 为偶数时，有

$$H(\mathrm{e}^{\mathrm{j}\omega}) = \left\{ \sum_{n=1}^{N/2} 2h\left(\frac{N}{2}-1+n\right)\cos\left[\omega\left(n-\frac{1}{2}\right)\right] \right\} \mathrm{e}^{-\mathrm{j}\omega\frac{N-1}{2}}$$

$H(\mathrm{e}^{\mathrm{j}\omega})$ 的幅值关于 $\omega=\pi$ 成奇对称，不适合作高通。

(3) $h(n)$ 为奇对称，N 为奇数时，有

$$H(\mathrm{e}^{\mathrm{j}\omega}) = \left[\sum 2h\left(\frac{N-1}{2}+n\right)\sin(n\omega) \right] \mathrm{e}^{-\mathrm{j}\left(\omega\frac{N-1}{2}+\frac{\pi}{2}\right)}$$

$H(\mathrm{e}^{\mathrm{j}\omega})$ 的幅值关于 $\omega=0$、π、2π 成奇对称，不适合作高通和低通。

(4) $h(n)$ 为奇对称，N 为偶数时，有

$$H(\mathrm{e}^{\mathrm{j}\omega}) = \left\{ \sum_{n=1}^{N/2} 2h\left(\frac{N}{2}-1+n\right)\sin\left[\omega\left(n-\frac{1}{2}\right)\right] \right\} \mathrm{e}^{-\mathrm{j}\left(\omega\frac{N-1}{2}+\frac{\pi}{2}\right)}$$

$H(\mathrm{e}^{\mathrm{j}\omega})_{\omega=0,2\pi}=0$，不适合作低通。

2) 窗函数法设计 FIR 数字低通滤波器的基本步骤

窗函数法设计线性相位 FIR 滤波器的步骤如下。

(1) 确定数字滤波器的性能要求：临界频率 $\{\omega_k\}$，滤波器单位脉冲响应长度 N。

(2) 根据性能要求，合理选择单位脉冲响应 $h(n)$ 的奇偶对称性，从而确定理想频率响应 $H(\mathrm{e}^{\mathrm{j}\omega})$ 的幅频特性和相频特性。

(3) 求理想单位脉冲响应 $h_\mathrm{d}(n)$，在实际计算中，可对 $H_\mathrm{d}(\mathrm{e}^{\mathrm{j}\omega})$ 按 M(M 远大于 N)点等距离采样，并对其求 IDFT 得 $h_M(n)$，用 $h_M(n)$ 代替 $h_\mathrm{d}(n)$。

(4) 选择适当的窗函数 $w(n)$，根据 $h(n)=h_\mathrm{d}(n)w(n)$ 求所需设计的 FIR 滤波器单位脉冲响应。

(5) 求 $H(\mathrm{e}^{\mathrm{j}\omega})$，分析其幅频特性，若不满足要求，可适当改变窗函数形式或长度 N，重复上述设计过程，以得到满意的结果。

对于理想的数字低通滤波器频率响应，有下列子程序实现(程序名为 ideallp.m)：

```
function hd=ideallp(wc,N)
tao=(N-1)/2;
n=[0:(N-1)];
m=n-tao+eps;
hd=sin(wc*m)./(pi*m);
```

窗函数的傅里叶变换 $W(\mathrm{e}^{\mathrm{j}\omega})$ 的主瓣决定了 $H(\mathrm{e}^{\mathrm{j}\omega})$ 的过渡带宽。$W(\mathrm{e}^{\mathrm{j}\omega})$ 的旁瓣大小和多少决定了 $H(\mathrm{e}^{\mathrm{j}\omega})$ 在通带和阻带范围内的波动幅度，常用的几种窗函数如下。

(1) 矩形窗 $\qquad w(n)=R_N(n)$

(2) 汉宁窗 $\qquad w(n) = 0.5\left[1-\cos\left(\dfrac{2\pi n}{N-1}\right)\right]R_N(n)$

(3) 哈明窗 $\qquad w(n) = \left[0.54 - 0.46\cos\left(\dfrac{2\pi n}{N-1}\right)\right]R_N(n)$

(4) 布莱克曼窗 $\qquad w(n) = \left[0.42 - 0.5\cos\left(\dfrac{2\pi n}{N-1}\right) + 0.08\cos\left(\dfrac{4\pi n}{N-1}\right)\right]R_N(n)$

(5) 凯塞窗 $\qquad w(n) = \dfrac{I_0\left(\beta\sqrt{1-\left[2n/(N-1)-1\right]^2}\right)}{I_0(\beta)}R_N(n)$

式中，$I_0(x)$ 为零阶贝塞尔函数。

由于第一类线性相位滤波器能进行低通、高通、带通、带阻滤波器的设计，因此，本实验所有滤波器均采用第一类线性相位滤波器。

《数字与信号处理》一书中给出了各种窗函数的特性参数，设计滤波器时应根据指标要求选择合适的窗函数。

3) 用窗函数法设计 FIR 数字低通滤波器

【例 1-41】已知某 FIR 数字低通滤波器截止频率 $\omega_c=0.2\pi$，滤波器长度 $N=11$，分别用矩形窗、汉宁窗和布莱克曼窗来设计该滤波器，并绘制幅频响应曲线和损耗函数曲线。

解：MATLAB 程序如下：

```
clear
wc=0.2*pi; N=11;
hd= ideallp(wc,N);          % 用wc=0.2*pi 的理想低通作为逼近滤波器
wd1=boxcar(N)' ; b1=hd.*wd1;        % 用矩形窗设计:
wd2=hanning(N)'; b2=hd.*wd2;        % 用汉宁窗设计:
wd3=blackman(N)' ;b3=hd.*wd3;       % 用布莱克曼窗设计:
[H1,w]=freqz(b1,1);                 % 用矩形窗设计的频率特性
[H2,w]=freqz(b2,1);                 % 用汉宁窗设计的频率特性
[H3,w]=freqz(b3,1);                 % 用布莱克曼窗设计的频率特性
subplot(1,2,1), plot(w,abs(H1),w,abs(H2),':',w,abs(H3),'-.');% 绘幅特性
legend('矩形窗','汉宁窗','布莱克曼窗')
xlabel('\omega'),ylabel('|H(\omega)|')
subplot(1,2,2),                     % 绘分贝幅特性
plot(w,20*log10(abs(H1)),w,20*log10(abs(H2)),':',w,20*log10(abs(H3)),'-.');
legend('矩形窗','汉宁窗','布莱克曼窗')
xlabel('\omega'),ylabel('dB')
```

结果如图 1.42 所示。

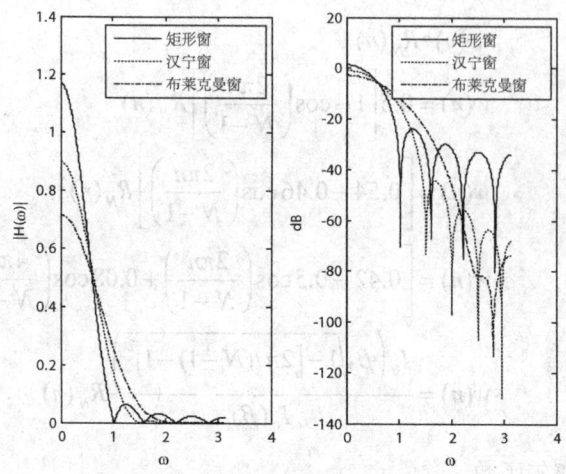

图 1.42 窗函数法设计 FIR 数字低通滤波器

【例1-42】选择合适的窗函数设计一个 FIR 数字低通滤波器。设计指标为：$\omega_p = 0.2\pi\text{rad}$，$R_p = 0.25\text{dB}$，$\omega_s = 0.3\pi\text{rad}$，$A_s = 50\text{dB}$。

解：根据要求应选择哈明窗。MATLAB 程序如下：

```
wp=0.2*pi; ws=0.3*pi; wc=(ws+wp)/2; tr_width=ws-wp;
M=ceil(6.6*pi/tr_width)+1; N=[0:1:M-1];
alpha=(M-1)/2;
n=[0:1:(M-1)];%n=[0,(M-1)];
m=n-alpha + eps;
hd=sin(wc*m)./(pi*m);
w_ham=(boxcar(M))';
h=hd.*w_ham;
[H,w]=freqz(h,[1],1000,'whole');
H=(H(1:501))';
w=(w(1:501))';
mag=abs(H);
db=20*log10((mag+eps)/max(mag));
pha=angle(H);
grd=grpdelay(h,[1],w);
delta_w=2*pi/1000;
Rp=-(min(db(1:1:wp/delta_w+1)));
As=-round(max(db(ws/delta_w+1:1:501)));
Close all;
subplot(2,2,1);stem(hd);title('理想冲击响应')axis([0 M-1 -0.1 0.3);ylabel
('hd[n]');
subplot(2,2,2);stem(w_ham);title(' 哈 明 窗 ');axis([0 M-1 0 1.1]);ylabel
('w[n]');
subplot(2,2,3);stem(h);title('实际冲击响应');axis([0 M-1 -0.1 0.3]);ylabel
('h[n]');
subplot(2,2,4);plot(w/pi,db); title('衰减幅度');axis([0 1 -100 10]);ylabel
('Decibles');
```

结果如图 1.43 所示。

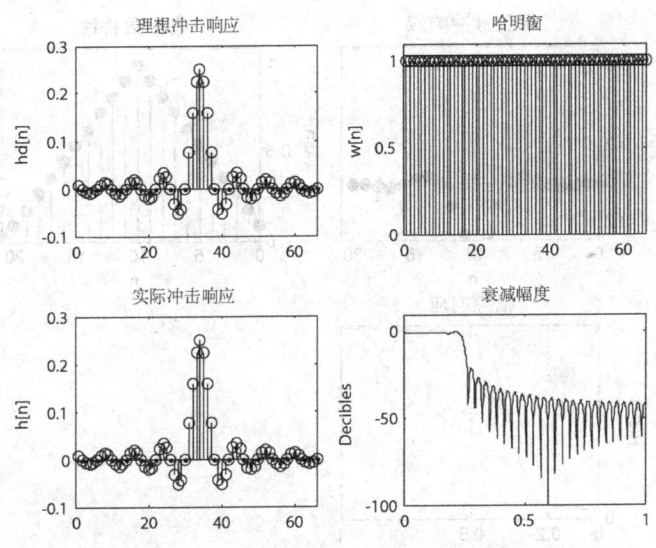

图 1.43　例 1-42 设计的数字低通滤波器

4) 用窗函数法设计 FIR 数字高通滤波器

【例 1-43】 选择合适的窗函数设计一个 FIR 数字高通滤波器。要求：通带截止频率 $\omega_p=0.5\pi$，$R_p=0.25\text{dB}$；阻带截止频率 $\omega_s=0.2\pi$，$A_s=20\text{dB}$。绘制单位脉冲响应、窗函数以及幅频响应曲线。

解： 根据要求选择三角窗。MATLAB 程序如下：

```
wp=0.5*pi;ws=0.2*pi;
deltaw=wp-ws;
N0=ceil(6.1*pi/deltaw);
N=N0+mod(N0+1,2);
windows=(triang(N))';
wc=(ws+wp)/2;
hd=ideallp(pi,N)-ideallp(wc,N);
b=hd.*windows;
[db, w]=freqz(b,1);
n=0:N-1;dw=2*pi/1000;
Rp=-(min(db(wp/dw+1:501)))
As=-round(max(db(1:ws/dw+1)))
subplot(2,2,1),stem(n,b,'filled','k');
axis([0,N,1.1*min(b),1.1*max(b)]);title('单位脉冲响应');
xlabel('n');ylabel('h(n)');
subplot(2,2,2),stem(n,windows,'filled','k');
axis([0,N,0,1.1]);title('窗函数');
xlabel('n');ylabel('wd(n)');
subplot(2,2,3),plot(w/pi,abs(db),'k');
title('幅频响应');
```

结果如图 1.44 所示。

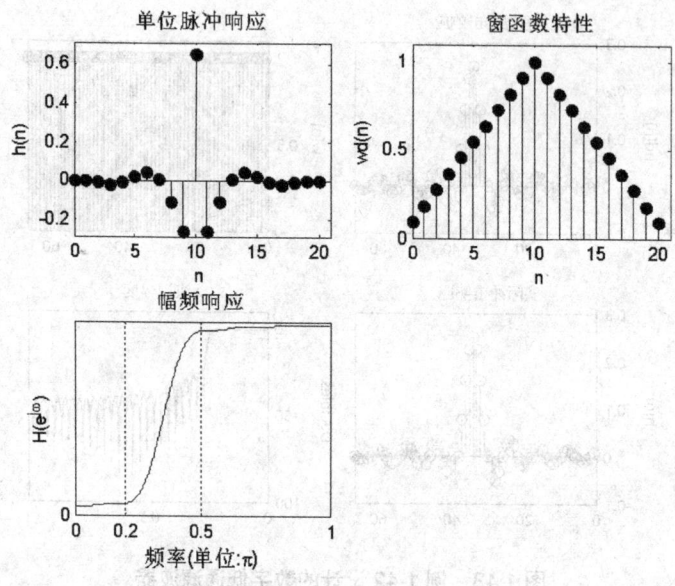

图 1.44 设计的 FIR 数字高通滤波器

5) 用窗函数法设计 FIR 数字带通滤波器

【例 1-44】用 MATLAB 信号处理箱提供的 fir1 子函数设计线性相位带通滤波器。设计指标：滤波器长度 $N=16$，上、下边带截止频率分别为 $\omega_1=0.3\pi$；$\omega_2=0.5\pi$。

解：MATLAB 程序如下：

```
N=16;
window=blackman(N);
b=fir1(N-1,[0.3 0.5],window);
[H,w]=freqz(b,1)
plot(w/pi,abs(H),'k');
ylabel('幅度');xlabel('频率/\pi')
```

结果如图 1.45 所示。

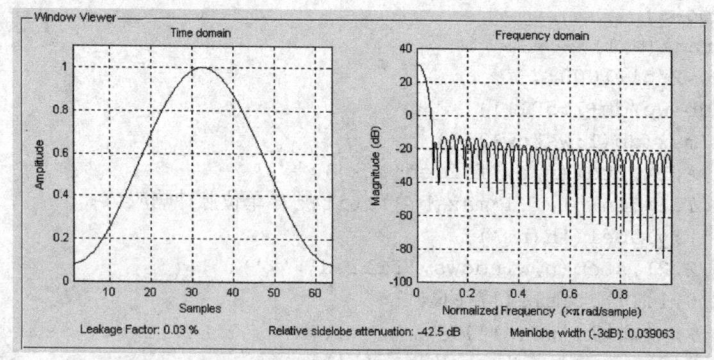

图 1.45 设计的 FIR 数字带通滤波器

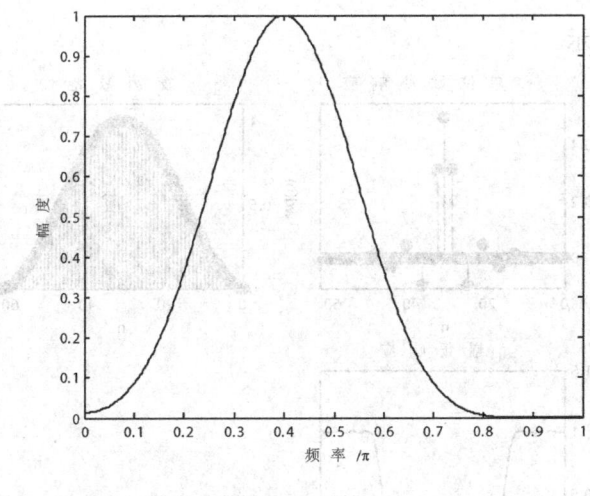

图 1.45 (续)

6) 用窗函数法设计 FIR 数字带阻滤波器

【例 1-45】选择合适的窗函数设计一个 FIR 数字带阻滤波器。要求：下通带截止频率 $\omega_{p1} = 0.2\pi$，R_p=0.1dB；阻带低端截止频率 ω_{s1}=0.3π，A_s=40dB；上通带截止频率 $\omega_{p2} = 0.8\pi$，R_p=0.1dB；阻带高端截止频率 ω_{s2}=0.7π，A_s=40dB。绘制滤波器的单位脉冲响应、窗函数以及滤波器的幅频响应特性曲线。

解：根据要求选择汉宁窗。MATLAB 程序如下：

```
wp1=0.2*pi;wp2=0.8*pi;
ws1=0.3*pi;ws2=0.7*pi;
wp=[wp1,wp2];ws=[ws1,ws2];
deltaw=ws1-wp1;
N0=ceil(6.2*pi/deltaw);
N=N0+mod(N0+1,2);
windows=(hanning(N))';
wc1=(ws1+wp1)/2;wc2=(ws2+wp2)/2;
hd=ideallp(wc1,N)+ideallp(pi,N)-ideallp(wc2,N);
b=hd.*windows;
[db,w]=freqz(b,1);
n=0:N-1;dw=2*pi/1000;
wp0=[1:wp1/dw+1,wp2/dw+1:501];
Rp=-(min(db(wp0)));
As=-round(max(db(ws1/dw+1:ws2/dw+1)));
subplot(2,2,1),stem(n,b,'filled','k');
axis([0,N,1.1*min(b),1.1*max(b)]);title('单位脉冲响应');
xlabel('n');ylabel('h(n)');
subplot(2,2,2),stem(n,windows,'filled','k');
axis([0,N,0,1.1]);title('窗函数特性');
xlabel('n');ylabel('wd(n)');
subplot(2,2,3),plot(w/pi,abs(db),'k');
title('频率响应');
xlabel('频率(单位:\pi)');ylabel('H(e^{j\omega})');
```

67

结果如图 1.46 所示。

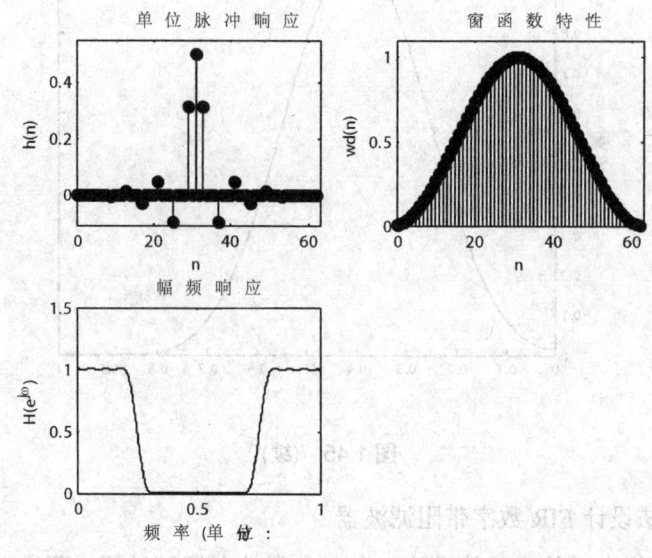

图 1.46 设计的 FIR 数字带阻滤波器

三、实验内容

(1) 认真阅读并输入实验原理与方法中介绍的例子，观察输出数据和图形，理解每一条语句的含义。

(2) 选择合适的窗函数设计 FIR 数字低通滤波器，要求：通带 $\omega_p = 0.2\pi$，$R_p = 0.05\text{dB}$；阻带 $\omega_s = 0.3\pi$，$A_s = 40\text{dB}$。绘制滤波器的单位脉冲响应、窗函数以及滤波器的幅频响应曲线。

(3) 选择合适的窗函数设计 FIR 数字带通滤波器。要求：$f_{p1} = 3.5\text{kHz}$，$f_{p2} = 6.5\text{kHz}$，$R_p = 0.05\text{dB}$；$f_{s1} = 2.5\text{kHz}$，$f_{s2} = 7.5\text{kHz}$，$A_s = 60\text{dB}$，滤波器采样频率 $F_s = 20\text{kHz}$。绘制滤波器的单位脉冲响应、窗函数以及滤波器的幅频响应曲线。

四、实验预习

(1) 认真阅读实验原理，明确本次实验任务，读懂例题程序，了解实验方法。

(2) 根据实验任务预先编写实验程序。

(3) 预习思考：本实验程序设计的 FIR 滤波器的 3dB 截止频率在什么位置？它等于理想频率响应 $H_d(e^{j\omega})$ 的截止频率吗？

五、实验报告

(1) 列出调试通过的实验程序，打印或描绘实验程序产生的图形曲线。

(2) 思考题：如果没有给定 $h(n)$ 的长度 N，而是给定了通带边缘截止频率 ω_c、阻带临界频率 ω_p 和相应的衰减，你能根据这些条件用窗函数法设计线性相位 FIR 低通滤波器吗？

六、实验参考

有限脉冲响应数字滤波器的设计主要有三种方法：窗函数法、频率采样法和切比雪夫逼近法。主要 MATLAB 函数包括窗函数、fir1、fir2、remez、remezord。

1. 与 FIR 滤波器相关的 MATLAB 函数

1) 窗函数

语法：

```
bartlett(N)
Blackman(N)
boxcar(N)
hamming(N)
hanning(N)
triang(N)
chebwin(N,R)
Kaiser(N,beta)
```

介绍：上面 8 个语句可用来产生相应的 N 点的窗序列。

2) fir1

语法：

```
b=fir1(n,Wn)
b=fir1(n,Wn,'ftype')
b=fir1(n,Wn,windows)
b=fir1(n,Wn,'ftype',window)
b=fir1(…,'normalization')
```

介绍：fir1 函数可采用窗函数法设计线性相位 FIR 滤波器，可用于设计标准的低通、高通、带通和带阻滤波器。默认情况下，滤波器是归一化的，因此中心频率的幅度是 0dB。

b=fir1(n,Wn)语句根据滤波器的阶数 n 和归一化的截止频率 Wn 设计数字滤波器，滤波器的系数存在向量 b 中。Wn 是一个 0～1 之间的数，其中 1 对应奈奎斯特频率。如果 Wn 是一个两元素的向量，Wn=[w1,w2]，则该语句设计的是一个带通滤波器。如果 Wn 是一个多元素的向量，Wn=[w1,w2,w3,w4,w5,…,wn]，则该语句设计的是一个多带滤波器。

b= fir1(n,Wn, 'ftype')语句根据参数 ftype 设计的滤波器。ftype 的取值如下。

(1) 'high'：设计一个截止频率为 Wn 的高通滤波器。

(2) 'stop'：设计一个带阻滤波器，阻带的范围是 Wn=[w1,w2]。

(3) 'DC-1'：多带滤波器的第一个带是通带。

(4) 'DC-0'：多带滤波器的第一个带是阻带。

fir1 总是用偶数阶来设计高通和带通滤波器，这是因为奇数阶的滤波器在奈奎斯特频率处的响应为 0，这对于高通和带阻滤波器显然是不合适的。如果你给定的 n 是奇数，那么 fir1 设计的滤波器的阶数会自动加 1。

b=fir1(n,Wn,window)语句用列向量 window 定义的窗函数去设计滤波器。列向量 window 的长度为 n+1。如果没有定义 window，fir1 会自动选择哈明窗。

b=fir1(n,Wn, 'ftype',window)语句根据参数 ftype 和 window 同时设计滤波器。

b=fir1(···,'normalization')语句根据参数 normalization 确定滤波器的幅度是否归一化。当 normalization 的值为 scale 时，对滤波器的幅度进行归一化；如果其值为 noscale，则对滤波器的幅度不进行归一化。

用 fir1 设计的 FIR 滤波器的群延时是 n/2。

3) fir2

语法：

```
b=fir2(n,f,m)
b=fir2(n,f,m,window)
```

介绍：b=fir2(n,f,m)语句计算一个 n 阶的 FIR 滤波器的系数。滤波器的幅度特性由 m 决定，f 是对应的频率，取值范围为 0～1，1 对应奈奎斯特频率。f 的第一个值必须是 0，而最后一个值必须是 1。f 和 m 的长度必须相等，如果有重复的频率点，表示在该频率点上频率响应发生了跳变。用 plot(f,m)语句可以画出滤波器的形状。

fir2 总是用一个偶数阶的滤波器去设计一个在奈奎斯特频率点具有通带特性的滤波器。这是因为奇数阶的滤波器在奈奎斯特处的频率响应总是接近 0。如果给定的 n 是奇数，那么 fir2 将自动加 1。

b=fir2(n,f,m,window)语句根据给定的窗设计 FIR 滤波器。窗是一个 n+1 阶的列向量。如果没有定义窗的类型，fir2 自动采样哈明窗。

4) remez

语法：

```
b=remez(n,f,a)
b=remez(n,f,a,w)
b=remez(n,f,a,'ftype')
b=remez(n,f,a,w,'ftype')
```

介绍：remez 函数根据 Park-McClellan 算法来设计切比雪夫最佳一致逼近的 FIR 数字滤波器。用这种方法设计的滤波器可以使设计的滤波器和理想的滤波器之间的最大误差最小。由于所设计滤波器的频率特性具有等纹波特性，因此有时也叫做等纹波滤波器。

b=remez(n,f,a)语句根据给定的频率向量 f 和幅度向量 a 设计一个 n 阶的 FIR 滤波器的系数。f 是归一化的频率点，它的范围为 0～1，其中 1 对应奈奎斯特频率。a 是频率点所对应的幅度。当 k 是奇数时，频率段(f(k),f(k+1))之间的频率响应幅度是通过连接(f(k),a(k))和(f(k+1),a(k+1))这两个点而形成的。而当 k 是偶数时，频率段(f(k),f(k+1))之间的频率响应幅度没有定义，我们不用关心。f 和 a 的长度必须是一样的，而且长度必须是偶数。

remez 总是用一个偶数阶的滤波器去设计一个在奈奎斯特频率点具有通带特性的滤波器。这是因为奇数阶的滤波器在奈奎斯特处的频率响应总是接近 0。如果给定的 n 是奇数，那么 remez 将自动加 1。

b=remez(n,f,a,w)语句用加权向量 w 对每一段频率进行加权。w 的长度是 f 长度的一半，因此每一段频率有一个加权值。

b=remez(n,f,a,'ftype')和 b=remez(n,f,a,w, 'ftype')语句定义了滤波器的类型，这里'ftype'的取值有以下两种。

(1) 'hilbert'：用来设计奇对称的线性相位滤波器(第三类和第四类滤波器)。

(2) 'differentiator'：对于第三类和第四类滤波器，采用一个特定的加权技术。对于非零幅度的波段，采用 1/f 因子对误差进行加权，因此低频段的误差比高频段的误差要小。对于 FIR 差分器，有一个与频率成比例的幅度特性，这些滤波器使最大误差最小化。

5) remezord

语法：

```
[n,fo,ao,w]=remezord(f,a,dev)
[n,fo,ao,w]=remezord(f,a,dev,fs)
c=remezord(f,a,dev,fs,'cell')
```

介绍：[n,fo,ao,w]=remezord(f,a,dev)语句根据给定的 f、a 和 dev 确定滤波器的阶数、归一化频率、频率对应的幅度和加权系数。f 和 a 的取值和 remez 中规定的一样。dev 是所设计的滤波器的通带和阻带与理想滤波器之间的偏差。remezord 和 remez 经常联合使用，这样就可以根据给定的 f、a、dev 设计出所需要的滤波器系数。

[n,fo,ao,w]=remezord(f,a,dev,fs)语句专门规定了采样频率为 fs。fs 默认为 2Hz，也就是说奈奎斯特频率是 1Hz。当 fs 有具体值的时候，可以根据 fs 的大小指定相应的边缘频率。

在某些情况下，利用 remezord 估计的 n 可能较小，如果滤波器的特性不满足要求，那么可以采用较高的阶数，比如 n+1 或者 n+2。

c=remezord(f,a,dev,fs, 'cell')语句产生一个单元阵列，其中的元素是 remez 的参数。

2. FIR 滤波器设计的 MATLAB 实现

【例 1-46】分别用矩形窗和哈明窗设计一个 21 阶的数字低通滤波器，通带的截止频率为 $0.3\pi\text{rad/s}$。

解：MATLAB 程序如下：

```
clear;N=21;
b1=fir1(N,0.3,boxcar(N+1));
b2=fir1(N,0.3,hamming(N+1));
[h1,w1]=freqz(b1,1,128);
[h2,w2]=freqz(b2,1,128);
plot(w1/pi,abs(h1),'k',w2/pi,abs(h2),'k.-');
legend('矩形窗','哈明窗')
```

结果如图 1.47 所示。

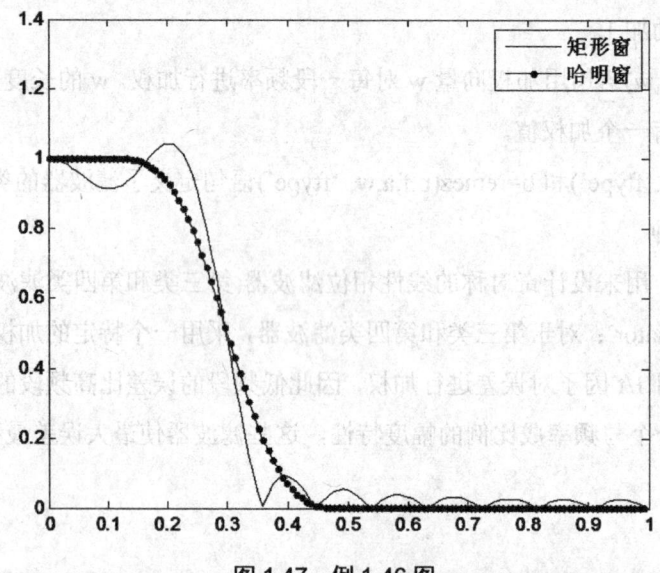

图 1.47　例 1-46 图

【例 1-47】设计具有下面指标的低通 FIR 滤波器：$\omega_p = 0.2\pi$，$\alpha_p = 0.25\text{dB}$，$\omega_s = 0.3\pi$，$\alpha_s = 50\text{dB}$。

解：选择哈明窗来实现这个滤波器，因为它具有较小的过渡带。

MATLAB 程序如下：

```
% 数字滤波器指标
wp=0.2*pi;
ws=0.3*pi;
tr_width=ws-wp;
M=ceil(6.6*pi/tr_width)+1;
n=[0:1:M-1];
wc=(ws+wp)/2;
hd=ideal_lp(wc,M);
w_ham=(hamming(M))';
h=hd.*w_ham;
```

```
freqz (h,[1])
figure(2);
subplot(2,2,1),stem(n,hd);title('理想脉冲响应')
axis([0 M-1 -0.3 0.3]);xlabel('n');ylabel('hd(n)')
xa=0.*n;
hold on
plot(n,xa,'k');
hold off
subplot(2,2,2),stem(n,w_ham);title('哈明窗')
axis([0 M-1 -0.3 1.2]);xlabel('n');ylabel('w(n)')
subplot(2,2,3),stem(n,h);title('实际脉冲响应')
axis([0 M-1 -0.3 0.3]);xlabel('n');ylabel('h(n)')
hold on
plot(n,xa,'k');
hold off
```

结果如图 1.48 所示。

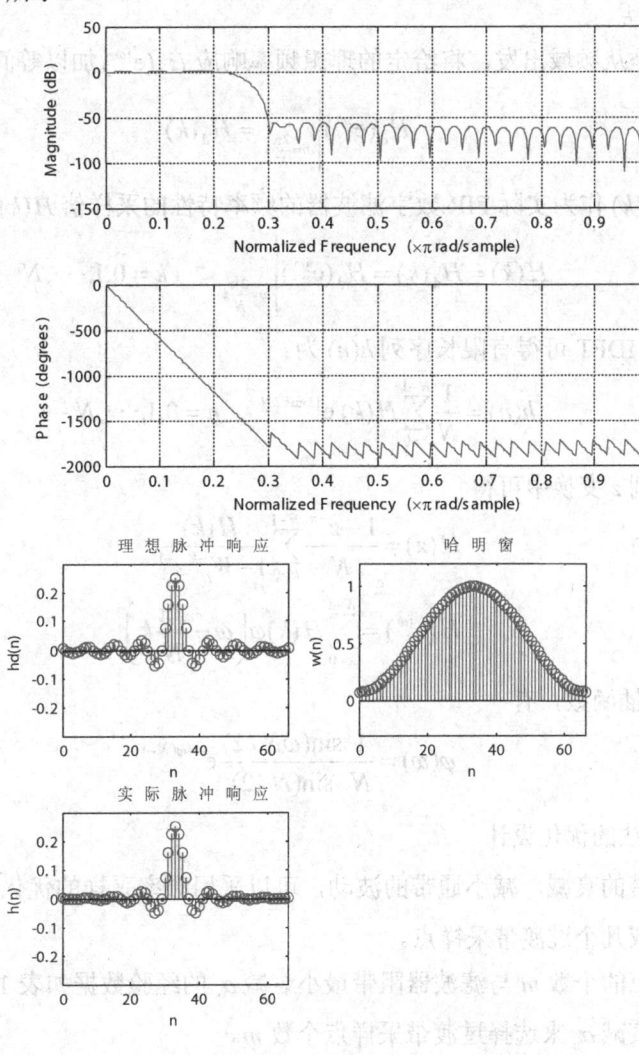

图 1.48　例 1-47 图

实验十一　用频率采样法设计 FIR 数字滤波器

一、实验目的

(1) 加深对频率采样法设计 FIR 数字滤波器的基本原理的理解。

(2) 掌握在频域优化设计 FIR 数字滤波器的方法。

(3) 了解 MATLAB 设计 FIR 数字滤波器的编程方法。

二、实验原理与方法

1) 频率采样法

频率采样法是从频域出发，将给定的理想频率响应 $H_d(e^{j\omega})$ 加以等间隔采样，得到

$$H_d(e^{j\omega})\Big|_{\omega=\frac{2\pi}{N}k} = H_d(k)$$

然后以此 $H_d(k)$ 作为实际 FIR 数字滤波器的频率特性的采样值 $H(k)$，即令

$$H(k) = H_d(k) = H_d(e^{j\omega})\Big|_{\omega=\frac{2\pi}{N}k} \qquad k = 0,1,\cdots,N-1$$

由 $H(k)$ 通过 IDFT 可得有限长序列 $h(n)$ 为

$$h(n) = \frac{1}{N}\sum_{k=0}^{N-1} H(k)\, e^{j2\pi nk/N} \qquad n = 0,1,\cdots,N-1$$

将上式代入到 z 变换中可得

$$H(z) = \frac{1-z^{-n}}{N}\sum_{k=0}^{N-1}\frac{H(k)}{1-W_N^{-k}z^{-1}}$$

$$H(e^{j\omega}) = \sum_{k=0}^{N-1} H(k)\varphi\left(\omega - \frac{2\pi}{N}k\right)$$

式中，$\varphi(\omega)$ 为内插函数，有

$$\varphi(\omega) = \frac{1}{N}\frac{\sin(\omega N/2)}{\sin(N/2)}e^{-j\omega(N-1)/2}$$

2) 频率采样法的优化设计

为了提高阻带的衰减，减小通带的波动，可以采用频率采样的优化设计法，即在间断点区间内插一个或几个过渡带采样点。

过渡带采样点的个数 m 与滤波器阻带最小衰减 α_s 的经验数据如表 1.2 所示，可以根据给定的阻带最小衰减 α_s 来选择过渡带采样点个数 m。

表 1.2 过渡带采样点的个数 m 与滤波器阻带最小衰减 α_s 的经验数据

m	1	2	3
α_s/dB	44~45	65~75	85~95

增加过渡带采样点可以使通带和阻带内纹波幅度减小。但如果增加 m 个过渡带采样点，过渡带宽度近似变成 $(m+1)2\pi/N$。当 N 确定时，m 越大，过渡带越宽。如果给定过渡带宽度 ΔB，则要求 $(m+1)2\pi/N \le \Delta B$，滤波器长度 N 必须满足如下估算公式：

$$N \ge (m+1)2\pi/\Delta B$$

下面举例说明频率采样法设计 FIR 数字滤波器的方法。

【例 1-48】用频率采样法设计第一类线性相位低通 FIR 数字滤波器，要求通带截止频率 $\omega_p = \pi/3$，阻带最小衰减大于 40dB，过渡带宽度 $\Delta B \le \pi/16$。

解：查表 1.2，$\alpha_s = 40$dB 时，过渡带采样点数 $m=1$。将 $m=1$ 和 $\Delta B \le \pi/16$ 代入估算公式估算滤波器长度：$N \ge (m+1)2\pi/\Delta B = 64$，留一点富裕量，取 $N=65$。设过渡带采样值为 0.38。MATLAB 程序如下：

```
T=0.38;
datB=pi/16;wc=pi/3;
m=1;N=(m+1)*2*pi/datB+1;
N=N+mod((N+1),2);
Np=fix(wc/(2*pi/N));
Ns=N-2*Np-1;
Ak=[ones(1,Np+1),zeros(1,Ns),ones(1,Np)];
Ak(Np+2)=T;Ak(N-Np)=T;
thetak=-pi*(N-1)*(0:N-1)/N;
Hk=Ak.*exp(j*thetak);
hn=real(ifft(Hk));
Hw=fft(hn,1024);
wk=2*pi*[0:1023]/1024;
Hgw=Hw.*exp(j*wk*(N-1)/2);
wa=[0:N-1]/N*2;
subplot(2,2,1),plot(wa,Ak);
axis([0,2,-0.1,1.2]);title('理想幅频响应');
subplot(2,2,2),plot(hn);
axis([0,65,-0.2,0.5]);title('理想单位脉冲响应');
xlabel('n');ylabel('h(n)');
subplot(2,2,3),plot(wk/pi,abs(Hgw));
axis([0,2,-0.1,1.2]);title('实际幅频响应');
subplot(2,2,4),plot(wk/pi,20*log10(abs(Hgw)));
axis([0,1,-70,10]);title('实际损耗函数');
```

结果如图 1.49 所示。

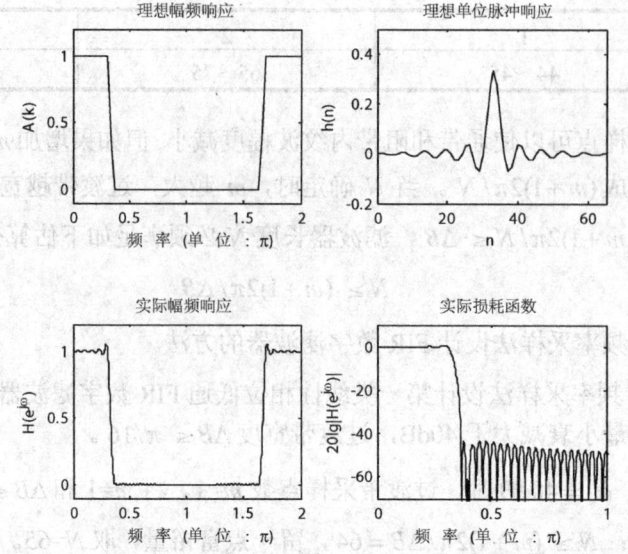

图 1.49　频率采样法设计 FIR 数字滤波器

三、实验内容

(1) 认真阅读并输入实验原理与方法中介绍的例子，观察输出数据和图形，理解每一条语句的含义。

(2) 用频率采样法设计一个 FIR 数字低通滤波器，3dB 截止频率 $\omega_p = 0.4\pi$，采样点数分别取 N=21 和 N=61，分别显示理想、实际幅频特性和脉冲响应曲线，观察采样点数对滤波器特性的影响。

(3) 在第(2)题的要求下，再在过渡带中增加一个采样点 T，取值 0.38。要求显示幅频特性曲线，观察增加过渡带采样点后对滤波器特性的影响。

四、实验预习

(1) 认真阅读实验原理，明确本次实验任务，读懂例题程序，了解实验方法。

(2) 根据实验任务预先编写实验程序。

(3) 预习思考：总结频率采样法设计 FIR 数字滤波器的基本思路和步骤。

五、实验报告

(1) 列出调试通过的实验程序，打印或描绘实验程序产生的图形曲线。

(2) 思考题：用 MATLAB 提供的 fir2 子函数来设计 FIR 数字滤波器时如何确定理想滤波器的幅频特性？如何在过渡带中增加采样点？

实验十二 用 FDATool 设计数字滤波器

一、实验目的

(1) 掌握 MATLAB 中图形化滤波器设计与分析工具 FDATool 的使用方法。

(2) 学习使用 FDATool 对数字滤波器进行设计。

(3) 了解 FDATool 输出滤波器数据的方法。

二、实验原理与方法

1. FDATool 集成环境

在工程实际中常常遇到滤波器设计和分析问题，而它的设计与分析过程以及计算均相当繁杂，涉及很多方面的内容。MATLAB 中的滤波器设计分析工具很好地解决了这一问题，它使得滤波器设计直观化，设计过程中可以随时观察设计结果，调整设计指标参数，改变实现的结构，选择合适的量化字长。在 MATLAB 环境下，利用已有的大量滤波器设计函数，加上日益成熟且方便的界面技术，已经开发出集成所有设计方法和过程的滤波器综合设计工具。在信号处理工具箱中，这个工具的名称为 FDATool(Filter Design and Analysis Tool)。利用 FDATool 这一工具，可以进行 FIR 和 IIR 数字滤波器的设计，并且能够显示数字滤波器的幅频、相频响应以及零极点分布图等。这里以 MATLAB 7.6 版本为例简单介绍 FDATool 的主要功能和使用方法，更详细的内容请读者进一步查询参考资料。

在 MATLAB 命令窗口中输入 fdatool，系统将打开 FDATool 工作界面，如图 1.50 所示。界面中包含了滤波器设计的全部功能，简单介绍如下。

1) 主菜单

主菜单包括 File(文件)、Edit(编辑)、Analysis(分析)、Targets(目标)、View(观察)、Window(窗口)、Help(帮助)菜单项。每一菜单项又分为若干个二级菜单项。有些二级菜单项在下面的图形界面上另有图标按钮，完成相同功能。

下面重点介绍 Analysis 菜单项。

Analysis 菜单项提供了滤波器的多种分析方法，如图 1.51 所示，在界面中有相应的图标按钮 与这些二级菜单项相对应，其中，最左边的按钮对应 Full View Analysis 命令，构成独立的图形分析视窗；从左边第二个按钮开始，依次对应的命令为：Filter Specifications(滤波器技术指标)、Magnitude Response(幅频响应)、Phase Response(相频响应)、Magnitude and Phase Responses(幅频和相频响应)、Group Delay Response(群时延)、Phase Delay(相时延)、Impulse Response(脉冲响应)、Step Response(阶跃响应)、Pole/Zero Plot(零极点分布)、Filter Coefficients(滤波器系数)、Filter Information(滤波

器信息)、Magnitude Response Estimate (相频响应估计)、Round-off Noise Power Spectrum(噪声功率谱)。

2) 图形窗

在图 1.50 所示的 FDATool 工作界面中，图形窗分为上、下两大部分。

图形窗的上半部分是用来显示设计结果的。其中，右半部分是图形画面，它的大小和显示内容受上述按钮的控制；左半部分用文字显示当前滤波器的结构、阶数等信息。

图像窗的下半部分默认处于 Design Filter 选项，主要用来输入滤波器的设计参数，共有四栏，从左到右依次为 Response Type、Filter Order、Frequency Specifications 和 Magnitude Specifications。

在 Response Type 选项组中，有 5 个单选按钮，如果是简单选频类的滤波器，则在前 4 项中任选一项；如果是其他类，就要选择第 5 项，然后在它右方的下拉列表框中选择具体类型，这里有数字微分器、希尔伯特变换器等多种滤波器。下面的 Design Method 选项，用来确定 IIR 和 FIR 滤波器。它们的右方都有下拉列表框，框中有两个单选按钮用于选定具体类型。IIR 中有巴特沃思、切比雪夫 I、切比雪夫 II、椭圆等七种类型；FIR 中则有等纹波最佳逼近法、窗函数法、最小二乘法等十一种类型。如果选择了窗函数选项，则在它的右方(已进入第二栏的位置)，窗函数选择的下拉列表框将会生效，由灰色变成白色，其中包含有十多种窗函数可供选择，有些窗函数(如凯塞窗)还有可调参数，应将适当的参数输入它下方的参数框中。

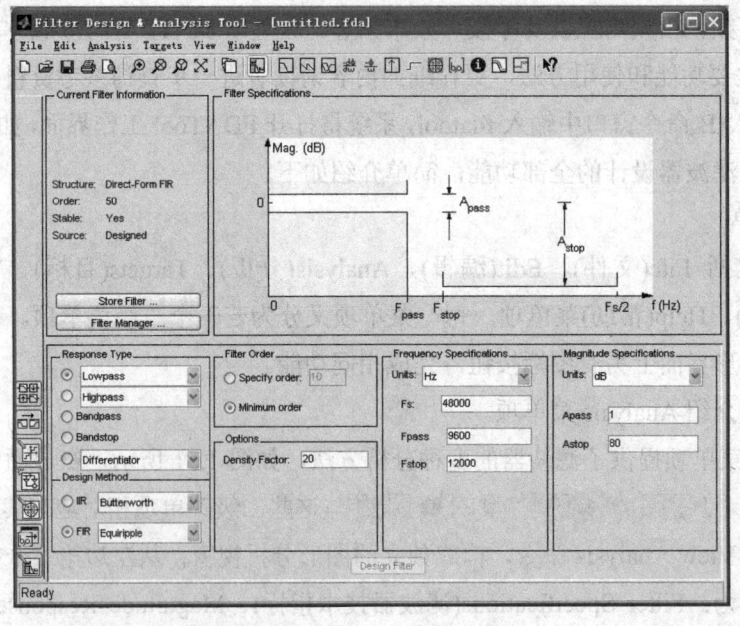

图 1.50 FDATool 工作界面

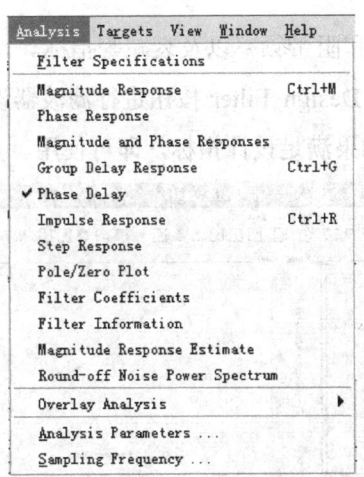

图 1.51　Analysis 二级菜单项

在 Filter Order 选项组中有两个单选按钮。其中，Specify order 由用户强制选择，Minimum order 则由计算机在设计过程中自动计算出最小阶数。

在 Frequency Specifications 选项组中，用于选择频率单位的 Units 下拉列表框中有 4 个选项，分别为 Hz、kHz、MHz 和归一化频率。其中归一化频率的单位是 π，对应于模拟频率 $F_s/2$，范围取 0～1。其他选项将随着选定的滤波器的不同类型而变化，用于输入通带、阻带截止频率和采样频率等指标。

在 Magnitude Specifications 选项组中，Units 下拉列表框用于选择幅度的单位，其中只有 2 个选项，分别为分贝和线性。以下各选项将随着选定的滤波器的不同类型而变化，用于输入通带波动和阻带衰减指标。

2. 用 FDATool 设计数字滤波器

【例 1-49】利用 FDATool 设计 IIR 巴特沃思低通数字滤波器，要求通带边界频率为 12Hz，通带内衰减不超过 1dB；阻带边界频率为 14Hz，阻带衰减要求达到 40dB 以上。信号的采样频率为 100Hz。

解： 设计步骤如下。

(1) 根据任务，首先确定滤波器种类、类型等指标，如本题应选 Lowpass、IIR、Butterworth。

(2) 如果设计指标中给定了滤波器的阶数，则在 Filter Order 选项组中应选中 Specify order 单选按钮，并输入滤波器的阶数。

如果设计指标中给定了通带指标和阻带指标，则在 Filter Order 选项组中一般应选中 Minimum order 单选按钮。

根据本题给定的通带、阻带指标，选中 Minimum order 单选按钮。

(3) 输入采样频率、通带和阻带频率以及衰减等指标。

(4) 指标输入完毕,单击 Design Filter 按钮进行滤波器设计,将显示如图 1.52 所示的结果。观察幅频特性曲线,如果满足设计指标,即可使用。

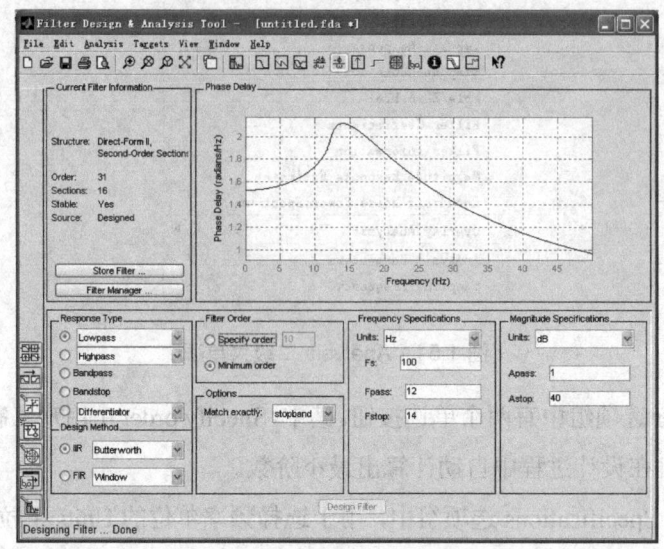

图 1.52　输入设计指标

(5) 观察其他图形画面。利用 Analysis 菜单下的二级菜单项或相关的图标按钮,可以观察幅频响应、相频响应、幅频和相频响应、群时延、相时延、冲激响应、阶跃响应、零极点分布、滤波器系数、滤波器信息、相频响应估计、噪声功率谱等图形。

图1.53显示了本滤波器的幅频和相频响应、脉冲响应、零极点分布以及噪声功率谱。

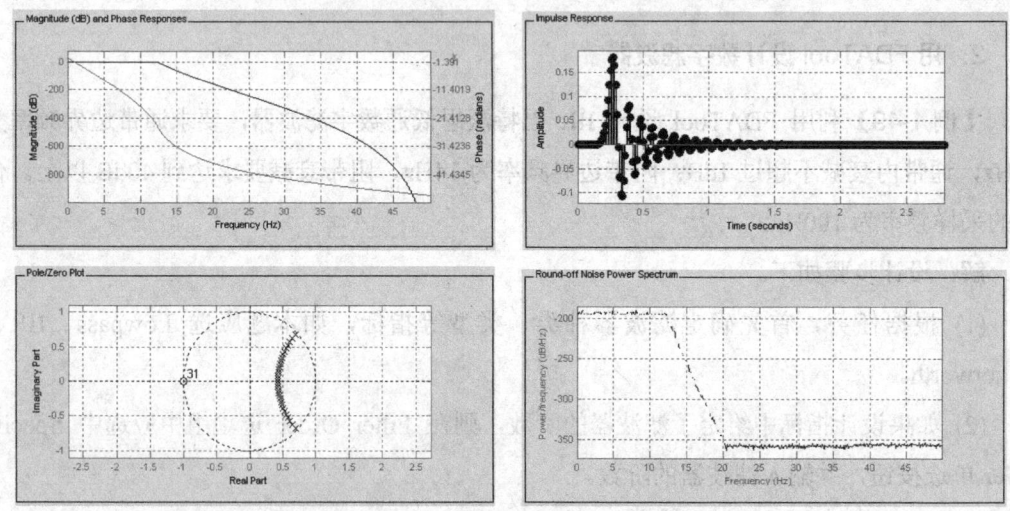

图 1.53　幅频和相频响应、脉冲响应、零极点分布及噪声功率谱

三、实验内容

(1) 认真阅读并输入实验原理与方法中介绍的例题设计步骤，观察输出的数据和图形，结合基本原理理解每一项操作的含义。

(2) 用 FDATool 设计一个椭圆 IIR 数字低通滤波器，要求：通带 $f_p = 2\text{kHz}$，$R_p = 1\text{dB}$；阻带 $f_s = 3\text{kHz}$，$A_s = 15\text{dB}$，滤波器采样频率 $F_s = 10\text{kHz}$。观察幅频响应和相频响应曲线、零极点分布图，写出传递函数。

(3) 利用 FDATool 设计工具，选择凯塞窗设计一个 FIR 数字带通滤波器，其采样频率 $F_s = 20\text{kHz}$，通带截止频率为 $f_{pl} = 2.5\text{kHz}$，$f_{ph} = 5.5\text{kHz}$，通带范围内波动小于 1dB；下阻带边界频率 $f_{sl} = 2\text{kHz}$，上阻带边界频率 $f_{sh} = 6\text{kHz}$，阻带衰减大于 30dB。

四、实验预习

(1) 认真阅读实验原理，读懂例题，了解实验方法。

(2) 明确本次实验任务，熟悉实验环境，了解 FDATool 的基本操作方法。

五、实验报告

(1) 列出调试通过的实验程序，打印或描绘实验程序产生的图形曲线。

(2) 思考题：FDATool 设计工具与用 MATLAB 直接设计滤波器相比有何特点？能否用 FDATool 工具设计非典型滤波器？

第2章 综合实验

综合实验一 利用 FFT 分析信号频率成分和功率

一、实验目的

根据已经学过的数字信号处理及 MATLAB 的有关知识,借助计算机提供的硬件和 Windows 操作系统,进行信号分析与处理方面综合应用能力的练习。

二、实验原理

本实验项目利用 FFT 测量信号的频率成分和功率。首先根据待分析信号的频率范围确定采样频率 f_s ($f_s \geq 2f_c$,其中 f_c 为信号最高频率);然后根据给定的频率分辨率 F 和 $F = f_s / N$,计算出所需的最小采样点数 N。信号的单边幅度谱 $|Y(k)|$ 的大小通过公式 $|Y(k)| = \dfrac{|X(k)|}{N} \times 2$ 计算。

【例 2-1】设计利用 FFT 分析正弦信号频率成分和各频率点功率的算法,要求如下:

(1) 输入信号电压范围(峰–峰值): 100mV～5V。

(2) 输入信号包含的频率成分范围: 200Hz～10kHz。

(3) 频率分辨率: 20Hz。

(4) 检测输入信号的总功率和各个频率分量的频率及功率,且检测出各个频率分量的功率之和不小于总功率的 95%;各个频率分量功率测量的相对误差的绝对值小于 10%,总功率测量的相对误差的绝对值小于 5%。

解: MATLAB 参考程序如下:

```
REFF=5;                                  %参考电压 5V
m=12;                                    %A/D 位数
reff=5/(2^m);
f=[1001 3503 3604 4010 5002 9001];       %输入正弦波频率
A=[6 3 5 4 5 5];                         %输入正弦波幅值
fs=20480;                                %采样频率 20.48kHz
Ts=1/fs;                                 %采样间隔
N=2048;                                  %采样点数
Tp=N*Ts;                                 %采样时间
t=0:Ts:Tp;
x0=0;
```

```
for i=1:length(f)
    x0=x0+A(i)*sin(2*pi*f(i)*t);
end
x=round(x0/reff)*reff;
X=fft(x,N);                          %计算频谱
Y=abs(X)/N*2;                        %信号的单边幅度谱
f=fs/N*(0:N/2-1);%f=0:fs/N:fs/2-fs/N
plot(f,Y(1:(N/2)));
grid;
P=Y.^2/2;                            %功率谱
Pw=sum(P(1:N/2))                     %频域功率
Pt=sum(A.^2/2)                       %时域功率
precent=Pw/Pt*100
```

三、实验内容

AM 调制信号 $x(t)=[A_0+m(t)]\cos\omega_c t$，已知 $m(t)=A\cos\Omega t$，试分析该信号的频谱和功率谱。要求：

(1) 以合适的采样频率 f_s、采样长度 N 对信号进行采样。

(2) 获取采样信号的频谱和功率谱。

(3) 频率分辨率为 1Hz。

四、实验预习

(1) 认真阅读实验原理，复习 AM 原理及采样定理。

(2) 明确本次实验任务，熟悉实验环境，掌握 FFT 分析信号的方法及 AM 信号的频谱特点。

五、实验报告

(1) 认真阅读实验原理，查阅相关资料，做好实验前的理论和技术准备。

(2) 根据实验任务预先编写有关的 MATLAB 程序。

(3) 针对每一项实验要求写出详细的实验报告，对实验的方法、步骤、实验结果、实验数据曲线进行描述和分析。

综合实验二　语音信号的采样和频谱分析

一、实验目的

(1) 自行查阅有关资料并设计实验，录制一段语音信号，利用综合实验一中信号分析

的各种方法对其进行时域波形的观察和频谱分析。

(2) 通过本实验了解计算机存储信号的方式以及语音信号的特点,进一步加深对采样定理的理解。

二、实验原理

由于语音信号是一种连续变化的模拟信号,而计算机只能处理和记录二进制数字信号,因此,由实际语音得到的音频信号必须经过采样、量化和编码,使其变成二进制的数据后才能输入计算机进行存储和处理。语音信号在输出时,则与上述过程相反。

利用计算机的声音编辑工具进行语音信号的录制时,已经利用了计算机上的 A/D 转换器,将模拟的语音信号变成了离散的量化了的数字信号。将这段语音信号以数据的形式存储起来,可以得到以.wav 作为文件扩展名的文件。wav 格式是 Windows 通用的数字音频文件标准。其数据格式为二进制码,编码方式为脉冲编码调制(PCM)。其采样速率从 8kHz 到 48kHz,通常三个标准的采样频率分别为 44.1kHz、22.05kHz、11.025kHz。量化等级有 8 位和 16 位两种,且分为单声道和立体声,使用时可以根据需要进行选择。

一般而言,电话通信对声音的要求是比较低的,只需要传输 0.3~3.4kHz 范围内的频率,采样频率可以选取最低的 8kHz,单声道,8 位量化。CD 唱片则要求能够清楚聆听 20kHz 频率的语音分量,故采样频率应选取 44.1kHz,立体声,16 位量化。

播放时,存储在计算机中的数字信号又通过 D/A 转换器,将数字数据恢复成原来的模拟信号。

本次实验涉及的相关 MATLAB 函数有以下几个。

1) wavread(读取数据文件)

调用方法:[x,Fs,bits]=wavread('filename');将数据文件的声音数据赋给变量 x,同时把 x 的采样频率 Fs 和数据的位数 bits 放入 MATLAB 的工作空间。输入的情况可以用 whos 查询。

2) sound(声音数据转化为声音)

调用方法:sound(x,fs,bits);将 x 的数据通过声卡转化为声音。

三、实验内容

(1) 用计算机的声音编辑工具录制一段语音信号,生成.wav 文件。需录制的语音信号可以由话筒输入。

计算机声音编辑工具的使用方法:在 Windows 操作系统下执行【开始】→【程序】→【附件】→【娱乐】→【录音机】命令,将出现如图 2.1 所示的【声音-录音机】窗口。

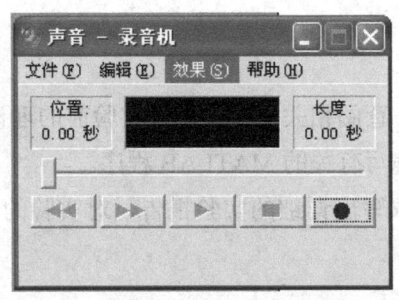

图 2.1 Windows 操作系统下的【声音-录音机】窗口

(2) 选择 3 种不同的采样频率对同一段语音信号进行采样,生成相应的.wav 文件,并试听回放效果,进行比较。

在 Windows 操作系统的【声音-录音机】窗口中,执行【文件】→【属性】命令,将显示如图 2.2 所示的【声音 的属性】对话框,可以选择播放、录音格式。单击【立即转换】按钮,将显示如图 2.3 所示的【声音选定】对话框,可以选择采样频率、量化等级、单声道或立体声等指标。

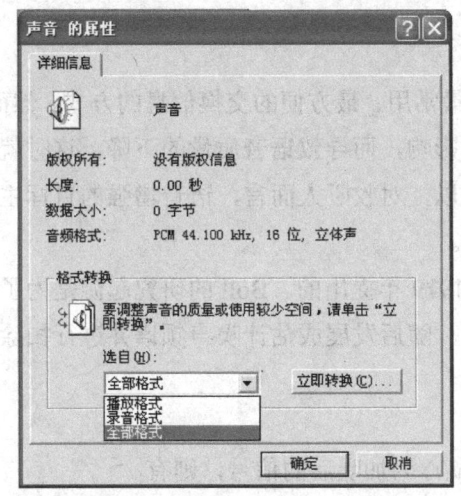

图 2.2 【声音 的属性】对话框

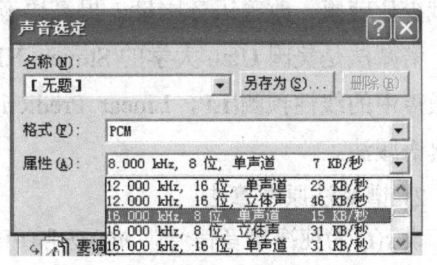

图 2.3 【声音选定】对话框

(3) 利用综合实验一中学习的信号处理方法对所采集的语音信号的时域波形和频谱进行观察和分析。

四、实验预习

(1) 认真阅读实验原理,了解计算机录音工具的使用方法及采样定理。

(2) 明确本次实验任务,熟悉实验环境,掌握对音频信号的频谱方法。

五、实验报告

(1) 认真阅读实验原理，查阅相关资料，做好实验前的理论和技术准备。

(2) 根据实验任务预先编写有关的 MATLAB 程序。

(3) 针对每一项实验要求写出详细的实验报告，对实验的方法、步骤、实验结果、实验数据曲线进行描述和分析。

综合实验三　用谱减法实现语音增强

一、实验目的

(1) 进一步了解计算机存储信号的方式以及语音信号的特点。

(2) 进一步加深对数字信号处理课程的理解。

二、实验原理

1) 简介

通过语音传递信息是人类最基本、最有效、最常用、最方便的交换信息的方式。然而，现实生活中的语音不可避免地要受到周围环境的影响，而导致语音质量的下降，这时就必须加入语音增强系统，以提高语音通信质量。所以，对收听人而言，语音增强的目标主要是减少疲劳感，改善语音质量，提高语音可懂度。

谱减法是美国 Utah 大学的 Steven F.Boll 在 1979 年提出的。Boll 的研究起源是为了改进噪声中的线性预测(LP，Linear Prediction)分析，随后发展成估计噪声频谱并进行扣除的经典谱减法。

2) 谱减法原型算法

设 $s(t)$ 为纯净语音信号，$n(t)$ 为噪声信号，$y(t)$ 为加噪后的信号，则有

$$y(t) = s(t) + n(t)$$

对 $s(t)$、$n(t)$、$y(t)$ 分别进行傅里叶变换，分别用 $S(\omega)$、$N(\omega)$、$Y(\omega)$ 表示，可得

$$Y(\omega) = S(\omega) + N(\omega)$$

假定语音信号与噪声信号是相互独立的，则有

$$|Y(\omega)|^2 = |S(\omega)|^2 + |N(\omega)|^2$$

因此，用 $P_y(\omega)$、$P_s(\omega)$、$P_n(\omega)$ 分别表示 $y(t)$、$s(t)$、$n(t)$ 的功率谱，又有

$$P_y(\omega) = P_s(\omega) + P_n(\omega)$$

而由于噪声的功率谱在发生前和发生期间基本没有变化，其功率谱可以通过"寂静段"(只有噪声没有语音)来估计，有

$$P_s(\omega) = P_y(\omega) - P_n(\omega)$$

这样相减得到的功率谱即可认为是较为纯净的语音功率谱。然后，由功率谱来恢复去噪后的语音时域信号。

为防止负功率谱的出现，在具体运算中，谱相减中当 $P_y(\omega) - P_n(\omega) < 0$ 时，令 $P_s(\omega) = 0$ 可得到完整的谱减运算公式为

$$P_s(\omega) = \begin{cases} P_y(\omega) - P_n(\omega) & P_y(\omega) \geq P_n(\omega) \\ 0 & P_y(\omega) < P_n(\omega) \end{cases}$$

谱减法语音增强技术的基本原理图如图 2.4 所示。

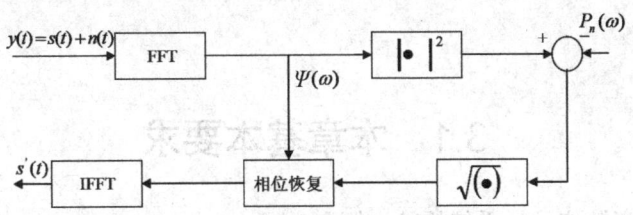

图 2.4 谱减法语音增强技术的基本原理

在频域处理中，只考虑了功率谱的变换，在最后的 IFFT 变换中要借助相位谱来恢复去噪后的语音时域信号。根据人耳对相位变化不敏感的这一特点，可用加噪语音信号的相位谱来替代估计之后的语音信号的相位谱，再来恢复去噪后的语音时域信号，即

$$S'(\omega) = \sqrt{P_s(\omega)} e^{j\theta_y(k)}$$

式中，$\theta_y(k)$ 为加噪语音信号 $y(t)$ 的相位谱。

三、实验内容

用谱减法对综合实验二中采集的语音信号进行去噪处理，从频谱图和回放效果两个方面对去噪处理前后的语音信号进行比较。

四、实验预习

(1) 认真阅读实验原理，复习语音增强原理，复习计算机录音工具的使用方法。

(2) 明确本次实验任务，熟悉实验环境，掌握谱减法实现语音增强的方法。

五、实验报告

(1) 认真阅读实验原理，查阅相关资料，做好实验前的理论和技术准备。

(2) 根据实验任务预先编写有关的 MATLAB 程序。

(3) 针对每一项实验要求写出详细的实验报告，对实验的方法、步骤、实验结果、实验数据曲线进行描述和分析。

学习指导篇

第3章 时域离散信号与系统

3.1 本章基本要求

(1) 理解时域离散信号与系统的基本概念。

(2) 理解基本变量 Ω、ω、f 之间的关系。

(3) 掌握时域离散系统的表示。

(4) 掌握线性系统的判定。

(5) 掌握时不变系统的判定。

(6) 掌握系统因果性与稳定性的判定。

3.2 学习要点与公式

3.2.1 信号与系统的类型

在信号处理中，常见的有三种类型的信号：模拟信号、时域离散信号和数字信号。模拟信号是信号幅度和自变量时间均取连续值的信号。时域离散信号是信号幅度取连续值，而自变量时间取离散值的信号，也可以看成是自变量取离散值的模拟信号。数字信号则是信号幅度和自变量均取离散值的信号，也可以说是信号幅度离散化的时域离散信号，或者简单地说是一些二进制编码信号。

如果系统的输入、输出是模拟信号，该系统被称为模拟系统；如果系统的输入、输出是数字信号，则该系统被称为数字系统；相应的，如果系统的输入、输出是时域离散信号，那么该系统被称为时域离散系统。当然还有模拟系统和数字系统共同构成的混合系统。本章主要讲述时域离散信号和时域离散系统，如图 3.1 所示。

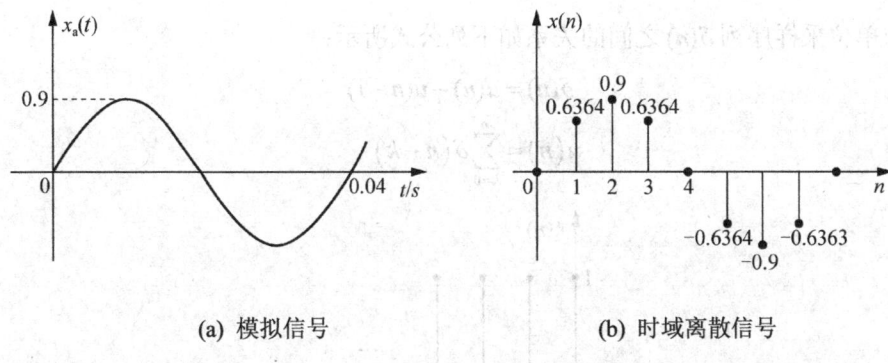

(a) 模拟信号	(b) 时域离散信号

图 3.1　模拟信号和时域离散信号

3.2.2　典型序列的特点

1) 单位采样序列 $\delta(n)$

单位采样序列 $\delta(n)$ 的表达式为

$$\delta(n) = \begin{cases} 1 & n = 0 \\ 0 & n \neq 0 \end{cases} \tag{3-1}$$

单位采样序列也可以称为单位脉冲序列，特点是仅在 $n = 0$ 处取值为 1，其他均为 0。

单位采样序列如图 3.2(a)所示。

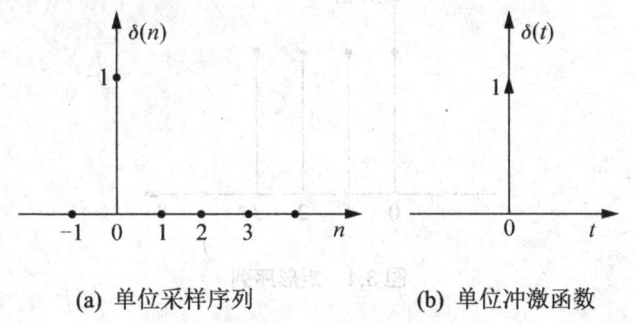

(a) 单位采样序列	(b) 单位冲激函数

图 3.2　单位采样序列和单位冲激函数

$\delta(n)$ 类似于连续时间信号与系统中的单位冲激函数 $\delta(t)$ (见图 1.2(b))。但是 $\delta(t)$ 是在

$t = 0$ 点脉宽趋于 0、幅值趋于无限大、面积为 1 的信号，是极限概念的信号。

2) 单位阶跃序列 $u(n)$

单位阶跃序列 $u(n)$ 的表达式为

$$u(n) = \begin{cases} 1 & n \geq 0 \\ 0 & n < 0 \end{cases} \tag{3-2}$$

单位阶跃序列如图 3.3 所示。其特点是只有在 $n \geq 0$ 时，才取非零值 1，当 $n < 0$ 时均取

零值。

$u(n)$ 与单位采样序列 $\delta(n)$ 之间的关系如下列公式所示：

$$\delta(n) = u(n) - u(n-1)$$

$$u(n) = \sum_{k=0}^{\infty} \delta(n-k)$$

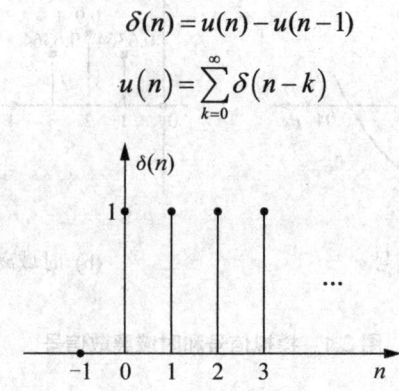

图 3.3　单位阶跃序列

3) 矩形序列 $R_N(n)$

矩形序列 $R_N(n)$ 的表达式为

$$R_N(n) = \begin{cases} 1 & 0 \leq n \leq N-1 \\ 0 & \text{其他} \end{cases} \qquad (3\text{-}3)$$

式中，下标 N 称为矩形序列的长度。例如当 $N=4$ 时，矩形序列 $R_4(n)$ 的波形如图 3.4 所示。矩形序列的特点是只有在 $0 \leq n \leq N-1$ 时，才取非零值 1，其他均取零值。

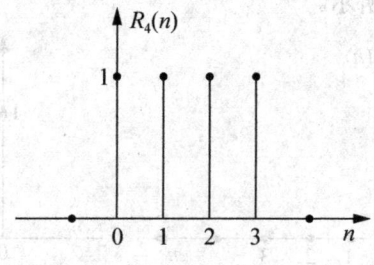

图 3.4　矩形序列

4) 实指数序列

实指数序列的表达式为

$$x(n) = a^n u(n) \qquad (3\text{-}4)$$

式中，$u(n)$ 起着使 $x(n)$ 在 $n<0$ 时幅度值为 0 的作用；a 为实数，其大小直接影响序列波形。如果 $0<a<1$，$x(n)$ 的幅度值随着 n 的增大会逐渐减少，称为收敛序列，其波形如图 3.5(a) 所示；如果 $a>1$，$x(n)$ 的幅度值则随着 n 的增大而增大，称为发散序列，其波形如图 3.5(b) 所示。

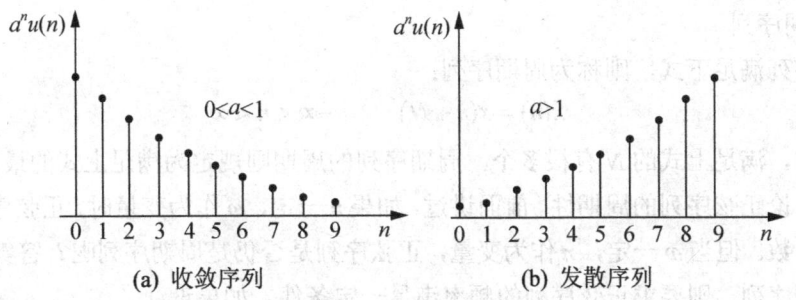

(a) 收敛序列   (b) 发散序列

图 3.5   实指数序列

5) 正弦序列

正弦序列的表达式为

$$x(n) = \sin(\omega n) \tag{3-5}$$

式中，ω 称为数字频率，单位是弧度(rad)，它表示序列变化的速率，或者说表示相邻两个序列值之间相位变化的弧度数。

假设正弦序列是由模拟正弦信号 $x_a(t)$ 采样得到的，设采样周期为 T，采样频率为 F_s，模拟角频率和模拟频率分别为 Ω 和 f，那么

$$x_a(t) = \sin(\Omega t) = \sin(t)(2\pi f t)$$
$$x(n) = x_a(t)\big|_{t=nT} = \sin(\Omega nT) = \sin(\omega n)$$

因此得到数字频率与模拟频率之间的关系为

$$\omega = \Omega T = \frac{\Omega}{F_s}$$

上式表示数字频率 ω 与模拟频率成线性关系，是模拟角频率 Ω 对采样频率的归一化频率。

6) 复指数序列

复指数序列的表达式为

$$x(n) = e^{(\sigma + j\omega_0)n} \tag{3-6}$$

设 $\sigma = 0$，则 $x(n) = e^{j\omega_0 n}$，可以按照欧拉公式展开，表示为

$$x(n) = \cos(\omega_0 n) + j\sin(\omega_0 n)$$

式中，ω_0 仍然称为数字频率。由于正弦序列和复指数序列中的 n 只能取整数，因此下面公式成立：

$$e^{j(\omega_0 + 2\pi M)n} = e^{j\omega_0 n}$$
$$\cos[(\omega_0 + 2\pi M)n] = \cos(\omega_0 n)$$
$$\sin[(\omega_0 + 2\pi M)n] = \sin(\omega_0 n)$$

式中，M 取整数，所以对数字频率而言，正弦序列和复指数序列都是以 2π 为周期的。在以后的研究中，在频率域只分析研究其主值区 $[-\pi, \pi]$ 或 $[0, 2\pi]$ 就够了。

7) 周期序列

如果序列满足下式，则称为周期序列：

$$x(n) = x(n+N) \qquad -\infty < n < \infty \tag{3-7}$$

很显然，满足上式的 N 有很多个，周期序列的周期则规定为满足上式的最小的 N 值。

下面讨论正弦序列的周期性。前面讲过，如果 n 一定，ω 作为变量时，正弦序列是以 2π 为周期的函数。但当 ω 一定，n 作为变量，正弦序列是否仍是周期序列呢？答案是不一定，如果是周期序列，则要求正弦序列的频率满足一定条件。如果设

$$x(n) = A\sin(\omega_0 n + \varphi)$$

那么

$$x(n+N) = A\sin(\omega_0(n+N) + \varphi) = A\sin(\omega_0 n + \omega_0 N + \varphi)$$

如果 $x(n) = x(n+N)$，则要求 $\omega_0 N = 2\pi k$，即

$$N = (2\pi / \omega_0)k$$

式中，k 与 N 均取整数，且 k 的取值要保证 N 是最小的正整数，满足这些条件，正弦序列才是以 N 为周期的周期序列。

具体有以下三种情况。

(1) 当 $2\pi / \omega_0$ 为整数时，$k=1$，正弦序列是以 $2\pi / \omega_0$ 为周期的周期序列。

(2) 当 $2\pi / \omega_0$ 不是整数，但是一个有理数时，设 $2\pi / \omega_0 = P/Q$。式中，P、Q 是互为素数的整数，取 $k=Q$，那么 $N=P$，则该正弦序列是以 P 为周期的周期序列。

(3) 当 $2\pi / \omega_0$ 是无理数时，任何整数 k 都不能使 N 为正整数，因此，此时正弦序列不是周期序列。

对于复指数序列 $x(n) = e^{j\omega_0 n}$ 的周期性的分析和上述正弦序列相同。

另外要说明的是，任意序列(包括有规律或者无规律的序列) $x(n)$ 均可以用单位采样序列的移位加权和表示，具体公式为

$$x(n) = \sum_{m=-\infty}^{\infty} x(m)\delta(n-m) \tag{3-8}$$

例如，$x(n)$ 的波形如图 3.6 所示。

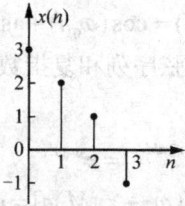

图 3.6　单位采样序列的移位加权和

该序列可表示成

$$x(n) = 3\delta(n) + 2\delta(n-1) + \delta(n-2) - \delta(n-3)$$

3.2.3 序列的运算

1) 乘法和加法

一个序列乘一个常数 b，相当于将序列幅度值放大 b 倍。两个序列相乘或者相加，是指它们同序号的序列值相乘或者相加。

2) 序列的移位及翻转

设序列 $x(n)$ 的波形如图 3.7(a)所示；$x(n-2)$ 的波形如图 3.7(b)所示，它相当于将波形向右移动 2 位，或者说在时间上延迟 2 位。对于 $x(n-n_0)$，当 $n_0 > 0$ 时，表示将 $x(n)$ 向右移动 n_0 位，称为 $x(n)$ 的延时序列；当 $n_0 < 0$ 时，表示将 $x(n)$ 向左移动 n_0 位，称为 $x(n)$ 的超前序列。$x(n-n_0)$ 称为 $x(n)$ 的移位序列。

$x(-n)$ 则是 $x(n)$ 的翻转序列。这里翻转的意思是指将 $x(n)$ 围绕坐标纵轴加以翻转。$x(n)$ 的翻转序列 $x(-n)$ 的波形如图 3.7(c)所示。

3) 序列的尺度变换

设 $y(n) = x(2n)$，当 $n=0,1,2,3,\cdots$ 时，$y(0)=x(0)$，$y(1)=x(2)$，$y(2)=x(4)$，$y(3)=x(6)$，相当于将 $x(n)$ 每两个相邻序列值抽取一个序列点，或者说是将原来的 $x(n)$ 坐标横轴压缩了 1/2。$y(n) = x(2n)$ 的波形如图 3.7(d)所示。对于 $x(mn)$，则是对 $x(n)$ 每 m 个相邻序列值抽取一个序列点，相当于将 $x(n)$ 的坐标横轴即时间轴压缩至原来的 $1/m$。

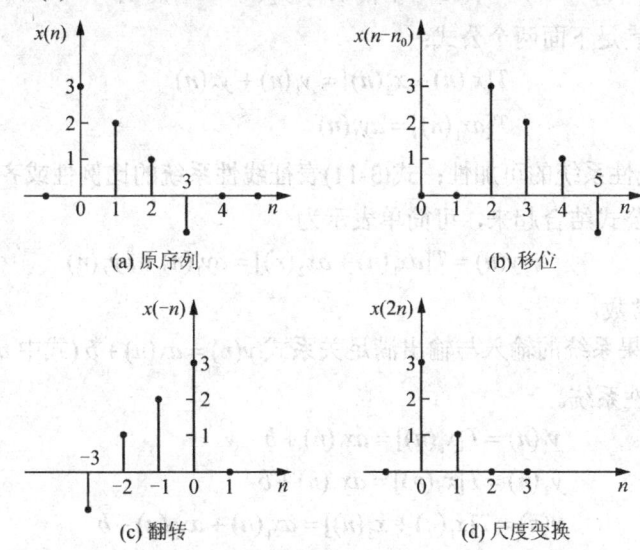

图 3.7 序列的移位、翻转和尺度变换

4) 序列的能量

序列 $x(n)$ 的能量 E 定义为序列各抽样值的平方和，即

$$E = \sum_{n=-\infty}^{\infty} |x(n)|^2$$

3.2.4 时域离散系统

设时域离散系统的输入信号用 $x(n)$ 表示，经过规定的运算，系统输出信号用 $y(n)$ 表示(时域离散系统模型如图 3.8 所示)。对系统规定的运算关系用 $T[\bullet]$ 表示，方括弧中的一点表示要实行运算的信号，输入与输出之间的关系用下式表示：

$$y(n) = T[x(n)] \tag{3-9}$$

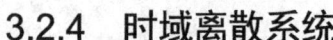

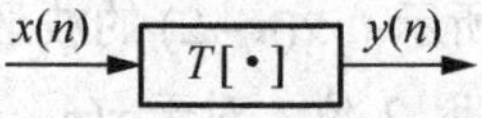

图 3.8 时域离散系统模型

时域离散系统中最常用的一类系统是线性时不变系统，下面介绍什么是线性时不变系统，以及线性时不变系统输入与输出之间的计算关系和系统的因果性、稳定性。

1. 线性系统

系统的输入与输出之间满足线性叠加原理的系统称为线性系统。它具体包括可加性和比例性两个性质，下面进行介绍。

如果 $x_1(n)$ 和 $x_2(n)$ 分别作为系统的输入，系统对应的输出用 $y_1(n)$ 和 $y_2(n)$ 表示，即

$$y_1(n) = T[x_1(n)], \quad y_2(n) = T[x_2(n)]$$

那么线性系统一定满足下面两个公式：

$$T[x_1(n) + x_2(n)] = y_1(n) + y_2(n) \tag{3-10}$$

$$T[ax_1(n)] = ay_1(n) \tag{3-11}$$

式(3-10)表征线性系统的可加性；式(3-11)表征线性系统的比例性或齐次性，式中 a 是常数。将以上两个公式结合起来，可简单表示为

$$y(n) = T[ax_1(n) + bx_2(n)] = ay_1(n) + by_2(n) \tag{3-12}$$

式中，a 和 b 均是常数。

【例 3-1】 如果系统的输入与输出满足关系式 $y(n) = ax(n) + b$ (式中 a、b 是常数)，试分析系统是否是线性系统。

解：
$$y_1(n) = T[x_1(n)] = ax_1(n) + b$$
$$y_2(n) = T[x_2(n)] = ax_2(n) + b$$
$$y(n) = T[x_1(n) + x_2(n)] = ax_1(n) + ax_2(n) + b$$
$$y(n) \neq y_1(n) + y_2(n) = ax_1(n) + ax_2(n) + 2b$$

因此该系统不满足可加性，也就不具有线性叠加性质。比例性就不用检查了，不满足可加性足以说明该系统是非线性系统。实际上，该系统不满足零输入产生零输出，即

$$x(n) = 0, \quad y(n) = b \neq 0$$

因此，利用该性质也可以很容易地证明该系统是一个非线性系统。

用同样方法可以证明 $y(n) = 2x(n-2)$，因此该系统是线性系统。

2. 时不变系统

如果系统对输入信号的运算关系在整个运算过程中不随时间改变，或者说系统对于输入信号的响应与输入信号加入系统的时间无关，则这种系统称为时不变系统(或称为移不变系统)，用公式表示为

若

$$y(n) = T[x(n)]$$

则

$$y(n-m) = T[x(n-m)] \qquad (3\text{-}13)$$

式中，m 为任意整数。

检查系统是否具有时不变性质，即检查其是否满足式(3-13)。

【例 3-2】　检查 $y(n) = ax(n) + b$ (式中 a、b 是常数)所表示的系统是否是时不变系统。

解：

$$y(n) = ax(n) + b$$

用 $(n - n_0)$ 代替上式中的 n，得

$$y(n - n_0) = ax(n - n_0) + b$$

若输入 $x(n)$ 延时 n_0，则输出为

$$y(-n_0 n) = T[x(n - n_0)]$$

因此该系统是一个时不变系统。注意：该系统虽是时不变系统，但却是一个非线性系统。线性和时不变是两个不同的概念，它们之间没有一定的连带关系。

【例 3-3】　检查 $y(n) = nx(n)$ 所表示的系统是否是时不变系统。

解：

$$y(n) = nx(n)$$
$$y(n - n_0) = (n - n_0)x(n - n_0)$$
$$T[x(n - n_0)] = nx(n - n_0)$$
$$y(n - n_0) \neq T[x(n - n_0)]$$

因此该系统不是时不变系统，是时变系统。从概念上讲，相当于该系统将输入信号放大 n 倍，放大倍数随变量 n 变化，因此它是一个时变系统。

作为练习，请读者自己证明该系统是一个线性系统。

3. 卷积的定义与性质

对于线性时不变系统(Linear Shift Invariant, LSI)，如果系统给定，已知输入信号，其输出信号可以计算出来，计算的依据是系统特性和输入信号。这里系统特性可以是时域特性，也可以是频域特性。

1) 卷积的定义

系统的时域特性用它的单位脉冲响应表示。如果将系统的输入 $x(n)$ 用移位单位脉冲序列的加权和表示为

$$x(n) = \sum_{m=-\infty}^{\infty} x(m)\delta(n-m)$$

那么系统的输出为

$$y(n) = T\left[\sum_{m=-\infty}^{\infty} x(m)\delta(n-m)\right]$$

$$= \sum_{m=-\infty}^{\infty} x(m)T[\delta(n-m)] \qquad \text{(线性系统满足比例性和可加性)}$$

$$= \sum_{m=-\infty}^{\infty} x(m)h(n-m) \qquad \text{(时不变性)}$$

上式就是线性时不变系统的卷积和表达式，这是一个非常重要的表达式，它可表示为

$$y(n) = x(n)*h(n) = \sum_{m=-\infty}^{\infty} x(m)h(n-m) \tag{3-14}$$

2) 卷积的性质

线性卷积服从交换律、结合律和分配律，如图 3.9～图 3.11 所示，分别用公式表示如下。

(1) 交换律

$$x(n)*h(n) = h(n)*x(n) \tag{3-15}$$

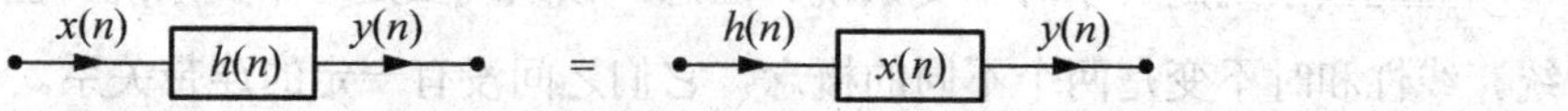

图 3.9　卷积服从交换律

(2) 结合律

$$x(n)*[h_1(n)*h_2(n)] = [x(n)*h_1(n)]*h_2(n) \tag{3-16}$$

上式说明，两个线性时不变系统级联后仍构成一个线性时不变系统，其单位脉冲响应为两系统单位脉冲响应的卷积和，且线性时不变系统的单位脉冲响应与它们的级联次序无关，如图 3.10 所示。

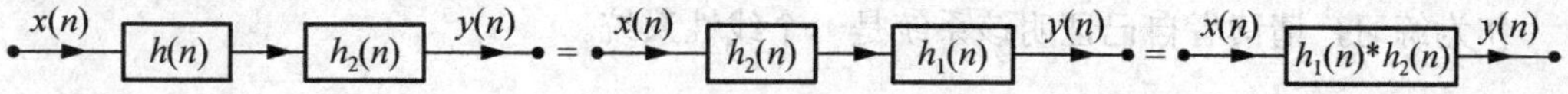

图 3.10　卷积服从结合律

(3) 分配律

$$x(n)*[h_1(n)+h_2(n)] = x(n)*h_1(n) + x(n)*h_2(n) \tag{3-17}$$

上式说明，两个线性时不变系统的并联(等式右端)等效于一个新系统，此新系统的单位脉冲响应等于两系统各自单位脉冲响应之和(等式左端)，如图 3.11 所示。

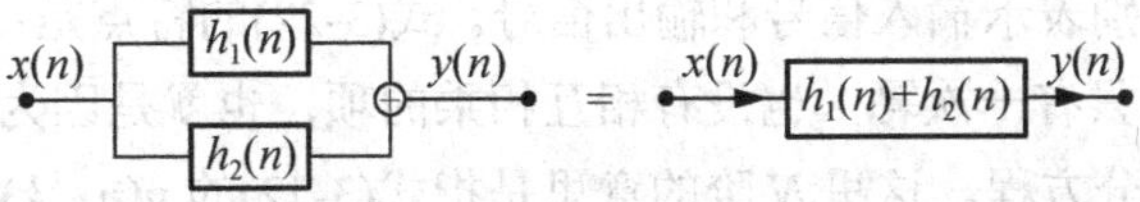

图 3.11　卷积服从分配律

4. 系统的因果性和稳定性

因果系统是指某时刻的输出只取决于此时刻和此时刻以前的输入的系统。即 $n = n_0$ 时的输出 $y(n_0)$ 只取决于 $n \leqslant n_0$ 的输入 $x(n)\big|_{n \leqslant n_0}$ 。如果系统现在的输出还取决于未来的输入，则不符合因果关系，因而是非因果系统，是不实际的系统。

时域离散系统具有因果性的充分必要条件是系统的单位脉冲响应满足下式：

$$h(n) = 0 \qquad n < 0 \qquad\qquad (3\text{-}18)$$

系统的稳定性也是系统的一个重要性质。一个稳定系统应满足：如果输入信号有界，其输出必然有界。系统稳定的充分必要条件是该系统的单位脉冲响应绝对可和，即满足下式：

$$\sum_{n=-\infty}^{\infty} |h(n)| < \infty \qquad\qquad (3\text{-}19)$$

将以上两点综合起来，可以得出结论：因果稳定的线性时不变系统的单位脉冲响应是因果的且是绝对可和的，即

$$\left.\begin{array}{l} h(n) = h(n)u(n) \\[2mm] \displaystyle\sum_{n=-\infty}^{\infty} |h(n)| < \infty \end{array}\right\} \qquad\qquad (3\text{-}20)$$

3.2.5　时域离散系统的输入输出描述——线性常系数差分方程

描述或者研究一个系统时，可以不管系统内部结构如何，只描述或研究系统的输出和输入之间的关系。对于时域离散系统，输出和输入之间经常使用差分方程进行描述，而对于线性时不变系统，常用的是线性常系数差分方程。本节先介绍什么是线性常系数差分方程，再介绍它的解法。

1. 线性常系数差分方程

一个 N 阶线性常系数差分方程用下式表示：

$$y(n) = \sum_{k=0}^{M} b_k x(n-k) - \sum_{k=1}^{N} a_k y(n-k) \qquad\qquad (3\text{-}21)$$

或者

$$\sum_{k=0}^{N} a_k y(n-k) = \sum_{k=0}^{N} b_k x(n-k) \qquad a_0 = 1 \qquad\qquad (3\text{-}22)$$

式中，$x(n)$ 和 $y(n)$ 分别表示输入信号和输出信号。式(3-22)的特点是：a_k、b_k 都是常数，且 $x(n-k)$ 和 $y(n-k)$ 都只有一次幂，也没有相互相乘的项，也就是因为有这样的特点，因此称它为线性常系数差分方程。这里 N 阶的意思是指式(3-22)的 $y(n-k)$ 项中，最大的 k 和最小的 k 之间的差值。在式(3-22)中，k 最大为 N，最小为 0，因此称它为 N 阶差分方程。

2. 线性常系数差分方程的求解

已知系统的输入序列，通过求解差分方程可以求出输出序列，求解差分方程的基本方法有以下三种。

(1) 经典解法。这种方法类似于模拟系统中求解微分方程的方法，它包括齐次解与特解，由边界条件求待定系数较麻烦，实际中很少采用。

(2) 递推解法。这种方法简单，且适合用计算机求解，但只能得到数值解，对于阶次较高的线性常系数差分方程不容易得到封闭式(公式)解。

(3) 变换域方法。这种方法是将差分方程变换到 z 域进行求解，方法简便有效，这部分内容将在第 2 章介绍。但其只能得到数值解，对于阶次较高的线性常系数差分方程不容易得到封闭式(公式)解。

3.2.6 模拟信号的数字处理方法

由于数字信号处理技术相对于模拟信号处理技术有许多优点，因此常将模拟信号经过采样和量化编码形成数字信号，再用数字信号处理技术进行处理；如果需要，处理完毕后再转换成模拟信号。这种处理方法称为模拟信号的数字处理方法。其原理框图如图 3.12 所示。本节主要介绍采样定理和采样恢复。

图 3.12　信号数字处理框图

1. 采样定理及 A/D 变换器

下面研究理想采样前后信号频谱的变化，从而找出为使采样信号能不失真地恢复原模拟信号，采样频率 f_s ($f_s = T^{-1}$)与模拟信号最高频率 f_c 之间的关系。

设 $x_a(t)$ 是最高频率成分为 f_c 的模拟信号，其理想采样信号用 $\hat{x}_a(t)$ 表示，则

$$\hat{x}_a(t) = x_a(t) \sum_{n=-\infty}^{\infty} \delta(t-nT) = \sum_{n=-\infty}^{\infty} x_a(nT)\delta(t-nT) \tag{3-23}$$

式中，T 为采样周期，采样频率 f_s ($f_s = T^{-1}$)；$\delta(t)$ 为单位冲激函数。

我们知道，在傅里叶变换中，两信号在时域相乘，其频谱等于两信号傅里叶变换的卷积，按照式(3-23)，推导如下。

如果 $X_a(j\Omega) = \mathrm{FT}[x_a(t)]$，则理想采样信号 $\hat{x}_a(t)$ 的频谱函数为

$$\hat{X}_{\text{a}}(\text{j}\varOmega) = \text{FT}\left[\hat{x}_{\text{a}}(t)\right] = \frac{1}{T}\sum_{n=-\infty}^{\infty} X_{\text{a}}\left(\text{j}\left(\varOmega - \frac{2\pi}{T}k\right)\right)$$

$$= \frac{1}{T}\sum_{n=-\infty}^{\infty} X_{\text{a}}(\text{j}\varOmega - \text{j}k\varOmega_{\text{s}}) \tag{3-24}$$

上式表明，理想采样信号的频谱函数为被采样模拟信号频谱函数的周期延拓函数，延拓周期为 $\varOmega_{\text{s}} = \dfrac{2\pi}{T}$。

设 $x_{\text{a}}(t)$ 是带限信号，最高频率为 $\varOmega_{\text{c}}$，其频谱 $X_{\text{a}}(\text{j}\varOmega) = \text{FT}[x_{\text{a}}(t)]$ 如图 3.13(a)所示，原模拟信号频谱称为基带频谱。理想采样函数的频谱如图 3.13(b)所示。

当 $\varOmega_{\text{s}} \geqslant 2\varOmega_{\text{c}}$(或 $f_{\text{s}} \geqslant 2f_{\text{c}}$)时，基带谱与其他周期延拓形成的谱不重叠，也就无频率混叠失真，如图 3.13(c)所示。这时，可用低通滤波器 $G(\text{j}\varOmega)$ 由 $\hat{x}_{\text{a}}(t)$ 无失真恢复 $x_{\text{a}}(t)$；但当 $\varOmega_{\text{s}} < 2\varOmega_{\text{c}}$ 时，产生频率混叠失真，如图 3.13(d)所示。这时，不能由 $\hat{x}_{\text{a}}(t)$ 恢复 $x_{\text{a}}(t)$。

当 $f_{\text{s}} = 2f_{\text{c}}$ 时，称为奈奎斯特采样频率，由图 3.13(d)可以看出，在频谱 $\hat{X}_{\text{a}}(\text{j}\varOmega)$ 中，$|\varOmega| < \dfrac{\pi}{T}$(即 $\dfrac{\varOmega_{\text{s}}}{2}$)处的混叠值相当于将 $X_{\text{a}}(\text{j}\varOmega)$ 中 $\varOmega$ 超过 $\dfrac{\pi}{T}$ 的部分折叠回来的值，所以，将 $\dfrac{\varOmega_{\text{s}}}{2} = \dfrac{\pi}{T}$ 称为折叠频率。由图可见，频率混叠在折叠频率 $\dfrac{\varOmega_{\text{s}}}{2}$ 附近最严重。

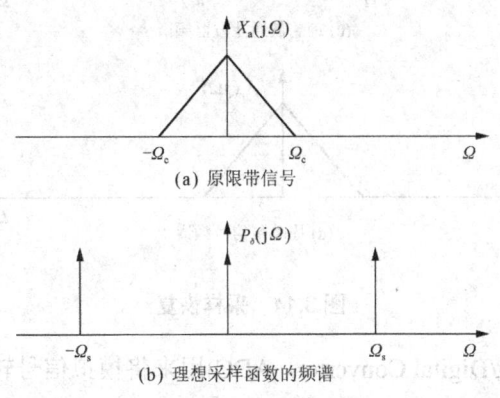

(a) 原限带信号

(b) 理想采样函数的频谱

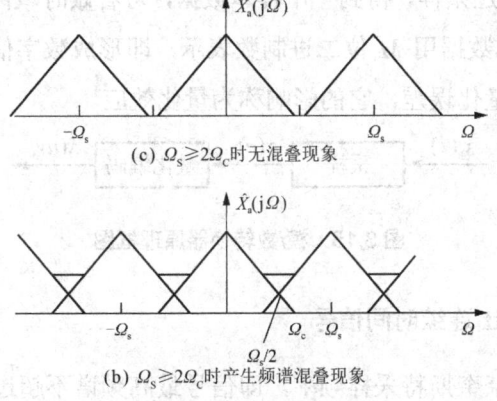

(c) $\varOmega_{\text{s}} \geqslant 2\varOmega_{\text{c}}$ 时无混叠现象

(b) $\varOmega_{\text{s}} \geqslant 2\varOmega_{\text{c}}$ 时产生频谱混叠现象

图 3.13　采样信号的频谱

综上所述，可得出著名的时域采样定理。

设模拟信号的最高频率成分为 Ω_c，即

$$X_a(j\Omega)=\mathrm{FT}\left[x_a(t)\right]=0 \quad |\Omega|>\Omega_c$$

则只有当采样频率 $\Omega_s \geq 2\Omega_c$ 时，经过采样后才不丢失 $x_a(t)$ 的信息。这时，可使理想采样信号 $\hat{x}_a(t)$ 通过图 3.14 所示的理想低通滤波器 $G(j\Omega)$ 无失真恢复出 $x_a(t)$。

(a) 采样信号恢复框图

(b) 采样信号频谱

(c) 理想低通滤波器频谱

(d) 原限带信号频谱

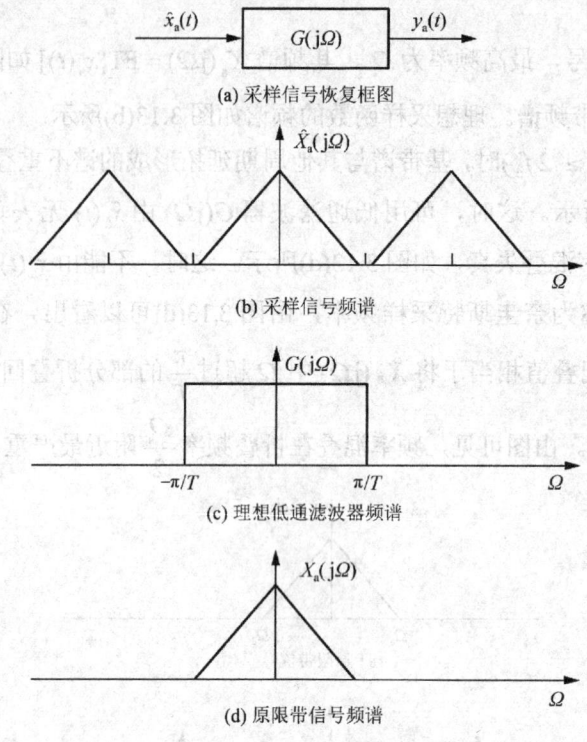

图 3.14　采样恢复

模/数转换器(Analog/Digital Converter，ADC)用来将模拟信号转换成数字信号，其原理框图如图 3.15 所示。通过采样，得到一串样本数据，可看做时域离散信号(序列)。设 ADC 有 M 位，那么每个样本数据用 M 位二进制数表示，即形成数字信号。这一过程称为量化编码过程。量化会产生量化误差，它的影响称为量化效应。

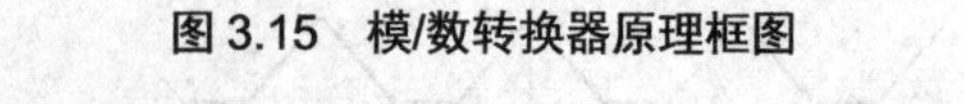

图 3.15　模/数转换器原理框图

2. 从离散信号恢复出连续时间信号

如果采样频率高于奈奎斯特采样频率，即信号最高频谱不超过折叠频率，可让信号通过一个理想低通滤波器 $G(j\Omega)$，有

$$G(\mathrm{j}\Omega) = \begin{cases} T & |\Omega| < \Omega_{\mathrm{s}}/2 \\ 0 & |\Omega| \geq \Omega_{\mathrm{s}}/2 \end{cases}$$

令 $\hat{X}_{\mathrm{a}}(\mathrm{j}\Omega)$ 通过低通滤波器，则滤波器的输出为

$$Y(\mathrm{j}\Omega) = \hat{X}_{\mathrm{a}}(\mathrm{j}\Omega) \cdot G(\mathrm{j}\Omega) \tag{3-25}$$

由于当 $|\Omega| < \Omega_{\mathrm{s}}/2$ 时，$\hat{X}_{\mathrm{a}}(j\Omega) = \dfrac{1}{T}X_{\mathrm{a}}(\mathrm{j}\Omega)$，所以

$$\begin{aligned} Y(\mathrm{j}\Omega) &= \frac{1}{T}X_{\mathrm{a}}(\mathrm{j}\Omega) \cdot G(\mathrm{j}\Omega) \\ &= X_{\mathrm{a}}(\mathrm{j}\Omega) \end{aligned}$$

这就是说，在时域中，低通滤波器的输出为 $y(t) = x_{\mathrm{a}}(t)$，如图 3.16 所示。

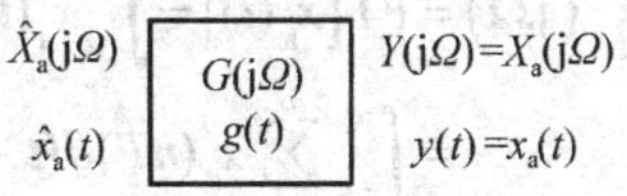

$$\hat{X}_{\mathrm{a}}(\mathrm{j}\Omega) \longrightarrow \boxed{\begin{array}{c} G(\mathrm{j}\Omega) \\ g(t) \end{array}} \longrightarrow \begin{array}{l} Y(\mathrm{j}\Omega) = X_{\mathrm{a}}(\mathrm{j}\Omega) \\ y(t) = x_{\mathrm{a}}(t) \end{array}$$

$$\hat{x}_{\mathrm{a}}(t)$$

图 3.16　时域中的低通滤波器

根据式(3-25)可得

$$\begin{aligned} y(t) = x(t) * g(t) &= \int_{-\infty}^{\infty} \left[\sum_{n=-\infty}^{\infty} x_{\mathrm{a}}(\tau)\delta(\tau - nT) \right] g(t - \tau)\mathrm{d}\tau \\ &= \sum_{n=-\infty}^{\infty} \int_{-\infty}^{\infty} x_a(t)g(t-\tau)\delta(\tau - nT)\mathrm{d}\tau \\ &= \sum_{n=-\infty}^{\infty} x_a(nT)g(t - nT) \end{aligned} \tag{3-26}$$

又因为

$$\begin{aligned} g(t) &= \mathrm{FT}^{-1}\left[G(\mathrm{j}\Omega)\right] \\ &= \frac{1}{2\pi} \int_{-\Omega/2}^{\Omega/2} T\mathrm{e}^{\mathrm{j}\Omega t}\mathrm{d}\Omega = \frac{\sin\left(\dfrac{\pi}{T}t\right)}{\dfrac{\pi}{T}t} \end{aligned} \tag{3-27}$$

因此，卷积公式(3-26)也可以表示为

$$y_{\mathrm{a}}(t) = \sum_{n=-\infty}^{\infty} x_{\mathrm{a}}(nT) \frac{\sin\left(\dfrac{\pi}{T}(t - nT)\right)}{\dfrac{\pi}{T}(t - nT)} \tag{3-28}$$

式(3-28)为采样内插公式，它表明了连续时间函数 $x_{\mathrm{a}}(t)$ 如何由它的采样值 $x_{\mathrm{a}}(nT)$ 来表达，即 $x_{\mathrm{a}}(t)$ 等于 $x_{\mathrm{a}}(nT)$ 乘上对应的内插函数的总和。内插函数的波形如图 3.17 所示，其特点为：在采样点 nT 上，函数值为 1，在其余采样点上，函数值都为 0。其内插恢复过程如图 3.18 所示。被恢复的信号 $y(t)$ 在采样点的值就等于 $x_{\mathrm{a}}(nT)$，采样点之间的信号则是由各采样值内插函数的波形延伸叠加而成的。这也正是理想低通滤波器 $G(\mathrm{j}\Omega)$ 的响应过程。

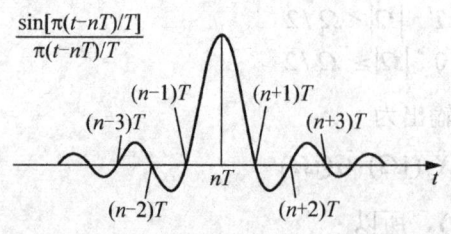

图 3.17　内插函数

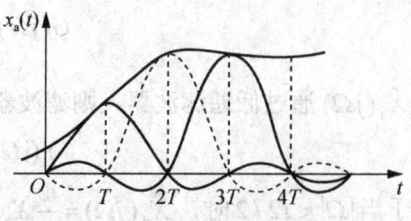

图 3.18　采样内插恢复

由采样而产生的序列常称为采样序列 $\{x_a(nT)\}$，对于处理离散时间信号来说，往往可以不必以 nT 作为变量，而直接以 $\{x_a(t)\}$ 表示离散时间信号序列，故采样后频域有如下变化：

$$\hat{X}_a(j\Omega) = \mathrm{FT}[\hat{x}_a(t)] = \int_{-\infty}^{\infty} \hat{x}_a(t)e^{-j\Omega t}\mathrm{d}t$$

$$= \int_{-\infty}^{\infty} \sum_{n=-\infty}^{\infty} x_a(nT)\delta(t-nT)e^{-j\Omega t}\mathrm{d}t$$

$$= \sum_{n=-\infty}^{\infty} x_a(nT)e^{-j\Omega nT}\int_{-\infty}^{\infty} \delta(t-nT)\mathrm{d}t$$

$$= \sum_{n=-\infty}^{\infty} x_a(nT)e^{-j\Omega nT}$$

$$= X(e^{j\omega})$$

由上式可见，$\hat{X}_a(j\Omega)$ 与 $X(e^{j\omega})$ 之间仅有的差别是尺度变换 $\omega = \Omega T$。第 3 章所讲的离散傅里叶变换(DFT)可以计算 $X(e^{j\omega})$ 的采样值。所以可通过在计算机上用 DFT 计算 $X(e^{j\omega})$ 的采样来讨论 $\hat{X}_a(j\Omega)$ 的特性。

3.3　典型例题

【例 3-4】 已知常系数差分方程 $y(n) = x(n) + \dfrac{1}{2}y(n-1)$。

(1) 初始条件为 $n<0$ 时，$y(n)=0$，求其单位采样响应。

(2) 初始条件为 $n \geqslant 0$ 时，$y(n)=0$，求其单位采样响应。

解： (1) 设 $x(n) = \delta(n)$，且 $y(-1) = h(-1) = 0$，必有

$$y(n) = h(n) = 0 \qquad n < 0$$

依次迭代得

$$y(0) = h(0) = 1 + \frac{1}{2}h(-1) = 1 + 0 = 1$$

$$y(1) = h(1) = 0 + \frac{1}{2}h(0) = 0 + \frac{1}{2} = \frac{1}{2}$$

$$y(2) = h(2) = 0 + \frac{1}{2}h(1) = \frac{1}{2} \times \frac{1}{2} = \left(\frac{1}{2}\right)^2$$

$$y(n) = h(n) = 0 + \frac{1}{2}h(n-1) = 0 + \left(\frac{1}{2}\right)^n = \left(\frac{1}{2}\right)^n$$

所以单位采样响应为

$$h(n) = \left(\frac{1}{2}\right)^n u(n) = \begin{cases} \left(\dfrac{1}{2}\right)^n & n \geq 0 \\ 0 & n < 0 \end{cases}$$

(2) 设 $x(n) = \delta(n)$，由初始条件知，必有

$$y(n) = h(n) = 0 \qquad n \geq 0$$

将原式改写为另一种递推关系，有

$$y(n-1) = 2[y(n) - x(n)]$$

则

$$y(-1) = h(-1) = 2(0-1) = -2$$
$$y(-2) = h(-2) = 2(-2-0) = -2^2$$
$$y(-3) = h(-3) = 2(-2^2 - 0) = -2^3$$
$$y(n) = h(n) = -2^{-n} = -\left(\frac{1}{2}\right)^n$$

所以单位采样响应为

$$h(n) = -\left(\frac{1}{2}\right)^n u(-n-1) = \begin{cases} -\left(\dfrac{1}{2}\right)^n & n < 0 \\ 0 & n \geq 0 \end{cases}$$

【例 3-5】 已知两线性时不变系统级联，其单位采样响应分别为 $h_1(n) = \delta(n) - \delta(n-4)$，$h_2(n) = a_n u(n)$，$(|a| < 1)$。当输入 $x(n) = u(n)$ 时，求输出。

解：$w(n) = x(n) * h_1(n) = \sum x(m) h_1(n-m) = \sum u(m) h_1(n-m)$

$\qquad = \sum u(m)[\delta(n-m) - \delta(n-m-4)] = u(n) - u(n-4)$

$\qquad = \delta(n) + \delta(n-1) + \delta(n-2) + \delta(n-3)$

$y(n) = w(n) * h_2(n) = [\delta(n) + \delta(n-1) + \delta(n-2) + \delta(n-3)] * h_2(n)$

$\qquad = h_2(n) + h_2(n-1) + h_2(n-2) + h_2(n-3)$

$\qquad = a_n u(n) + a_{n-1} u(n-1) + a_{n-2} u(n-2) + a_{n-3} u(n-3)$

【例 3-6】 简述数字信号处理的特点。

答：①时间和幅度上是离散的；②适合计算机处理；③可对信号进行滤波、交换、检测、谱分析估计、压缩等处理；④数字信号处理器的特点：体积小，功耗小，精度高，可靠性好，灵活性大，易于大规模集成，可进行一维或多维处理。

【例 3-7】 为什么在 A/D 转换前和 D/A 转换后都要让信号通过一个低通滤波器？

答：在 A/D 转换前让信号通过一个低通滤波器是为了限制信号的最高频率，使其满足采样频率应大于等于信号最高频率的 2 倍的条件。在 D/A 转换之后让信号通过一个低通滤波器是为了消除高频拓延谱，以便把抽样保持的阶梯形输出波平滑化。

【例 3-8】 简述奈奎斯特采样定理的基本内容。

答：若 $x_a(t)$ 是带宽有限信号，要想采样后 $x(n) = x_a(nT)$ 能够不失真地还原出原信号 $x_a(t)$，则采样频率必须大于等于两倍信号频谱的最高频率，这就是奈奎斯特采样定律。

3.4　习 题 选 解

1. 用单位脉冲序列 $\delta(n)$ 及其加权和表示图 3.19 所示的序列。

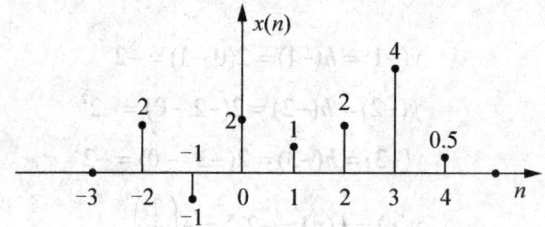

图 3.19　序列

解：
$$x(n) = \delta(n+4) + 2\delta(n+2) - \delta(n+1) + 2\delta(n) + \delta(n-1) + 2\delta(n-2) + 4\delta(n-3)$$
$$+ 0.5\delta(n-4) + 2\delta(n-6)$$

2. 判断下面的序列是否是周期的，若是周期的则确定其周期。

(1) $x(n) = A\cos\left(\dfrac{3}{7}\pi n - \dfrac{\pi}{8}\right)$ 　　　A 是常数

(2) $x(n) = e^{j\left(\frac{1}{8}n - \pi\right)}$

解：(1) $\omega = \dfrac{3}{7}\pi$，$\dfrac{2\pi}{\omega} = \dfrac{14}{3}$，是有理数，是周期序列，周期是 14。

(2) $\omega = \dfrac{1}{8}$，$\dfrac{2\pi}{\omega} = 16\pi$，是无理数，不是周期序列。

第4章 时域离散信号与系统的频域分析

4.1 本章基本要求

(1) 了解 DTFT 和 IDTFT 的定义。

(2) 理解 DFS 和 DTFT 的性质和关系。

(3) 理解 zT 的性质。

(4) 掌握 zT 分析信号与系统的方法。

4.2 学习要点与公式

4.2.1 DTFT 和 IDTFT

序列 $x(n)$ 的傅里叶变换式为

$$X(e^{j\omega}) = \text{DTFT}\big[x(n)\big] \overset{\text{def}}{=} \sum_{n=-\infty}^{\infty} x(n)e^{-j\omega n} \tag{4-1}$$

式中，DTFT 是 Discrete Time Fourier Transform(离散时间傅里叶变换)的缩写。$X(e^{j\omega})$ 称为 $x(n)$ 的频谱函数。虽然序列是时域离散函数，n 只能取整数，但它的频谱函数却是数字频率 ω 的连续函数，且一般是复函数，它具体描述了信号在频域的频谱分布。

傅里叶变换存在的充分必要条件是序列满足绝对可和的条件，即满足下式：

$$\sum_{n=-\infty}^{\infty} |x(n)| < \infty \tag{4-2}$$

傅里叶逆变换的定义可用下式表示：

$$x(n) = \text{IDTFT}\big[X(e^{j\omega})\big] \overset{\text{def}}{=} \frac{1}{2\pi} \int_{-\pi}^{\pi} X(e^{j\omega})e^{j\omega n} d\omega \tag{4-3}$$

式中，IDTFT 是 Inverse Discrete Time Fourier Transform(离散时间傅里叶逆变换)的缩写。

频谱函数也可以用下式表示：

$$X(e^{j\omega}) = \big|X(e^{j\omega})\big| e^{j\arg\left[X(e^{j\omega})\right]} \tag{4-4}$$

式中，$\big|X(e^{j\omega})\big|$ 称为频谱函数的幅度函数，它是一个非负实函数，具体描述频谱函数中各频率分量的幅度相对大小。$\arg\big[X(e^{j\omega})\big]$ 称为频谱函数的相位特性，表示频谱函数中各频率分量的相位之间的关系。幅度函数和相位特性是很重要的两个函数，其中幅度函数尤为重要。

4.2.2　DTFT 的基本性质

1) 周期性

在 DTFT 的定义式(4-1)中，n 取整数，且式中的指数函数是一个以 2π 为周期的函数，因此下式成立：

$$X(\mathrm{e}^{\mathrm{j}\omega}) = \sum_{n=-\infty}^{\infty} x(n)\mathrm{e}^{-\mathrm{j}\omega n} = \sum_{n=-\infty}^{\infty} x(n)\mathrm{e}^{-\mathrm{j}(\omega+2\pi M)n} = X(\mathrm{e}^{\mathrm{j}(\omega+2\pi)}) \qquad M\,\text{为整数} \tag{4-5}$$

例如，对于函数 $x(n) = \cos(\omega n)$，当 $\omega = 2\pi M$ 时，$x(n)$ 的波形如图 4.1(a)所示；当 $\omega = (2\pi+1)M$ 时，$x(n)$ 的波形如图 4.1(b)所示。

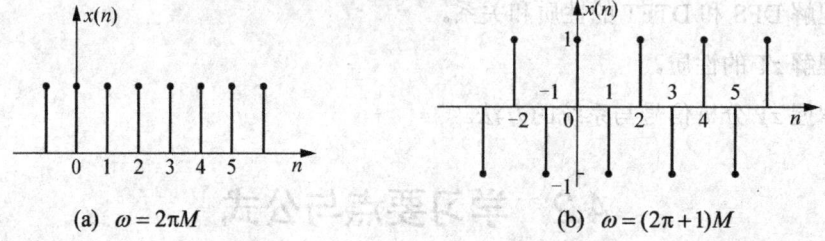

(a)　$\omega = 2\pi M$ 　　　　　　　　　　(b)　$\omega = (2\pi+1)M$

图 4.1　$x(n) = \cos(\omega n)$ 的波形

在图 4.1 中,幅度特性清楚地表示频谱函数以 2π 为周期的周期性,频率为 0 和 $2\pi M$ (M 为整数)处的幅度最高,说明 $R_N(n)$ 的低频分量较强。由于频谱函数以 2π 为周期,因此,一般分析频率范围中的一个周期就够了,一般选 $-\pi\sim+\pi$ 之间或 $0\sim2\pi$ 范围的 DTFT。

2) 线性

傅里叶变换是线性变换，即下面公式成立：

假设　　　　　　　　$X_1(\mathrm{e}^{\mathrm{j}\omega}) = \mathrm{DTFT}\big[x_1(n)\big], X_2(\mathrm{e}^{\mathrm{j}\omega}) = \mathrm{DTFT}\big[x_2(n)\big]$

那么　　　　　　　　$\mathrm{DTFT}\big[ax_1(n) + bx_2(n)\big] = aX_1(\mathrm{e}^{\mathrm{j}\omega}) + bX_2(\mathrm{e}^{\mathrm{j}\omega})$ 　　　　　　　(4-6)

式中，a、b 是常数。

3) 时移性和频移性

傅里叶变换的时移性指的是，如果信号延时 n_0，那么它的傅里叶变换相应地增加相位移 $-\omega n_0$；频移性指的是，如果信号的傅里叶变换在频率轴上位移 ω_0，那么时域信号相应地增加相角 $\omega_0 n$，分别用公式表示如下。

设 $X(\mathrm{e}^{\mathrm{j}\omega}) = \mathrm{DTFT}\big[x(n)\big]$，那么

$$\mathrm{DTFT}[x(n-n_0)] = \mathrm{e}^{-\mathrm{j}\omega n_0} X(\mathrm{e}^{\mathrm{j}\omega}) \tag{4-7}$$

$$\mathrm{DTFT}[\mathrm{e}^{\mathrm{j}\omega_0 n} x(n)] = X(\mathrm{e}^{\mathrm{j}(\omega-\omega_0)}) \tag{4-8}$$

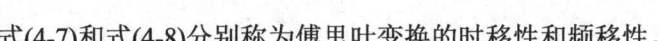

式(4-7)和式(4-8)分别称为傅里叶变换的时移性和频移性。

4) 共轭对称性

若将序列 $x(n)$ 分解成实部 $x_r(n)$ 和虚部 $x_i(n)$，即

$$x(n) = x_r(n) + jx_i(n)$$

将上式进行傅里叶变换，得到频域函数 $X(e^{j\omega})$，将 $X(e^{j\omega})$ 分解成共轭对称分量与共轭反对称分量，即

$$X(e^{j\omega}) = X_e(e^{j\omega}) + X_o(e^{j\omega})$$

式中

$$\left. \begin{aligned} X_e(e^{j\omega}) &= \mathrm{DTFT}\left[x_r(n)\right] = \sum_{n=-\infty}^{\infty} x_r(n)e^{-j\omega n} \\ X_o(e^{j\omega}) &= \mathrm{DTFT}\left[jx_i(n)\right] = j\sum_{n=-\infty}^{\infty} x_i(n)e^{-j\omega n} \end{aligned} \right\} \tag{4-9}$$

式(4-9)说明，将实域序列分解成实部和虚部后，实部对应的傅里叶变换具有共轭对称性，即为 $X_e(e^{j\omega})$；而虚部和 j 一起对应的傅里叶变换具有共轭反对称性，即为 $X_o(e^{j\omega})$。

若将序列 $x(n)$ 分解成共轭对称分量 $x_e(n)$ 与共轭反对称分量 $x_o(n)$，即

$$x(n) = x_e(n) + x_o(n)$$

将上式进行傅里叶变换，得到频域函数 $X(e^{j\omega})$，将 $X(e^{j\omega})$ 分解成实部 $X_R(e^{j\omega})$ 和虚部 $X_I(e^{j\omega})$，即

$$X(e^{j\omega}) = X_R(e^{j\omega}) + jX_I(e^{j\omega}) \tag{4-10}$$

式中

$$\left. \begin{aligned} X_R(e^{j\omega}) &= \mathrm{DTFT}\left[x_e(n)\right] = \sum_{n=-\infty}^{\infty} x_e(n)e^{-j\omega n} \\ jX_I(e^{j\omega}) &= \mathrm{DTFT}\left[x_o(n)\right] = j\sum_{n=-\infty}^{\infty} x_o(n)e^{-j\omega n} \end{aligned} \right\} \tag{4-11}$$

当然，实部 $X_R(e^{j\omega})$ 和虚部 $X_I(e^{j\omega})$ 与 $X(e^{j\omega})$ 的关系类似于时域中的结论，可用下式表示：

$$\left. \begin{aligned} X_R(e^{j\omega}) &= \frac{1}{2}[X(e^{j\omega}) + X^*(e^{j\omega})] \\ jX_I(e^{j\omega}) &= \frac{1}{2}[X(e^{j\omega}) - X^*(e^{j\omega})] \end{aligned} \right\} \tag{4-12}$$

式(4-11)说明，若将实域序列分解成共轭对称分量 $x_e(n)$ 与共轭反对称分量 $x_o(n)$，那么共轭对称分量 $x_e(n)$ 对应的傅里叶变换为 $X(e^{j\omega})$ 的实部，而共轭反对称分量 $x_o(n)$ 对应的傅里叶变换为 $X(e^{j\omega})$ 的虚部(包括 j)。

式(4-9)和式(4-11)所表示的内容即为傅里叶变换的共轭对称性。

5) 时域卷积定理

我们已经知道，线性时不变系统的输出 $y(n)$ 等于它的输入 $x(n)$ 和该系统的单位脉冲响应 $h(n)$ 的时域卷积，用公式表示如下：

$$y(n) = x(n) * h(n) = \sum_{m=-\infty}^{\infty} x(m)h(n-m) \qquad (4-13)$$

$$
\begin{aligned}
Y(e^{j\omega}) &= \sum_{k=-\infty}^{\infty} \sum_{m=-\infty}^{\infty} h(k)x(m)e^{-j\omega k}e^{-j\omega m} \\
&= \sum_{k=-\infty}^{\infty} h(k)e^{-j\omega k} \sum_{m=-\infty}^{\infty} x(m)e^{-j\omega m} \qquad (4-14) \\
&= H(e^{j\omega})X(e^{j\omega})
\end{aligned}
$$

上式说明，两序列满足卷积关系，它们分别的频域函数，即分别的傅里叶变换满足相乘关系。此定理表示线性时不变系统输出信号的傅里叶变换等于输入信号的傅里叶变换和系统的传输函数相乘。或者简单地说，两信号若在时域服从卷积关系，则在频域服从乘积关系。因此，在求系统的输出信号时，可以在时域用卷积公式(4-13)求，也可以在频域用式(4-14)计算，然后再做 IDTFT，求出输出 $y(n)$。

6) 频域卷积定理

设时域有两信号相乘，即

$$y(n) = x(n)h(n)$$

则

$$Y(e^{j\omega}) = \frac{1}{2\pi} H(e^{j\omega}) * X(e^{j\omega}) = \frac{1}{2\pi} \int_{-\pi}^{\pi} (e^{j\omega}) X(e^{j(\omega-\theta)}) d\theta \qquad (4-15)$$

该定理表明，时域两序列相乘，转移到频域则服从卷积关系。

有关该定理的证明，读者可参阅其他参考文献。

7) 帕斯维尔(Parseval)定理

帕斯维尔定理可用如下公式表示：

$$\sum_{n=-\infty}^{\infty} |x(n)|^2 = \frac{1}{2\pi} \int_{-\pi}^{\pi} |X(e^{j\omega})|^2 d\omega \qquad (4-16)$$

证明： $\sum_{n=-\infty}^{\infty} |x(n)|^2 = \sum_{n=-\infty}^{\infty} x(n)x^*(n) = \sum_{n=-\infty}^{\infty} x^*(n) \left[\frac{1}{2\pi} \int_{-\pi}^{\pi} |X(e^{j\omega})| e^{j\omega n} d\omega \right]$

$$
= \frac{1}{2\pi} \int_{-\pi}^{\pi} X(e^{j\omega}) \sum_{-\infty}^{\infty} x^*(n) e^{j\omega n} d\omega = \frac{1}{2\pi} \int_{-\pi}^{\pi} X(e^{j\omega}) X^*(e^{j\omega}) d\omega
$$

$$
= \frac{1}{2\pi} \int_{-\pi}^{\pi} |X(e^{j\omega})|^2 d\omega
$$

8) 其他性质

DTFT 的其他性质如表 4.1 所示。

表 4.1　序列傅里叶变换的基本性质

序　列	傅里叶变换
$x(n)$	$X(\mathrm{e}^{\mathrm{j}\omega})$
$y(n)$	$Y(\mathrm{e}^{\mathrm{j}\omega})$
$ax(n)+by(n)$	$aX(\mathrm{e}^{\mathrm{j}\omega})+bY(\mathrm{e}^{\mathrm{j}\omega})$、$a$、$b$为常数
$x(n-n_0)$	$\mathrm{e}^{-\mathrm{j}\omega n_0}X(\mathrm{e}^{\mathrm{j}\omega})$
$x^*(n)$	$X^*(\mathrm{e}^{-\mathrm{j}\omega})$
$x(-n)$	$X(\mathrm{e}^{-\mathrm{j}\omega})$
$x(n)*y(n)$	$X(\mathrm{e}^{\mathrm{j}\omega})\cdot Y(\mathrm{e}^{\mathrm{j}\omega})$
$x(n)\cdot y(n)$	$\dfrac{1}{2\pi}\displaystyle\int_{-\pi}^{\pi}X(\mathrm{e}^{\mathrm{j}\theta})Y(\mathrm{e}^{\mathrm{j}(\omega-\theta)})$
$nx(n)$	$\mathrm{j}[\mathrm{d}X(\mathrm{e}^{\mathrm{j}\omega})/\mathrm{d}\omega]$
$\mathrm{Re}[x(n)]$	$X_e(\mathrm{e}^{\mathrm{j}\omega})$
$\mathrm{j}\,\mathrm{Im}[x(n)]$	$X_o(\mathrm{e}^{\mathrm{j}\omega})$
$x_e(n)$	$\mathrm{Re}[X(\mathrm{e}^{\mathrm{j}\omega})]$
$x_o(n)$	$\mathrm{j}\,\mathrm{Im}[X(\mathrm{e}^{\mathrm{j}\omega})]$

$$\sum_{n=-\infty}^{\infty}|x(n)|^2=\frac{1}{2\pi}\int_{-\pi}^{\pi}|X(\mathrm{e}^{\mathrm{j}\omega})|^2\,\mathrm{d}\omega \qquad \text{(帕斯维尔定理)}$$

4.2.3　周期序列的离散傅里叶级数

设 $\tilde{x}(n)$ 是周期为 N 的一个周期序列，即

$$\tilde{x}(n)=\tilde{x}(n+rN) \qquad r\text{ 为任意整数}$$

$\tilde{x}(n)$ 可展开成如下的离散傅里叶级数，即

$$\tilde{x}(n)=\frac{1}{N}\sum_{K=0}^{N-1}\tilde{x}(k)\mathrm{e}^{\mathrm{j}\frac{2\pi}{N}kn} \tag{4-17}$$

式中，$\tilde{X}(k)$ 是 k 次谐波的系数，k 次谐波的频率为 $\omega_k=(2\pi/N)k$，$k=0,1,2,\cdots,N-1$。下面我们来求解系数 $\tilde{X}(k)$，这要利用以下性质，即

$$\frac{1}{N}\sum_{n=0}^{N-1}\tilde{X}(k)\mathrm{e}^{\mathrm{j}\frac{2\pi}{N}rm}=\frac{1}{N}\cdot\frac{1-\mathrm{e}^{\mathrm{j}\frac{2\pi}{N}rN}}{1-\mathrm{e}^{\mathrm{j}\frac{2\pi}{N}r}}$$

$$=\begin{cases}1 & r=mN,\ m\text{为任意整数}\\[2mm]0 & \text{其他}\end{cases} \tag{4-18}$$

正变换　$\tilde{X}(k)=\mathrm{DFS}[\tilde{x}(n)]=\displaystyle\sum_{n=0}^{N-1}\tilde{x}(n)\mathrm{e}^{-\mathrm{j}\frac{2\pi}{N}kn}=\sum_{n=0}^{N-1}\tilde{x}(n)W_N^{kn}$　$\tag{4-19}$

逆变换 $\qquad \tilde{x}(n) = \text{IDFS}[\tilde{X}(k)] = \dfrac{1}{N}\sum_{k=0}^{N-1}\tilde{X}(k)e^{j\frac{2\pi}{N}kn} = \dfrac{1}{N}\sum_{k=0}^{N-1}\tilde{X}(k)W_N^{-kn}$ （4-20）

式中，DFS[•]表示离散傅里叶级数正变换，IDFS[•]表示离散傅里叶级数逆变换。

【例4-1】 设 $x(n) = R_4(n)$，将 $x(n)$ 以 $N=8$ 为周期进行周期延拓，得到周期序列 $\tilde{x}(n)$，$\tilde{x}(n)$ 的波形如图 4.2(a)所示，试求 $\tilde{x}(n)$ 的 DFS，并画出它的幅度谱。

解： 按照式(4-19)推导如下：

$$\tilde{X}(k) = \text{DFS}[\tilde{x}(n)] = \sum_{n=0}^{7}\tilde{x}(n)e^{-j\frac{2\pi}{8}kn} = \sum_{n=0}^{3}e^{-j\frac{\pi}{4}kn} = \frac{1-e^{-j\frac{\pi}{4}k\square4}}{1-e^{-j\frac{\pi}{4}k}} = \frac{1-e^{-j\pi k}}{1-e^{-j\frac{\pi}{4}k}}$$

$$= \frac{e^{-j\frac{\pi}{2}k}\left(e^{j\frac{\pi}{2}k}-e^{-j\frac{\pi}{2}k}\right)}{e^{-j\frac{\pi}{8}k}\left(e^{j\frac{\pi}{8}k}-e^{-j\frac{\pi}{8}k}\right)} = e^{-j\frac{3\pi}{8}k}\frac{\sin\frac{\pi}{2}k}{\sin\frac{\pi}{8}k}$$

其中，幅度特性为

$$\left|\tilde{X}(k)\right| = \left|\frac{\sin\frac{\pi}{2}k}{\sin\frac{\pi}{8}k}\right|$$

画出它的幅度特性，如图 4.2(b)所示。

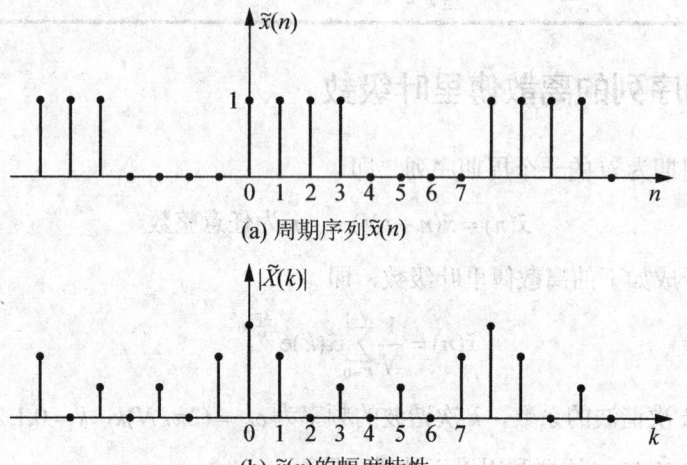

(a) 周期序列 $\tilde{x}(n)$

(b) $\tilde{x}(n)$ 的幅度特性

图 4.2　周期序列 $\tilde{x}(n)$ 及其幅度特性

图 4.2(b)也表明周期性信号的频谱是线状谱，如果该信号的周期是 N，频谱就有 N 条谱线，且以 N 为周期进行延拓。

基本序列的傅里叶变换如表 4.2 所示。

表 4.2　基本序列的傅里叶变换

序　列	傅里叶变换
$\delta(n)$ □	1
$a^n u(n)$　　$\|a\| < 1$	$(1 - a\mathrm{e}^{-\mathrm{j}\omega})^{-1}$
$R_N(n)$	$\mathrm{e}^{-\mathrm{j}(N-1)\omega/2} \dfrac{\sin(\omega N/2)}{\sin(\omega/2)}$
$u(n)$	$(1 - \mathrm{e}^{-\mathrm{j}\omega})^{-1} + \displaystyle\sum_{k=-\infty}^{\infty} \pi\delta(\omega - 2\pi k)$
$x(n) = 1$	$2\pi \displaystyle\sum_{k=-\infty}^{\infty} \delta(\omega - 2\pi k)$
$\mathrm{e}^{\mathrm{j}\omega_0 n}$　$2\pi/\omega_0$ 为有理数，$\omega_0 \in [-\pi,\pi]$	$2\pi \displaystyle\sum_{l=-\infty}^{\infty} \delta(\omega - \omega_0 - 2\pi l)$
$\cos\omega_0 n$　$2\pi/\omega_0$ 为有理数，$\omega_0 \in [-\pi,\pi]$	$\pi \displaystyle\sum_{l=-\infty}^{\infty} [\delta(\omega - \omega_0 - 2\pi l) + \delta(\omega + \omega_0 - 2\pi l)]$
$\sin\omega_0 n$　$2\pi/\omega_0$ 为有理数，$\omega_0 \in [-\pi,\pi]$	$-\mathrm{j}\pi \displaystyle\sum_{l=-\infty}^{\infty} [\delta(\omega - \omega_0 - 2\pi l) - \delta(\omega + \omega_0 - 2\pi l)]$

4.2.4　z 变换与逆 z 变换

1）z 变换的定义

若序列为 $x(n)$，则有以下幂级数：

$$X(z) = \sum_{n=-\infty}^{\infty} x(n) z^{-n} \tag{4-21}$$

称 $X(z)$ 为序列 $x(n)$ 的 z 变换，其中 z 为变量。也可将 $x(n)$ 的 z 变换表示为

$$Z[x(n)] = X(z)$$

2）z 变换的收敛域

显然，只有当式(4-21)的幂级数收敛时，z 变换才有意义。

对任意给定序列 $x(n)$，使其 z 变换收敛的所有值的集合称为 $X(z)$ 的收敛域。

按照级数理论，式(4-21)的级数收敛的必要且充分条件是满足绝对可和的条件，即要求

$$\sum_{n=-\infty}^{\infty} \left| x(n) z^{-n} \right| = M < \infty \tag{4-22}$$

要满足此不等式，$|z|$ 值必须在一定范围之内才行，这个范围就是收敛域，不同形式的序列其收敛域形式不同，下面分别进行讨论。

(1) 有限长序列(见图 4.3)。这类序列是指在有限区间 $n_1 \leqslant n \leqslant n_2$ 之内，序列才具有非零的有限值，在此区间外序列值皆为零，其 z 变换为

$$X(z) \sum_{n=n_1}^{n_2} x(n) z^{-n}$$

因此，$X(z)$ 是有限项级数之和，故只要级数的每一项有界，则级数就收敛，即要求

$$|x(n)z^{-n}| < \infty \qquad n_1 \leqslant n \leqslant n_2$$

由于 $x(n)$ 有界,故要求

$$|z^{-n}| < \infty \qquad n_1 \leqslant n \leqslant n_2$$

显然,在 $0 < |z| < \infty$ 上,此条件均得到,也就是说收敛域至少是除 $z = 0$ 及 $z = \infty$ 以外的开域 $(0, \infty)$ 上的有限 z 平面。在 n_1、n_2 的特殊选择下,收敛域还可以进一步扩大,即

$$0 < |z| \leqslant \infty , \quad n_1 \geqslant 0$$
$$0 \leqslant |z| < \infty , \quad n_2 \leqslant 0$$

(2) 右边序列(见图 4.4)。这类序列是指只在 $n \geqslant n_1$ 时,$x(n)$ 有值,在 $n < n_1$ 时,$x(n) = 0$,其 z 变换为

$$X(z) = \sum_{n=n_1}^{\infty} x(n)z^{-n} = \sum_{n=n_1}^{-1} x(n)z^{-n} + \sum_{n=0}^{\infty} x(n)z^{-n}$$

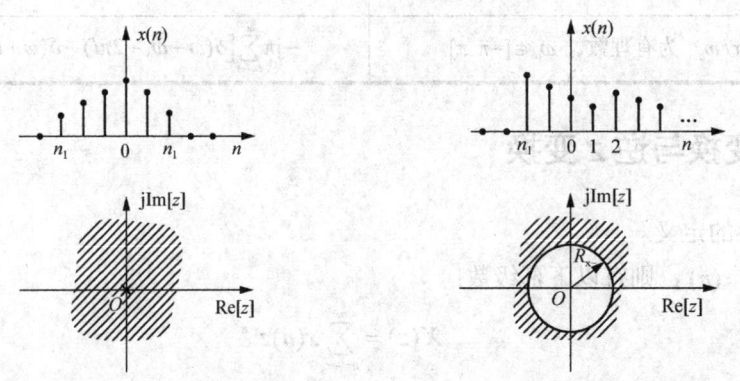

图 4.3　有限长序列及其收敛域　　　图 4.4　右边序列及其收敛域

$(n_1 < 0 , \ n_2 > 0 ; \ z = 0 ,$　　　　　　$(n_1 < 0 , \ z = \infty$ 除外$)$

$z = \infty$ 除外$)$

上式右端第一项为有限长序列的 z 变换,按照上面讨论可知,它的收敛域为有限 z 平面;而第二项是 z 的负幂级数,按照级数收敛的阿贝尔定理可推知,存在一个收敛半径 R_{x-},级数在以原点为中心、以 R_{x-} 为半径的圆外任何点都绝对收敛。因此综合此两项,只有两项都收敛,级数才收敛。所以,如果 R_{x-} 是收敛域的最小半径,则右边序列 z 变换的收敛域为

$$R_{x-} < |z| < \infty$$

(3) 左边序列。这类序列是指只在 $n \leqslant n_2$ 时,$x(n)$ 有值,在 $n > n_2$ 时,$x(n) = 0$,其 z 变换为

$$X(z) = \sum_{n=-\infty}^{n_2} x(n)z^{-n} = \sum_{n=-\infty}^{0} x(n)z^{-n} + \sum_{n=1}^{n_2} x(n)z^{-n}$$

上式右端第二项是有限长序列的 z 变换,收敛域为有限 z 平面;第一项是正幂级数,按照阿贝尔定理,必存在收敛半径 R_{x+},级数在以原点为中心、以 R_{x+} 为半径的圆内任何点都绝对收敛,如果 R_{x+} 为收敛域的最大半径,则综合以上两项,左边序列 z 变换的收敛域为

$$0 < |z| \leqslant R_{x+}$$

如果 $n_2 \leqslant 0$，则上式右端不存在第二项，故收敛域应包括 $z = 0$，即 $|z| < R_{x+}$。

(4) 双边序列(见图 4.5)。这类序列是指 n 为任意值时，$x(n)$ 皆有值的序列，可以把它看成一个右边序列和一个左边序列之和，即

$$X(z) = \sum_{n=-\infty}^{\infty} x(n)z^{-n} = \sum_{n=0}^{\infty} x(n)z^{-n} + \sum_{n=-\infty}^{-1} x(n)z^{-n}$$

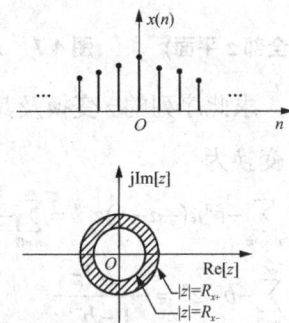

图 4.5　双边序列及其收敛域

因而其收敛域应该是右边序列与左边序列收敛域的重叠部分。上式右边第一项为右边序列，其收敛域为 $|z| > R_{x-}$；第二项为左边序列，其收敛域为 $|z| < R_{x+}$，如果满足

$$R_{x-} < R_{x+}$$

则存在公共收敛域，即为双边序列，收敛域为

$$R_{x-} < |z| < R_{x+}$$

这是一个环状区域。

下面举例来说明各种序列收敛域的求法。

【例 4-2】 $x(n) = \delta(n)$，求此序列的 z 变换及其收敛域。

解：这是 $n_1 = n_2 = 0$ 时有限长序列的特例，由于

$$\mathrm{ZT}[\delta(n)] = \sum_{n=-\infty}^{\infty} \delta(n)z^{-n} = 1 \quad 0 \leqslant |z| \leqslant \infty$$

所以，收敛域应是整个闭平面($0 \leqslant |z| \leqslant \infty$)，如图 4.6 所示。

【例 4-3】 $x(n) = a^n u(n)$，求此序列的 z 变换及其收敛域。

解：这是一个右边序列，且是因果序列，其 z 变换为

$$X(z) = \sum_{n=-\infty}^{\infty} a^n u(n)z^{-n} = \sum_{n=0}^{\infty} a^n z^{-n} = \sum_{n=0}^{\infty} (az^{-1})^n = \frac{1}{1-az^{-1}} \quad |z| > |a|$$

这是一个无穷项的等比级数求和，只有在 $|az^{-1}| < 1$ 即 $|z| < |a|$ 处收敛，故得到以上闭合形式表达式。由于 $\frac{1}{1-az^{-1}} = \frac{z}{z-a}$，故在 $z = a$ 处为极点，收敛域为极点在圆 $|z| = |a|$ 的外部，在收敛域内 $X(z)$ 为解析函数，不能有极点，因此收敛城一定在模最大的有限极点所在圆之外。

由于又是因果序列，所以，$z=\infty$处也属收敛域，不能有极点。$x(n)$的收敛域如图4.7所示。

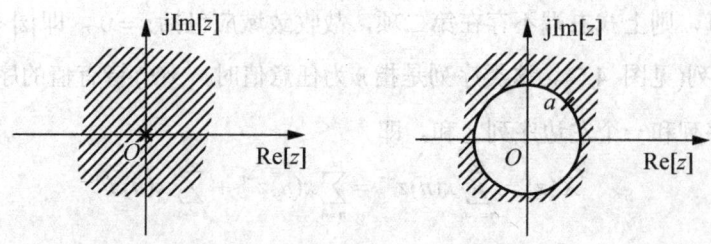

图4.6　$\delta(n)$的收敛域(全部z平面)　　图4.7　$x(n)=a^n u(n)$的收敛域

【例4-4】$x(n)=-b^n u(-n-1)$，求此序列的z变换及其收敛域。

解：这是一个左边序列，其z变换为

$$X(z)=\sum_{n=-\infty}^{\infty}-b^n u(-n-1)z^{-n}=\sum_{n=0}^{\infty}-b^{n}z^{-n}$$

$$=\sum_{n=0}^{\infty}-b^{-n}z^{n}=-\frac{b^{-1}z}{1-b^{-1}z}$$

$$=-\frac{z}{b-z}=\frac{z}{z-b}=\frac{1}{1-bz^{-1}}\quad |z|<b$$

此无穷项等比级数的收敛域为$|b^{-1}z|<1$，即$|z|<|b|$。同样，收敛域内$X(z)$必须解析，故收敛域一定在模值最小的有限极点所在圆之内，如图4.8所示。

由以上两例可以看出，如果$a=b$，则一个左边序列与一个右边序列的z变换表达式是完全一样的。所以，只给z变换的闭合表达式是不够的，是不能正确得到原序列的。必须同时给出收敛域范围，才能唯一地确定一个序列。这就说明了研究收敛域的必要性。

【例4-5】$x(n)=\begin{cases}a^n & n\geqslant 0\\ -b^n & n\leqslant -1\end{cases}$，求此序列的$z$变换及其收敛域。

解：这是一个双边序列，其z变换为

$$X(z)=\sum_{n=-\infty}^{\infty}x(n)z^{-n}=\sum_{n=0}^{\infty}a^n z^{-n}-\sum_{n=0}^{\infty}b^n z^{-n}$$

$$=\frac{1}{1-az^{-1}}+\frac{1}{1-bz^{-1}}$$

$$=\frac{z}{z-a}+\frac{z}{z-b}$$

$$=\frac{z(2z-a-b)}{(z-a)(z-b)}\quad |a|<|z|<|b|$$

$x(n)$的收敛域如图4.9所示。

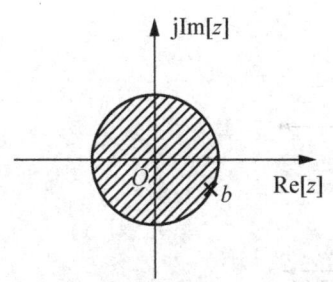

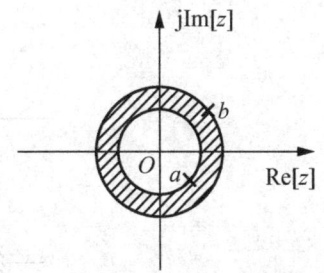

图 4.8　$x(n) = -b^n u(-n-1)$ 的收敛域　　　图 4.9　$x(n) = \begin{cases} a^n & n \geqslant 0 \\ -b^n & n \leqslant -1 \end{cases}$ 的收敛域

由例 4-3 和例 4-4 的求解法可以看出，如果 $|a| < |b|$，则得上式的闭合形式表达式，也就是存在收敛域为 $|a| < |z| < |b|$，此时右边序列取其模值最大的极点（$|z| = |a|$），而左边序列则取其模值最小的极点（$|z| = |b|$）。

图 4.10 表示同一个 z 变换函数 $X(z)$ 有三个极点，由于收敛域不同，它可能代表 4 个不同的序列。其中，图 4.10(a)对应于右边序列；图 4.10(b)对应于左边序列；图 4.10 (c)、(d)对应于两个不同的双边序列。

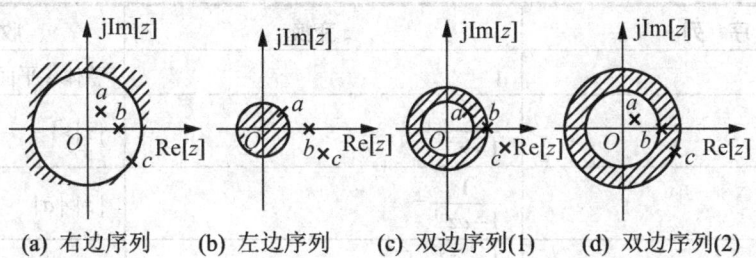

(a) 右边序列　　(b) 左边序列　　(c) 双边序列(1)　　(d) 双边序列(2)

图 4.10　同一个 $X(z)$ (零极点分布相同，但收敛域不同)所对应的不同的序列

3) 因果序列

因果序列是最重要的一种右边序列，即 $n_1 = 0$ 的右边序列，也就是说，在 $n \geqslant 0$ 时有值，$n < 0$ 时，$x(n) = 0$，其 z 变换中只有负幂项，因此级数收敛可以包括 $|z| = \infty$，即

$$X(z) = \sum_{n=0}^{\infty} x(n)z^{-n} \qquad R_{x-} < |z| \leqslant \infty \tag{4-23}$$

所以，在 $|z| = \infty$ 处 z 变换收敛是因果序列的特征，如图 4.11 所示。

4) 逆 z 变换

从给定的 z 变换闭合式 $X(z)$ 中还原出原序列 $x(n)$ 的过程，称为逆 z 变换。序列 z 变换及其逆 z 变换表示如下：

$$\left. \begin{array}{ll} X(z) = \displaystyle\sum_{n=-\infty}^{\infty} x(n)z^{-n} & R_{x-} < |z| < R_{x+} \\[2mm] x(n) = \dfrac{1}{2\pi \mathrm{j}} \displaystyle\oint_C X(z)z^{n-1}\mathrm{d}z & C \in (R_{x-}, R_{x+}) \end{array} \right\} \tag{4-24}$$

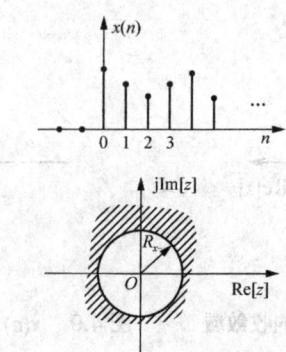

图 4.11 因果序列及其收敛域(包括 $|z|=\infty$)

由式(4-24)可以看出，逆 z 变换实质上是求 $X(z)$ 的幂级数展开式。

求逆 z 变换的方法通常有三种：围线积分法(留数法)、部分分式展开法、长除法。

几种序列的 z 变换如表 4.3 所示。

表 4.3 几种序列的 z 变换

序 列	z 变换	收敛域
$\delta(n)$	1	整体 z 平面
$u(n)$	$\dfrac{1}{1-z^{-1}}$	$\lvert z\rvert>1$
$a^n u(n)$	$\dfrac{1}{1-az^{-1}}$	$\lvert z\rvert>\lvert a\rvert$
$R_N(n)$	$\dfrac{1-z^{-N}}{1-z^{-1}}$	$\lvert z\rvert>0$
$-a^n u(-n-1)$	$\dfrac{1}{1-az^{-1}}$	$\lvert z\rvert<\lvert a\rvert$
$nu(n)$	$\dfrac{z^{-1}}{(1-z^{-1})^2}$	$\lvert z\rvert>1$
$na^n u(n)$	$\dfrac{az^{-1}}{(1-az^{-1})^2}$	$\lvert z\rvert>\lvert a\rvert$
$e^{j\omega_0 n}u(n)$	$\dfrac{1}{1-e^{j\omega_0}z^{-1}}$	$\lvert z\rvert>1$
$\sin(\omega_0 n)u(n)$	$\dfrac{z^{-1}\sin\omega_0}{1-2z^{-1}\cos\omega_0+z^{-2}}$	$\lvert z\rvert>1$
$\cos(\omega_0 n)u(n)$	$\dfrac{1-z^{-1}\cos\omega_0}{1-2z^{-1}\cos\omega_0+z^{-2}}$	$\lvert z\rvert>1$

【例 4-6】 设

$$X(z)=\frac{1}{(1-2z^{-1})(1-0.5z^{-1})} \qquad \lvert z\rvert>2$$

试利用部分分式展开法求逆 z 变换。

解：先去掉 z 的负幂次，以便于求解，将 $X(z)$ 等式右端分子分母同乘以 z^2，则得

$$X(z) = \frac{z^2}{(z-2)(z-0.5)} \qquad |z| > 2$$

按求系数的方法，应将此式等式两端同除以 z 得

$$\frac{X(z)}{z} = \frac{z}{(z-2)(z-0.5)}$$

将此式展开成部分分式为

$$\frac{X(z)}{z} = \frac{z}{(z-2)(z-0.5)} = \frac{A_1}{(z-2)} + \frac{A_2}{(z-0.5)}$$

求得系数为

$$A_1 = \left[(z-2)\frac{X(z)}{z} \right]_{z=2} = \frac{4}{3}$$

$$A_2 = \left[(z-0.5)\frac{X(z)}{z} \right]_{z=0.5} = -\frac{1}{3}$$

所以

$$\frac{X(z)}{z} = \frac{4}{3} \times \frac{1}{(z-2)} - \frac{1}{3} \times \frac{1}{(z-0.5)}$$

因而

$$X(z) = \frac{4}{3} \times \frac{z}{z-2} - \frac{1}{3} \times \frac{z}{z-0.5}$$

查表 4.3 第 3 条可得(注意，由所给收敛域知是因果序列)

$$x(n) = \begin{cases} \dfrac{4}{3} \times 2^n - \dfrac{1}{3}(0.5)^n & n \geqslant 0 \\ 0 & n < 0 \end{cases}$$

或表示为

$$x(n) = \left[\frac{4}{3} \times 2^n - \frac{1}{3}(0.5)^n \right] u(n)$$

本例为右边序列。对于左边序列或双边序列，部分分式展开法同样适用，但必须区别哪些极点对应于右边序列，哪些极点对应于左边序列。

【例 4-7】 已知

$$X(z) = \frac{3z^{-1}}{(1-3z^{-1})^2} \qquad |z| > 3$$

求它的逆 z 变换 $x(n)$。

解：收敛域 $|z| > 3$，故是因果序列，因而 $X(z)$ 分子分母应按 z 的降幂或 z^{-1} 的升幂排列，但按 z 的降幂排列较方便，故将原式化成

$$X(z) = \frac{3z^{-1}}{(1-3z^{-1})^2} = \frac{3z}{z^2 - 6z + 9} \qquad |z| > 3$$

进行长除，有

$$
\begin{array}{r}
3z^{-1}+18z^{-2}+81z^{-3}+324z^{-4}+\cdots \\
z^2-6z+9\overline{)\,3z} \\
\underline{3z-18+27z^{-1}} \\
18-27z^{-1} \\
\underline{18-108z^{-1}+162z^{-2}} \\
81z^{-1}-162z^{-2} \\
\underline{81z^{-1}-486z^{-2}+729z^{-3}} \\
324z^{-2}-729z^{-3} \\
\underline{324z^{-2}-1944z^{-3}+2916z^{-4}} \\
1215z^{-3}-2916z^{-4} \\
\vdots
\end{array}
$$

所以

$$
X(z)=3z^{-1}+2\times3^2z^{-2}+3\times3^3z^{-3}+4\times3^4z^{-4}+\cdots=\sum_{n=1}^{\infty}n\times3^nz^{-n}
$$

由此得到

$$
x(n)=n\times3^n u(n-1)
$$

4.2.5　z 变换的性质和定理

1) 线性

线性就是要满足均匀性和叠加性，z 变换的线性也是如此，若

$$
\begin{aligned}
\text{ZT}\big[x(n)\big]&=X(z) \quad R_{x-}<|z|<R_{x+} \\
\text{ZT}\big[y(n)\big]&=Y(z) \quad R_{y-}<|z|<R_{y+}
\end{aligned}
$$

则

$$
\text{ZT}\big[ax(n)+by(n)\big]=aX(z)+bY(z) \quad R_{y-}<|z|<R_{y+} \tag{4-25}
$$

式中，a、b 为任意常数。

相加后 z 变换收敛域一般为两个相加序列收敛域的重叠部分，即

$$
R_-=\max(R_{x-},R_{y-}), \quad R_+=\max(R_{x+},R_{y+})
$$

所以相加后收敛域记为

$$
\max(R_{x-},R_{y-})<|z|<\max(R_{x+},R_{y+})
$$

如果这些线性组合某些零点与极点互相抵消，则收敛域可能扩大。

【例 4-8】已知 $x(n)=\cos(\omega_0 n)u(n)$，求它的 z 变换。

解： 因为

$$
Z[a^n u(n)]=\frac{1}{1-az^{-1}} \quad |z|>|a|
$$

所以

$$ZT[e^{j\omega_0 n}u(n)] = \frac{1}{1-e^{j\omega_0}z^{-1}} \quad |z|>|e^{j\omega_0}|=1$$

$$ZT[e^{-j\omega_0 n}u(n)] = \frac{1}{1-e^{-j\omega_0}z^{-1}} \quad |z|>|e^{-j\omega_0}|=1$$

利用 z 变换的线性特性可得

$$\begin{aligned}
ZT[\cos(\omega_0 n)u(n)] &= ZT\left[\frac{e^{j\omega_0 n}+e^{-j\omega_0 n}}{2}u(n)\right]\\
&= \frac{1}{2}ZT[e^{j\omega_0 n}u(n)]+\frac{1}{2}ZT[e^{-j\omega_0 n}u(n)]\\
&= \frac{1}{2(1-e^{j\omega_0 n})}+\frac{1}{2(1-e^{-j\omega_0 n})}\\
&= \frac{1-z^{-1}\cos\omega_0}{1-2z^{-1}\cos\omega_0+z^{-3}} \quad |z|>1
\end{aligned}$$

2) 序列的移位

讨论序列移位后其 z 变换与原序列 z 变换的关系，可以有左移(超前)及右移(延迟)两种情况。

若序列 x(n) 的 z 变换为

$$ZT[x(n)] = X(z) \quad R_{x-}<|z|<R_{x+}$$

则有

$$ZT[x(n-m)] = z^{-m}X(z) \quad R_{x-}<|z|<R_{x+} \tag{4-26}$$

式中，m 为任意整数，若 m 为正则为延迟，若 m 为负则为超前。

3) 乘以指数序列

设有　　$X(z)=ZT[x(n)] \quad R_{x-}<|z|<R_{x+}$

　　　　$y(n)=a^n x(n) \quad a$ 为常数

则　　$Y(z)=ZT[y(n)]=ZT[a^n x(n)]=X(a^{-1}z) \quad |a|R_{x-}<|z|<|a|R_{x+} \tag{4-27}$

证明：　$Y(z)=\sum_{n-\infty}^{\infty}a^n x(n)z^{-n}=\sum_{n-\infty}^{\infty}x(n)(a^{-1}z)^{-n}=X(a^{-1}z)$

因为　　$R_{x-}<|a^{-1}z|<R_{x+}$

得到　　$|a|R_{x-}<|z|<|a|R_{x+}$

4) 序列乘以 n

设有　　$X(z)=ZT[x(n)] \quad R_{x-}<|z|<R_{x+}$

则　　$ZT[nx(n)]=-z\frac{dX(z)}{dz} \quad R_{x-}<|z|<R_{x+} \tag{4-28}$

证明：
$$\frac{\mathrm{d}X(z)}{\mathrm{d}z} = \frac{\mathrm{d}}{\mathrm{d}z}\left[\sum_{n=-\infty}^{\infty} x(n)z^{-n}\right] = \sum_{n=-\infty}^{\infty} x(n)\frac{\mathrm{d}}{\mathrm{d}z}[z^{-n}]$$

$$= -\sum_{n=-\infty}^{\infty} nx(n)z^{-n-1} = -z^{-1}\sum_{n=-\infty}^{\infty} nx(n)z^{-n}$$

$$= -z^{-1}Z[nx(n)]$$

因此
$$ZT[nx(n)] = -z\frac{\mathrm{d}X(z)}{\mathrm{d}z}$$

5) 复序列共轭

设
$$X(z) = ZT[x(n)] \qquad R_{x-} < |z| < R_{x+}$$

则有

$$X^*(z^*) = ZT[x^*(n)] \qquad R_{x-} < |z| < R_{x+} \tag{4-29}$$

证明：
$$ZT[x^*(n)] = \sum_{n=-\infty}^{\infty} x^*(n)z^{-n} = \sum_{n=-\infty}^{\infty} [x(n)(z^*)^{-n}]^*$$

$$= \left[\sum_{n=-\infty}^{\infty} x(n)(z^*)^{-n}\right]^* = X^*(z^*)$$

6) 初值定理

设 $x(n)$ 是因果序列，$X(z) = ZT[x(n)]$，则
$$x(0) = \lim_{n \to \infty} X(z) \tag{4-30}$$

证明：
$$X(z) = \sum_{n=0}^{\infty} x(n)z^{-n} = x(0) + x(1)z^{-1} + x(2)z^{-2} + \cdots$$

因此
$$\lim_{n \to \infty} X(z) = x(0)$$

7) 终值定理

若 $x(n)$ 是因果序列，其 z 变换的极点除可以有一个一阶极点在 $z = 1$ 上外，其他极点均在单位圆内，则

$$\lim_{n \to \infty} x(n) = \lim_{z \to 1}(z-1)X(z) \tag{4-31}$$

此定理的证明请读者自己进行。

8) 序列卷积

设
$$w(n) = x(n) * y(n)$$

$$X(z) = ZT[x(n)] \qquad R_{x-} < |z| < R_{x+}$$

$$Y(z) = ZT[y(n)] \qquad R_{y-} < |z| < R_{y+}$$

则

$$W(z) = ZT[w(n)] = X(z) \cdot Y(z) \qquad R_{w-} < |z| < R_{w+} \tag{4-32}$$

$$R_{w-} = \max(R_{x-}, R_{y-}), \quad R_{w+} = \max(R_{x+}, R_{y+})$$

证明：

$$W(z) = ZT[w(n)] = ZT[x(n)*y(n)]$$

$$= \sum_{n=-\infty}^{\infty} \left[\sum_{m=-\infty}^{\infty} x(m)y(n-m) \right] z^{-n}$$

$$= \sum_{n=-\infty}^{\infty} x(m) \left[\sum_{m=-\infty}^{\infty} y(n-m)z^{-n} \right]$$

$$= \sum_{m=-\infty}^{\infty} x(m)z^{-n}Y(z)$$

$$= X(z) \cdot Y(z)$$

$W(z)$ 的收敛域就是 $X(z)$ 和 $Y(z)$ 的公共收敛域。

9) 复卷积定理

如果

$$X(z) = ZT[x(n)] \qquad R_{x-} < |z| < R_{x+}$$

$$Y(z) = ZT[y(n)] \qquad R_{y-} < |z| < R_{y+}$$

$$w(n) = x(n)y(n)$$

则

$$W(z) = \frac{1}{2\pi j} \oint_C X(v) Y\left(\frac{z}{v}\right) \frac{dv}{v} \tag{4-33}$$

$W(z)$ 的收敛域为

$$R_{x-}R_{y-} < |z| < R_{x+}R_{y+} \tag{4-34}$$

式(4-33)中，v 平面上的被积函数的收敛域为

$$\max\left(R_{x-}, \frac{|z|}{R_{y+}}\right) < |v| < \min\left(R_{x+}, \frac{|z|}{R_{y-}}\right) \tag{4-35}$$

证明：
$$W(z) = \sum_{n=-\infty}^{\infty} x(n)y(n)z^{-n}$$

$$= \sum_{n=-\infty}^{\infty} \left[\frac{1}{2\pi j} \oint_C X(v)v^{n-1}dv \right] y(n)z^{-n}$$

$$= \frac{1}{2\pi j} \oint_C X(v) \sum_{n=-\infty}^{\infty} y(n)\left(\frac{z}{v}\right)^{-n} \frac{dv}{v}$$

$$= \frac{1}{2\pi j} \oint_C X(v) Y\left(\frac{z}{v}\right) \frac{dv}{v}$$

由 $X(z)$ 的收敛域和 $Y(z)$ 的收敛域得到

$$R_{x-} < |v| < R_{x+}$$

$$R_{y-} < \left|\frac{z}{v}\right| < R_{y+}$$

因此

$$R_{x-}R_{y-} < |z| < R_{x+}R_{y+}$$

$$\max\left(R_{x-}, \frac{|z|}{R_{y+}}\right) < |v| < \min\left(R_{x+}, \frac{|z|}{R_{y-}}\right)$$

10) 帕斯维尔定理

利用复卷积定理可以证明重要的帕斯维尔(Parseval)定理。

设

$$X(z) = \mathrm{ZT}\big[x(n)\big] \qquad R_{x-} < |z| < R_{x+}$$

$$Y(z) = \mathrm{ZT}\big[y(n)\big] \qquad R_{y-} < |z| < R_{y+}$$

$$R_{x-}R_{y-} < 1, \quad R_{x+}R_{y+} > 1$$

$$\sum_{n=-\infty}^{\infty} x(n)y^*(n) = \frac{1}{2\pi\mathrm{j}} \oint_C X(v)Y^*\left(\frac{1}{v^*}\right)v^{-1}\mathrm{d}v$$

那么 v 平面上，C 所在的收敛域为

$$\max\left(R_{x-}, \frac{|z|}{R_{y+}}\right) < |v| < \min\left(R_{x+}, \frac{|z|}{R_{y-}}\right)$$

证明：令

$$w(n) = x(n)y^*(n)$$

按照式(4-33)，得到

$$W(z) = \mathrm{ZT}\big[w(n)\big] = \frac{1}{2\pi\mathrm{j}} \oint_C X(v)Y^*\left(\left(\frac{z}{v}\right)^*\right)\frac{\mathrm{d}v}{v}$$

按照式(4-34)，有 $R_{x-}R_{y-} < |z| < R_{x+}R_{y+}$，则 $z=1$ 在收敛域中，将 $z=1$ 代入 $W(z)$ 中，得

$$W(1) = \frac{1}{2\pi\mathrm{j}} \oint_C X(v)Y^*\left(\left(\frac{1}{v}\right)^*\right)\frac{\mathrm{d}v}{v}$$

$$W(1) = \sum_{n=-\infty}^{\infty} x(n)y^*(n)z^{-n}\Big|_{z=1} = \sum_{n=-\infty}^{\infty} x(n)y^*(n)z^{-n}$$

因此

$$\sum_{n=-\infty}^{\infty} x(n)y^*(n) = \frac{1}{2\pi\mathrm{j}} \oint_C X(v)Y^*\left(\frac{1}{v^*}\right)v^{-1}\mathrm{d}v$$

如果 $x(n)$ 和 $y(n)$ 都满足绝对可和，即单位圆上收敛，在上式中令 $v = \mathrm{e}^{\mathrm{j}\omega}$，得到

$$\sum_{n=-\infty}^{\infty} x(n)y^*(n) = \frac{1}{2\pi} \int_{-\pi}^{\pi} X(\mathrm{e}^{\mathrm{j}\omega})Y^*(\mathrm{e}^{\mathrm{j}\omega})\mathrm{d}\omega$$

令 $x(n) = y(n)$，得到

$$\sum_{n=-\infty}^{\infty} |x(n)|^2 = \frac{1}{2\pi} \int_{-\pi}^{\pi} \left|X(\mathrm{e}^{\mathrm{j}\omega})\right|^2 \mathrm{d}\omega \tag{4-36}$$

上面得到的公式和在傅里叶变换中所讲的帕斯维尔定理是相同的，上式还可以表示为

$$\sum_{n=-\infty}^{\infty} |x(n)|^2 = \frac{1}{2\pi} \oint_C X(z)X(z^{-1})\frac{\mathrm{d}z}{z} \tag{4-37}$$

4.2.6 传输函数和系统函数

1) 系统函数与频率特性

一个线性时不变系统，在时域中可以用它的单位采样响应 $h(n)$ 来表示，即

$$y(n) = x(n) * h(n)$$

对等式两端取 z 变换，得

$$Y(z) = H(z)X(z)$$

则

$$H(z) = Y(z)/X(z)$$

我们把 $H(z)$ 称为线性时不变系统的系统函数，它是单位采样响应的 z 变换，即

$$H(z) = ZT[h(n)] = \sum_{n=-\infty}^{\infty} h(n)z^{-n} \tag{4-38}$$

我们称 $H(e^{j\omega})$ 为在单位圆 $z = e^{j\omega}$ 上的系统的传输函数，也就是系统的频率响应。

将 $h(n)$ 进行 z 变换，得到 $H(z)$，它表征了系统的复频域特性。对 N 阶差分方程式(4-21)进行 z 变换，得到系统函数的一般表示式为

$$H(z) = \frac{Y(z)}{X(z)} = \frac{\sum_{i=0}^{M} b_i z^{-i}}{\sum_{i=1}^{N} a_i z^{-i}} \tag{4-39}$$

如果 $H(z)$ 的收敛域包含单位圆 $|z|=1$，则 $H(e^{j\omega})$ 与 $H(z)$ 之间的关系为

$$H(e^{j\omega}) = H(z)\big|_{z=e^{j\omega}} \tag{4-40}$$

因此，单位脉冲响应在单位圆上的 z 变换即是系统的传输函数。由于 $H(z)$ 的分析域是一个复频域，博里叶变换仅是 z 变换的特例，只是名称不同。但为了简单，也可以将 $H(z)$ 和 $H(e^{j\omega})$ 都称为传输函数，其差别用括弧中的 $e^{j\omega}$ 或 z 表示。

2) 用极点分布分析系统的因果性和稳定性

因果(可实现)系统的单位脉冲响应 $h(n)$ 一定满足以下条件：当 $n < 0$ 时，$h(n) = 0$，那么其系统函数 $H(z)$ 的收敛域一定包含 ∞ 点，即 ∞ 点不是极点，极点分布在某个圆内，收敛域在某个圆外。

系统稳定要求 $\sum_{n=-\infty}^{\infty} |h(n)| < \infty$，对照 z 变换定义，系统稳定要求收敛域包含单位圆。如果系统因果且稳定，收敛域包含 ∞ 点和单位圆，那么收敛域可表示为

$$r < |z| \leqslant \infty \qquad 0 < r < 1$$

这样，$H(z)$ 的极点集中在单位圆的内部。具体系统的因果性和稳定性可由系统函数的极点分布来确定。下面通过例题进行说明。

【例 4-9】 已知 $H(z) = \dfrac{1-a^2}{(1-az^{-1})(1-az)}, 0 < |a| < 1$，分析其因果性和稳定性。

解：$H(z)$ 的极点为 $z = a$，$z = a^{-1}$，如图 4.12 所示。

(1) 收敛域为 $a^{-1} < |z| \leq \infty$ 时，对应的系统是因果系统，但由于收敛域不包含单位圆，因此是不稳定系统。单位脉冲响应 $h(n) = (a^n - a^{-n})u(n)$，这是一个因果序列，但不收敛。

(2) 收敛域为 $0 \leq |z| < a$ 时，对应的系统是非因果且不稳定系统。其单位脉冲响应 $h(n) = (a^{-n} - a^n)u(-n-1)$，这是一个非因果且不收敛的序列。

(3) 收敛域为 $a < |z| < a^{-1}$ 时，对应的系统是一个非因果系统，但由于收敛域包含单位圆，因此是稳定系统。其单位脉冲响应 $h(n) = a^{|n|}$，这是一个收敛的双边序列，如图 4.12(a)所示。

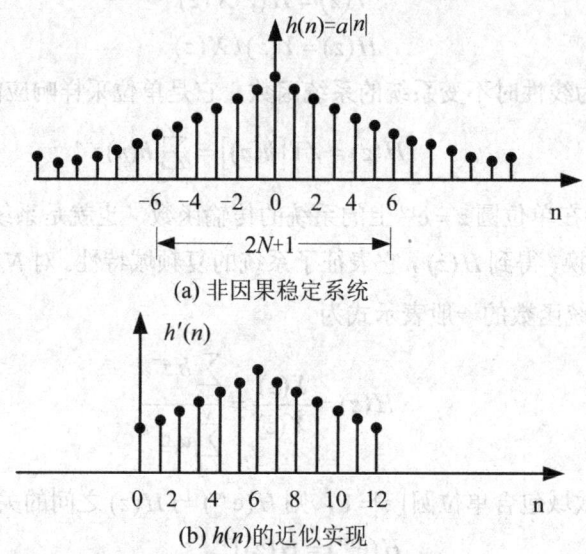

(a) 非因果稳定系统

(b) $h(n)$ 的近似实现

图 4.12　例 4.9 图

下面分析如同例 4-9 这样的系统的可实现性。

$H(z)$ 的三种收敛域中，前两种系统不稳定，不能选用；但最后一种收敛域，系统稳定但非因果，还是不能具体实现。因此严格讲，这样的系统是无法具体实现的。但是我们利用数字系统或者说计算机的存储性质，可以近似实现第三种情况。方法是将图 4.12(a)所示的 $h(n)$ 从 $-N$ 到 N 截取一段，再把截取的这段 $h(n)$ 向右移，形成如图 4.12(b)所示的 $h'(n)$ 序列，将 $h'(n)$ 作为具体实现的系统单位脉冲响应。N 越大，$h'(n)$ 表示的系统越接近 $h(n)$ 系统。具体实现时，预先将 $h'(n)$ 存储起来，以备运算时应用。这种非因果但稳定系统的近似实现性，是数字信号处理技术比模拟信息处理技术优越的地方。

4.3　典型例题

【例 4-10】 求 $x(n) = 0.5^n u(n)$ 的离散时间傅里叶变换。

解： 序列 $x(n)$ 是绝对可和的，所以它的离散时间傅里叶变换存在，有

$$X(e^{j\omega}) = \sum_{n=-\infty}^{\infty} x(n)e^{-j\omega n} = \sum_{n=0}^{\infty} (0.5)^n e^{-j\omega n} = \sum_{n=0}^{\infty} (0.5e^{-j\omega})^n = \frac{1}{1 - 0.5e^{-j\omega}} = \frac{e^{j\omega}}{e^{j\omega} - 0.5}$$

【例 4-11】求序列 $x(n)=u(n)-u(n-3)$ 的 z 变换。

解：因为

$$Z[u(n)] = \frac{z}{z-1} \quad |z| > 1$$

$$Z[u(n-3)] = z^{-3}\frac{z}{z-1} = \frac{z^{-2}}{z-1} \quad |z| > 1$$

所以

$$Z[x(n)] = \frac{z}{z-1} - \frac{z^{-2}}{z-1} = \frac{z^2 + z + 1}{z^2} \quad |z| > 1$$

【例 4-12】简述 z 变换与离散时间傅里叶变换的关系。

答：离散时间傅里叶变换可视为是单位圆上的 z 变换，所以如果 z 变换的收敛域不包括单位圆，则序列不存在离散时间傅里叶变换。

【例 4-13】分别说明有限长序列、右边序列、左边序列和双边序列的 z 变换收敛域。

答：有限长序列 z 变换的收敛域为 $0 < |z| < \infty$；右边序列 z 变换的收敛域为 $|z| > R_{x-}$；左边序列 z 变换的收敛域为 $|z| < R_{x+}$；双边序列 z 变换的收敛域为 $R_{x-} < |z| < R_{x+}$。

【例 4-14】若序列 $x(n)$ 为实序列，其傅里叶变换 $X(e^{j\omega})$ 的模 $|X(e^{j\omega})|$ 和辐角 $\arg|X(e^{j\omega})|$ 各有什么特点？

答：$x(n)$ 为实序列，其傅里叶变换 $X(e^{j\omega})$ 的模 $|X(e^{j\omega})|$ 在 $0\sim2\pi$ 区间内为偶对称函数，辐角 $\arg|X(e^{j\omega})|$ 为奇对称函数，对称中心为 π。

4.4　习题选解

1. 已知

$$X(e^{j\omega}) = \begin{cases} 1 & |\omega| < \omega_0 \\ 0 & \omega_0 < |\omega| \leq \pi \end{cases}$$

求 $X(e^{j\omega})$ 的傅里叶逆变换 $x(n)$。

解：$x(n) = \frac{1}{2\pi}\int_{-\omega_0}^{\omega_0} e^{j\omega n}d\omega = \frac{\sin\omega_0 n}{\pi n}$

2. 已知 $x(n) = a^n u(n)$，$0 < a < 1$，分别求出其偶函数 $x_e(n)$ 和奇函数 $x_o(n)$ 的傅里叶变换。

解：$FT[x_e(n)] = Re[X(e^{j\omega})] = Re\left[\frac{1}{1-ae^{-j\omega}}\right] = Re\left[\frac{1}{1-ae^{-j\omega}} \cdot \frac{1-ae^{j\omega}}{1-ae^{j\omega}}\right]$

$$= \frac{1-a\cos\omega}{1+a^2-2a\cos\omega}$$

$FT[x_o(n)] = jIm[X(e^{j\omega})] = jIm\left[\frac{1}{1-ae^{-j\omega}}\right] = jIm\left[\frac{1}{1-ae^{-j\omega}} \cdot \frac{1-ae^{j\omega}}{1-ae^{j\omega}}\right]$

$$= \frac{-a\sin\omega}{1+a^2-2a\cos\omega}$$

第 5 章　离散傅里叶变换(DFT)与 FFT

5.1　本章基本要求

(1) 了解 DFT 和 IDFT 的概念。

(2) 理解 DFT、IDFT、DFS、ZT 的关系。

(3) 掌握 DFT 的基本性质。

(4) 掌握频率采样及插值恢复。

(5) 掌握 DFT 的应用及影响。

5.2　学习要点与公式

5.2.1　DFT 与 IDFT

1) 基本定义

N 点的离散傅里叶变换(DFT)和离散傅里叶逆变换(IDFT)的定义为

$$X(k) = \mathrm{DFT}[x(n)]_N = \sum_{n=0}^{N-1} x(n)\mathrm{e}^{-\mathrm{j}\frac{2\pi}{N}kn} = \sum_{n=0}^{N-1} x(n)W_N^{kn} \quad k = 0,1,\cdots,N-1 \tag{5-1}$$

$$x(n) = \mathrm{IDFT}[X(k)]_N = \frac{1}{N}\sum_{n=0}^{N-1} X(k)\mathrm{e}^{\mathrm{j}\frac{2\pi}{N}kn} = \frac{1}{N}\sum_{n=0}^{N-1} X(k)W_N^{-kn} \quad n = 0,1,\cdots,N-1 \tag{5-2}$$

对于 DFT，要求 $x(n)$ 的长度 $M \leqslant N$。同时为了书写方便，令 $W_N = \mathrm{e}^{-\mathrm{j}\frac{2\pi}{N}}$。

2) DFT 与 DTFT 的关系

若序列 $x(n)$ 的长度 $M \leqslant N$，则 N 点 DFT 和 DTFT 的结果 $X(k)$ 和 $X(\mathrm{e}^{\mathrm{j}\omega})$ 为

$$X(k) = \mathrm{DFT}[x(n)]_N = \sum_{n=0}^{N-1} x(n)\mathrm{e}^{-\mathrm{j}\frac{2\pi}{N}kn} = \sum_{n=0}^{N-1} x(n)W_N^{kn} \quad k = 0,1,\cdots,N-1$$

$$X(\mathrm{e}^{\mathrm{j}\omega}) = \mathrm{DTFT}[x(n)] = \sum_{n=-\infty}^{\infty} x(n)\mathrm{e}^{-\mathrm{j}\omega n} = \sum_{n=-0}^{N-1} x(n)\mathrm{e}^{-\mathrm{j}\omega n}$$

比较以上两式，显然有

$$X(k) = X(\mathrm{e}^{\mathrm{j}\omega})\Big|_{\omega=\frac{2\pi}{N}k} \quad k = 0,1,\cdots,N-1 \tag{5-3}$$

根据式(5-3)可知，$x(n)$ 的 N 点 DFT 的结果 $X(k)$ 是 DTFT 的结果 $X(\mathrm{e}^{\mathrm{j}\omega})$ 在频域区间 $[0,2\pi)$ 上 N 点等间隔采样，采样间隔是 $2\pi/N$。

3) DFT 与 ZT 的关系

若序列 $x(n)$ 的长度 $M \le N$，则 N 点 DFT 和 ZT 的结果 $X(k)$ 和 $X(z)$ 为

$$X(k) = \text{DFT}[x(n)]_N = \sum_{n=0}^{N-1} x(n)e^{-j\frac{2\pi}{N}kn} = \sum_{n=0}^{N-1} x(n)W_N^{kn} \quad k=0,1,\cdots,N-1$$

$$X(e^{j\omega}) = \text{ZT}[x(n)] = \sum_{n=-\infty}^{\infty} x(n)z^{-n} = \sum_{n=0}^{N-1} x(n)z^{-n}$$

比较以上两式，显然有

$$X(k) = X(z)\big|_{z=e^{j\frac{2\pi}{N}k}} \quad k=0,1,\cdots,N-1 \tag{5-4}$$

根据式(5-4)和式(5-3)可知，$x(n)$ 的 N 点 DFT 的结果 $X(k)$ 是对 ZT 的结果 $X(z)$ 在 z 域单位圆 $[0,2\pi)$ 上 N 点等间隔采样，采样间隔是 $2\pi/N$。

4) DFT 与 DFS 的关系

若序列 $x(n)$ 的长度 $M \le N$，$\tilde{x}_N(n)$ 是 $x(n)$ 以 N 为周期的周期延拓，则 $x(n)$ 的 N 点 DFT 和 $\tilde{x}_N(n)$ 的 DFS 的结果 $X(k)$ 和 $\widetilde{X}(k)$ 为

$$X(k) = \text{DFT}[x(n)]_N = \sum_{n=0}^{N-1} x(n)e^{-j\frac{2\pi}{N}kn} = \sum_{n=0}^{N-1} x(n)W_N^{kn} \quad k=0,1,\dots,N-1$$

$$\widetilde{X}(k) = \text{DFS}[\tilde{x}_N(n)] = \sum_{n=0}^{N-1} \tilde{x}_N(n)e^{-j\frac{2\pi}{N}kn} = \sum_{n=0}^{N-1} \tilde{x}_N(n)W_N^{kn} \quad -\infty < k < +\infty$$

比较以上两式，显然有

$$\tilde{x}_N(n) = x((n))_N = \sum_{-\infty}^{\infty} x(n+mN) \qquad x(n) = \tilde{x}_N(n)R_N(n) \tag{5-5}$$

$$\widetilde{X}(k) = X((k))_N = \sum_{-\infty}^{\infty} X(k+mN) \qquad X(k) = \widetilde{X}(k)R_N(k) \tag{5-6}$$

式(5-5)、式(5-6)和图 5.1 说明 $x(n)$ 与 $\tilde{x}_N(n)$、$X(k)$ 与 $\widetilde{X}(k)$ 存在可逆关系的前提条件是 $M \le N$，否则会出现时域混叠的情况，式(5-5)、式(5-6)将不成立。

DFT、DTFT、ZT、DFS 都是关于 $x(n)$ 的重要变换，它们都沟通了时域和频域间的关系，定义式既相似又有区别，仔细分析和理解上述几种变换，掌握它们之间的关系对后续学习将有重要作用。

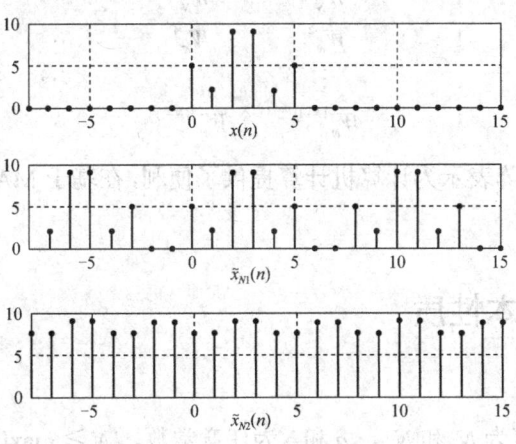

图 5.1 $x(n)$ 的周期延拓

5) DFT 与 IDFT 的矩阵表示

DFT 的定义式为

$$X(k) = \text{DFT}[x(n)]_N = \sum_{n=0}^{N-1} x(n)W^{kn} \quad 0 \leqslant k \leqslant N-1$$

可以表示为矩阵相乘的形式，即

$$X = D_N x \tag{5-7}$$

式中，x 和 X 分别为 N 点的列向量，有

$$x = \begin{bmatrix} x(0) \\ x(1) \\ \vdots \\ x(N-1) \end{bmatrix} \qquad X = \begin{bmatrix} X(0) \\ X(1) \\ \vdots \\ X(N-1) \end{bmatrix} \tag{5-8}$$

D_N 为 N 点的 DFT 矩阵，有

$$D_N = \begin{bmatrix} 1 & 1 & 1 & \cdots & 1 \\ 1 & W_N^1 & W_N^2 & \cdots & W_N^{N-1} \\ 1 & W_N^2 & W_N^4 & \cdots & W_N^{2(N-1)} \\ \vdots & \vdots & \vdots & \ddots & \vdots \\ 1 & W_N^{(N-1)} & W_N^{2(N-1)} & \cdots & W_N^{(N-1)\times(N-1)} \end{bmatrix} \tag{5-9}$$

IDFT 的定义式为

$$x(n) = \text{IDFT}[X(k)] = \frac{1}{N}\sum_{k=0}^{N-1} X(k)W_N^{-kn} \quad 0 \leqslant n \leqslant N-1$$

可以表示为矩阵相乘的形式，即

$$x = D_N^{-1}X \qquad \left(D_N^{-1} = \frac{1}{N}D_N^*\right) \tag{5-10}$$

式中，D_N 为 N 点的 DFT 矩阵，有

$$D_N^{-1} = \frac{1}{N}\begin{bmatrix} 1 & 1 & 1 & \cdots & 1 \\ 1 & W_N^{-1} & W_N^{-2} & \cdots & W_N^{-(N-1)} \\ 1 & W_N^{-2} & W_N^{-4} & \cdots & W_N^{-2(N-1)} \\ \vdots & \vdots & \vdots & \ddots & \vdots \\ 1 & W_N^{-(N-1)} & W_N^{-2(N-1)} & \cdots & W_N^{-(N-1)\times(N-1)} \end{bmatrix} \tag{5-11}$$

DFT 和 IDFT 的矩阵表示为计算机计算提供了便利，在基于 MATLAB 的数据分析和计算中有广泛的应用。

5.2.2 DFT 的基本性质

1) 线性

$x(n)$ 和 $y(n)$ 的长度为 N_1 和 N_2，a 和 b 为任意常数，$N \geqslant \max[N_1,N_2]$，则有

$$\text{DFT}[ax(n)+by(n)]_N = aX(k)+bY(k) \tag{5-12}$$

2) 周期性

若 $X(k)$ 的周期是 N，m 是整数，$k = 0,1,\cdots,N-1$，则有

$$X(k+mN) = X(k) \tag{5-13}$$

证明：
$$W_N = \mathrm{e}^{-\mathrm{j}\frac{2\pi}{N}}, \quad W_N^k = W_N^{(k+mN)}$$

$$X(k+mN) = \sum_{n=0}^{N-1} x(n)W_N^{(k+mN)n} = \sum_{n=0}^{N-1} x(n)W_N^{kn} = X(k)$$

对于 DFT 的周期性，可以结合 5.2.1 小节的 DFT 和 DTFT、ZT 的关系讨论。

3) 循环移位

循环移位也称为圆周移位，对 $x(n)$ 进行周期延拓得到 $\tilde{x}(n)$，有

$$\tilde{x}_N(n) = \sum_{m=-\infty}^{\infty} x(n+mN) = x((n))_N$$

则循环移位的定义为

$$y(n) = \tilde{x}_N(n+m)R_N(n) = x((n+m))_N R_N(n) \tag{5-14}$$

循环移位性质的定义如下。

若 $y(n) = \tilde{x}_N(n+m)R_N(n),\ N \geqslant M$，且 $X(k) = \text{DFT}[x(n)]_N$，则有

$$Y(k) = \text{DFT}[y(n)]_N = W_N^{-km}X(k) \tag{5-15}$$

4) 循环卷积

循环卷积也称为圆周卷积，若 $P(k) = X(k)Y(k)$，则有

$$p(n) = \text{IDFT}[P(k)] = \sum_{m=0}^{N-1} x(m)y((n-m))_N R_N(n) \tag{5-16}$$

5) 选频特性

对复指数函数 $x_a(t) = \mathrm{e}^{\mathrm{j}q\omega_0 t}$ 进行采样得复序列 $x(n)$，$x(n) = \mathrm{e}^{\mathrm{j}q\omega_0 n}$，$0 \leqslant n \leqslant N-1$，其中 q 为整数。当 $\omega_0 = 2\pi/N$ 时，$x(n) = \mathrm{e}^{\mathrm{j}2\pi qn/N}$，其 DFT 为

$$X(k) = \sum_{n=0}^{N-1} \mathrm{e}^{\mathrm{j}2\pi qn/N}\mathrm{e}^{-\mathrm{j}2\pi nk/N} = \begin{cases} N & k = q \\ 0 & k \neq q \end{cases} \tag{5-17}$$

6) 离散帕斯维尔定理

帕斯维尔(Parseval)定理又称为时域频域能量守恒定理，有

$$\sum_{n=0}^{N-1} |x(n)|^2 = \frac{1}{N}\sum_{k=0}^{N-1} |X(k)|^2 \tag{5-18}$$

7) 复共轭序列的 DFT 性质

若 $x^*(n)$ 为 $x(n)$ 的复共轭序列，长度为 N，$X(k) = \text{DFT}[x(n)]_N$，则

$$\text{DFT}[x^*(n)]_N = X^*(N-k) \quad k = 0,1,\cdots,N-1 \tag{5-19}$$

其中，$X(0) = X(N)$。

8) 共轭对称序列与共轭反对称序列

共轭对称序列 $\qquad x_{ep}(n) = \dfrac{1}{2}[x(n) + x^*(N-n)]$

共轭反对称序列 $\qquad x_{op}(n) = \dfrac{1}{2}[x(n) - x^*(N-n)]$ $\qquad$ (5-20)

9) 共轭对称性与 DFT

将序列 $x(n)$ 分成实部与虚部之和，将 $X(k)$ 分成共轭对称与反对称序列，有

$$x(n) = x_r(n) + jx_i(n) , \quad X(k) = X_{ep}(k) + X_{op}(k)$$

$$x_r(n) = \text{Re}[x(n)] = \frac{1}{2}[x(n) + x^*(n)]$$

$$jx_i(n) = j\,\text{Im}[x(n)] = \frac{1}{2}[x(n) - x^*(n)]$$

则有

$$\text{DFT}[x_r(n)] = X_{ep}(k) , \quad \text{DFT}[jx_i(n)] = X_{op}(k) \qquad (5\text{-}21)$$

将序列 $x(n)$ 分成共轭对称与反对称序列，将 $X(k)$ 分成实部与虚部之和，有

$$x(n) = x_{ep}(n) + x_{op}(n) , \quad X(k) = X_r(k) + jX_i(k)$$

$$x_{ep}(n) = \frac{1}{2}[x(n) + x^*(N-n)]$$

$$x_{op}(n) = \frac{1}{2}[x(n) - x^*(N-n)]$$

则

$$\text{DFT}[x_{ep}(n)] = \text{Re}[X(k)] , \quad \text{DFT}[x_{op}(n)] = j\,\text{Im}[X(k)] \qquad (5\text{-}22)$$

5.2.3 频域采样与恢复

1) 频域采样

根据 5.2.1 节 DFT 与 DTFT、ZT、DFS 的关系有：$x(n)$ 的 N 点 DFT 的结果 $X(k)$ 是 DTFT 的结果 $X(e^{j\omega})$ 在频域区间 $[0, 2\pi)$ 上 N 点等间隔采样，采样间隔是 $2\pi/N$。同时，$X(k)$ 是对 ZT 的结果 $X(z)$ 在 z 域单位圆 $[0, 2\pi)$ 上 N 点等间隔采样，采样间隔是 $2\pi/N$。

若序列 $x(n)$ 的长度 $M \leqslant N$，$\tilde{x}_N(n)$ 是 $x(n)$ 以 N 为周期的周期延拓，则 $x(n)$ 的 N 点 DFT 和 $\tilde{x}_N(n)$ 的 DFS 的结果 $X(k)$ 和 $\widetilde{X}(k)$ 有以下关系：

$$\tilde{x}_N(n) = x((n))_N = \sum_{-\infty}^{\infty} x(n+mN) , \quad \widetilde{X}(k) = X((k))_N = \sum_{-\infty}^{\infty} X(k+mN)$$

$$x(n) = \tilde{x}_N(n)R_N(n) , \quad X(k) = \widetilde{X}(k)R_N(k)$$

综上分析，得

$$\tilde{x}_N(n) = \mathrm{IDFS}[\tilde{x}_N(k)] = \frac{1}{N}\sum_{k=0}^{N-1}\tilde{x}_N(k)\mathrm{e}^{\mathrm{j}\frac{2\pi}{N}kn}$$

$$= \frac{1}{N}\sum_{k=0}^{N-1}\left[\sum_{m=-\infty}^{\infty}x(m)\mathrm{e}^{-\mathrm{j}\frac{2\pi}{N}km}\right]\mathrm{e}^{\mathrm{j}\frac{2\pi}{N}kn}$$

$$= \sum_{m=-\infty}^{\infty}x(m)\frac{1}{N}\sum_{k=0}^{N-1}\mathrm{e}^{\mathrm{j}\frac{2\pi}{N}k(n-m)}$$

$$\tilde{x}_N(n) = \sum_{i=-\infty}^{\infty}x(n+iN) \tag{5-23}$$

频域采样定理：若原序列 $x(n)$ 长度为 M，其 DTFT 为 $X(\mathrm{e}^{\mathrm{j}\omega})$，对 $X(\mathrm{e}^{\mathrm{j}\omega})$ 频率区间 $[0,2\pi)$ 上 N 点等间隔采样得到 $X(k)$，只有当频域采样点数 $N \geqslant M$ 时，有

$$\tilde{x}_N(n)R_N(n) = \mathrm{IDFS}[\tilde{X}(k)]R_N(n) = x(n)$$
$$x(n) = \mathrm{IDFT}[X_N(k)]_N$$

即可由频域采样值 N 点 $X(k)$ 不失真地恢复原序列 $x(n)$，否则会产生时域混叠现象，造成信息丢失。

2) 频域恢复

频域采样引起时域的周期延拓，延拓的周期间隔与频域采样相关。如何将频域采样的结果恢复为原序列，就是频域插值(频域内插)的问题了，也就是用 $X(k)$ 表示 $X(\mathrm{e}^{\mathrm{j}\omega})$ 和 $X(z)$。

z 域的内插公式为

$$X(z) = \frac{1}{N}\sum_{k=0}^{N-1}X(k)\varphi_k(z) = \frac{1}{N}\sum_{k=0}^{N-1}X(k)\frac{1-z^{-N}}{1-W_N^{-k}z^{-1}} \tag{5-24}$$

z 域内插函数为

$$\varphi_k(z) = \frac{z^N-1}{z^{N-1}(z-W_N^{-k})} \tag{5-25}$$

零点 N 个：$z = \mathrm{e}^{\mathrm{j}\frac{2\pi}{N}r}$，$r = 0,1,\cdots,N-1$。

极点 2 个：$z = \mathrm{e}^{\mathrm{j}\frac{2\pi}{N}k}$，$0$，其中 0 是 $(N-1)$ 阶的。

同理，用 $X(k)$ 表示 $X(\mathrm{e}^{\mathrm{j}\omega})$ 的内插公式，有

$$X(\mathrm{e}^{\mathrm{j}\omega}) = \frac{1}{N}\sum_{k=0}^{N-1}X(k)\frac{1-\mathrm{e}^{-\mathrm{j}\omega N}}{1-\mathrm{e}^{\mathrm{j}\frac{2\pi}{N}k}\mathrm{e}^{-\mathrm{j}\omega}} \tag{5-26}$$

$$= \sum_{k=0}^{N-1}X(k)\varphi_k(\omega)$$

$$\varphi_k(\omega) = \frac{1}{N}\frac{\mathrm{e}^{-\mathrm{j}(\omega N-2k\pi)/2}\left(\mathrm{e}^{\mathrm{j}(\omega N-2k\pi)/2}-\mathrm{e}^{-\mathrm{j}(\omega N-2k\pi)/2}\right)}{\mathrm{e}^{-\mathrm{j}(\omega-\frac{2\pi}{N}k)/2}\left(\mathrm{e}^{\mathrm{j}(\omega-\frac{2\pi}{N}k)/2}-\mathrm{e}^{-\mathrm{j}(\omega-\frac{2\pi}{N}k)/2}\right)}$$

$$= \frac{1}{N}\frac{\sin\left[N\left(\omega-\frac{2\pi}{N}k\right)/2\right]}{\sin\left[\left(\omega-\frac{2\pi}{N}k\right)/2\right]}\mathrm{e}^{-\mathrm{j}(\omega-\frac{2\pi}{N}k)(N-1)}$$

$$\varphi_k(\omega) = \varphi\left(\omega - \frac{2\pi}{N}k\right)$$

$$X(e^{j\omega}) = \sum_{k=0}^{N-1} X(k)\varphi\left(\omega - \frac{2\pi}{N}k\right)$$

$$\varphi\left(\omega - \frac{2\pi}{N}k\right) = \begin{cases} 1 & \omega = \dfrac{2\pi}{N}k = \omega_k \\ 0 & \omega = \dfrac{2\pi}{N}i = \omega_i \quad i \neq k \end{cases}$$

频域内插函数为

$$\varphi(\omega) = \frac{1}{N}\frac{\sin\dfrac{\omega N}{2}}{\sin\dfrac{\omega}{2}}e^{-j\omega(N-1)/2} \tag{5-27}$$

频域内插是频域采样的逆过程。内插公式保证了各采样点上的值与原序列的频谱相同，采样点之间的值为采样值与对应点的内插公式相乘复合得到。

5.2.4 DFT 的应用

1) 用 DFT 分析信号频谱

$x(n)$ 的 N 点 DFT 的结果 $X(k)$ 是 DTFT 的结果 $X(e^{j\omega})$ 在频域区间 $[0,2\pi]$ 上 N 点等间隔采样，采样间隔是 $2\pi/N$。同时，$X(k)$ 是对 ZT 的结果 $X(z)$ 在 z 域单位圆 $[0,2\pi]$ 上 N 点等间隔采样，采样间隔是 $2\pi/N$。

$$X(k) = X(e^{j\omega})\Big|_{\omega = \frac{2\pi}{N}k} \quad k = 0,1,\cdots,N-1$$

$$X(k) = X(z)\Big|_{z = e^{j\frac{2\pi}{N}k}} \quad k = 0,1,\cdots,N-1$$

在此过程中，进行了几次近似处理：首先用有限长序列来代替了无限长信号；由于时域采样，用 $x(n)$ 代替了 $x_a(t)$，即 $X(e^{j\omega})$ 代替了连续信号的频谱 $X_a(j\Omega)$，满足采样定理，频谱才不会混叠失真，否则只能近似分析原信号频谱；再有就是用 DFT 的频域采样 $X(k)$ 代替了 $X(e^{j\omega})$，即 $X_a(j\Omega) \xrightarrow{\text{时域采样}} X(e^{j\omega}) \xrightarrow{\text{频域采样}} X(k)$。

2) 实数序列的 DFT 计算

实数序列可看成虚部为零的复数，计算机计算时，即使虚部为零，也要进行虚部的运算，浪费时间和运算量。有以下两种常见方法可解决这一问题。

(1) 用一个 N 点 DFT 同时计算两个 N 点实序列的 DFT。

(2) 用一个 N 点的 DFT 运算获得一个 $2N$ 点实序列的 DFT。

3) 用 DFT 计算相关函数

两个长分别为 L 和 N 的离散时间序列 $x(n)$ 和 $y(n)$，将两序列延长补零至长度为 $N \geqslant L+M-1$（N 为 2 的自然数幂次），其相关函数为

$$r_{xy}(m) = \sum_{n=0}^{N-1} x(n+m)y^*(m) \tag{5-28}$$

又因为

$$R_{xy}(k) = X(k)Y^*(k)$$

所以有

$$r_{xy}(n) = \frac{1}{N}\sum_{k=0}^{N-1} R_{xy}(k)W_N^{-kn} = \frac{1}{N}\left[\sum_{k=0}^{N-1} R_{xy}^*(k)W_N^{kn}\right]^* \tag{5-29}$$

用 DFT 计算相关函数的步骤为：将 $x(n)$ 与 $y(n)$ 补零至长度为 $N \geqslant L+M-1$；求 $x(n)$ 和 $y(n)$ 的 DFT，得 $X(k)$ 和 $Y(k)$；然后求乘积，$R_{xy}(k) = X(k)Y^*(k)$；最后求 $r_{xy}(n) = \text{IDFT}[R_{xy}(k)]$。

4）用 DFT 计算线性卷积

两个长分别为 L 和 N 的离散时间序列 $x(n)$ 与 $h(n)$ 的线性卷积定义为

$$y(n) = \sum_{n=0}^{N-1} y(m)x(n-m) \tag{5-30}$$

将 $x(n)$ 与 $h(n)$ 补零至长度为 $N \geqslant L+M-1$（N 为 2 的自然数幂次），用 DFT 计算线性卷积，其思路如下：

$$\left.\begin{array}{l} x(n)\xrightarrow{\text{DFT}} X(k) \\ h(n)\xrightarrow{\text{DFT}} H(k) \end{array}\right\} H(k)X(k)=Y(k)\xrightarrow{\text{IDFT}} y(n)$$

5）用 DFT 计算二维 DFT

二维信号也是现代信号处理的研究对象。二维信号有图像信号、时空信号、时频信号等。二维离散傅里叶变换可用于处理二维离散信号。二维离散傅里叶变换的定义为

$$X(k,l) = \sum_{m=0}^{M-1}\sum_{n=0}^{N-1} x(n,m)\mathrm{e}^{\mathrm{j}\frac{2\pi}{N}kn}\mathrm{e}^{\mathrm{j}\frac{2\pi}{M}kn} = \sum_{m=0}^{M-1}\sum_{n=0}^{N-1} x(n,m)W_N^{kn}W_M^{km} \tag{5-31}$$

式中，$k = 0,1,\cdots,N-1$，$l = 0,1,\cdots,M-1$。很明显，二维离散傅里叶变换可通过两次一维离散傅里叶变换来实现。

6）用 DFT 计算 IDFT

IDFT 的 DFT 整理形式为

$$x(n) = \left[\frac{1}{N}\sum_{k=0}^{N-1} X^*(k)W_N^{nk}\right]^* = \frac{1}{N}\left\{\text{DFT}[X^*(k)]\right\}^* \tag{5-32}$$

5.2.5　DFT 应用的影响

1）信号采样与频谱混叠

对连续信号 $x_a(t)$ 进行数字处理前，必须要进行采样。采样导致信号时域的离散化，在频域，信号频谱周期延拓，延拓的周期为采样频率。如果信号采样频率过低，不满足奈奎斯特采样定理 $f_s \geqslant 2f_c$，将会导致信号频谱混叠失真。这样就无法恢复原信号，失去了数

字处理的意义。

解决频谱混叠的方法是，提高信号的采样频率，使其满足奈奎斯特采样定理的要求。另外，在工程实际中往往需要在信号采样前加一级抗混叠滤波器，去除高频干扰，防止采样过程中频谱混叠的出现。

2) 截短效应与频谱泄露

在处理实际信号序列 $x(n)$ 时，因为 $x(n)$ 一般很长，不方便处理。所以在处理前总要将其截短为一个或多个有限长序列，每段长为 N 点。这样就相当于在时域对 $x(n)$ 乘以一个矩形窗 $w(n) = R_N(n)$，得

$$x_N(n) = x(n)R_N(n)$$

时域相乘，对应频域卷积，截短对应的卷积结果为

$$X_N(\mathrm{e}^{\mathrm{j}\omega}) = \mathrm{DTFT}[x_N(n)] = \frac{1}{2\pi} X(\mathrm{e}^{\mathrm{j}\omega}) * R_{fN}(\mathrm{e}^{\mathrm{j}\omega})$$
$$= \frac{1}{2\pi} \int_{-\pi}^{\pi} X(\mathrm{e}^{\mathrm{j}\theta}) R_{fN}(\mathrm{e}^{\mathrm{j}(\omega-\theta)}) \mathrm{d}\theta$$

(5-33)

式中

$$X(\mathrm{e}^{\mathrm{j}\omega}) = \mathrm{DTFT}[x(n)]$$
$$R_{fN}(\mathrm{e}^{\mathrm{j}\omega}) = \mathrm{DTFT}[R_N(n)] = \mathrm{e}^{-\mathrm{j}\omega\frac{N-1}{2}} \frac{\sin(\omega N/2)}{\sin(\omega/2)} = R_{fN}(\omega)\mathrm{e}^{\mathrm{j}\varphi(\omega)}$$
$$R_{fN}(\omega) = \frac{\sin(\omega N/2)}{\sin(\omega/2)}$$

对于截短用的时域矩形窗 $w(n) = R_N(n)$，其频谱是 $R_{fN}(\mathrm{e}^{\mathrm{j}\omega})$，有主瓣以及一系列旁瓣或副瓣。因为时域乘积对应频域的卷积，所以加窗后的频谱实际是原信号频谱与矩形窗频谱的卷积，卷积的结果使原信号频谱延伸到了主瓣以外，而且一直延伸到无穷。因为窗口越大主瓣越窄，当窗口趋于无穷大时，频域就是一个冲击，此时频域卷积的结果就是原序列本身。当然这是理想情况，实际情况是截短用的矩形窗长度是有限的，所以频域卷积就会产生截短效应。截短效应就是因为在时域对无限长信号用矩形窗截短，从而导致了信号频谱相对原来出现扩展。这种频谱因时域截短而扩展的现象称为频谱泄露或漏能。如果泄露的频谱扩展到了别的有用频点而产生干扰，强信号的旁瓣掩盖了弱信号的主瓣，误将旁瓣当做主瓣，则这种现象称为谱间干扰。

漏能和谱间干扰主要是旁瓣引起的，所以要抑制截短效应的影响，就要抑制旁瓣。方法是延长截短时矩形窗的长度，当然这是有限的；或是改变截短时窗函数的类型，将矩形窗改为其他截短窗，抑制窗函数的旁瓣，将窗函数频谱能量集中到主瓣。总之，只要存在截短，就有漏能现象，而漏能现象只能削弱而不能消除。

3) 频谱分析与栅栏效应

结合 5.2.1 小节可得

$$X(k) = \mathrm{DFT}[x(n)]_N = \sum_{n=0}^{N-1} x(n)\mathrm{e}^{-\mathrm{j}\frac{2\pi}{N}kn} = \sum_{n=0}^{N-1} x(n)W_N^{kn} \quad k = 0,1,\cdots,N-1$$

$$X(\mathrm{e}^{\mathrm{j}\omega}) = \mathrm{DTFT}[x(n)] = \sum_{n=-\infty}^{\infty} x(n)\mathrm{e}^{-\mathrm{j}\omega n} = \sum_{n=-0}^{N-1} x(n)\mathrm{e}^{-\mathrm{j}\omega n}$$

比较以上两式，显然有

$$X(k) = X(\mathrm{e}^{\mathrm{j}\omega})\Big|_{\omega=\frac{2\pi}{N}k} \quad k = 0,1,\cdots,N-1$$

很明显，$x(n)$ 的 N 点 DFT 的结果 $X(k)$ 是 DTFT 的结果 $X(\mathrm{e}^{\mathrm{j}\omega})$ 在频域区间 $[0,2\pi)$ 上 N 点等间隔采样，采样间隔是 $2\pi/N$。

综上分析，DFT 和 DTFT 都是对信号 $x(n)$ 进行频域分析，$X(\mathrm{e}^{\mathrm{j}\omega})$ 是 $x(n)$ 的完全频谱，而 $X(k)$ 只是对 $X(\mathrm{e}^{\mathrm{j}\omega})$ 的频域采样。用 $X(k)$ 分析 $x(n)$ 的频谱，就像隔着栅栏看风景一样，只能看到间隔的部分，把这种现象称为栅栏效应。

减小栅栏效应的方法是：在 DFT 前，增加对序列 $x(n)$ 补零，增加频域采样点数，使得 $X(k)$ 更接近 $X(\mathrm{e}^{\mathrm{j}\omega})$，这样原来漏掉的某些频谱成分就可能被检测出来。或者就是实质增加 $x(n)$ 的点数，也就是在时域对 $x_a(t)$ 增加采样密度，这样 DFT 后，$X(k)$ 才能实质接近 $X(\mathrm{e}^{\mathrm{j}\omega})$。当然，无论 $X(k)$ 的点数如何，其总是离散的，永远也不可能与 $X(\mathrm{e}^{\mathrm{j}\omega})$ 完全相同。只能通过 $X(k)$ 近似分析 $x(n)$ 的完全频谱 $X(\mathrm{e}^{\mathrm{j}\omega})$，所以栅栏效应只能削弱而不能消除。

5.2.6　时域抽取法(DIT-FFT)基 2FFT 基本原理

FFT 算法基本上分为两大类：按时间抽取的时域抽取法(DIT-FFT)和按频率抽取的频域抽取法(DIF-FFT)。下面介绍 DIT-FFT 算法。

设序列 $x(n)$ 的长度为 N，且满足 $N = 2^M$（M 为自然数），按 n 的奇偶把 $x(n)$ 分解为两个 $N/2$ 点的子序列，得

$$\begin{cases} x_1(r) = x(2r) \\ x_2(r) = x(2r+1) \end{cases} \quad r = 0,1,\cdots,\frac{N}{2}-1$$

则 $x(n)$ 的 DFT 为

$$
\begin{aligned}
X(k) &= \sum_{x=\text{偶数}} x(n)W_N^{kn} + \sum_{x=\text{奇数}} x(n)W_N^{kn} \\
&= \sum_{r=0}^{N/2-1} x(2r)W_N^{2kr} + \sum_{r=0}^{N/2-1} x(2r+1)W_N^{k(2r+1)} \quad\quad (5\text{-}34) \\
&= \sum_{r=0}^{N/2-1} x_1(r)W_N^{2kr} + \sum_{r=0}^{N/2-1} x_2(r)W_N^{2kr}
\end{aligned}
$$

由于 $W_N^{2kr} = \mathrm{e}^{-\mathrm{j}\frac{2\pi}{N}2kr} = \mathrm{e}^{-\mathrm{j}\frac{2\pi}{N/2}kr} = W_{N/2}^{kr}$，则上式可表示为

$$X(k) = \sum_{r=0}^{N/2-1} x_1(r)W_{N/2}^{kr} + W_N^{k}\sum_{r=0}^{N/2-1} x_2(r)W_{N/2}^{kr} = X_1(k) + W_N^{k}X_2(k) \quad k=0,1,\cdots,N-1 \quad (5\text{-}35)$$

式中，$X_1(k)$ 和 $X_2(k)$ 分别为 $x_1(r)$ 和 $x_2(r)$ 的 $N/2$ 点 DFT，即

$$X_1(k) = \sum_{r=0}^{N/2-1} x_1(r) W_{N/2}^{kr} = \text{DFT}[x_1(r)] \tag{5-36}$$

$$X_2(k) = \sum_{r=0}^{N/2-1} x_2(r) W_{N/2}^{kr} = \text{DFT}[x_2(r)] \tag{5-37}$$

由于 $X_1(k)$ 和 $X_2(k)$ 的周期均为 $N/2$，且 $W_N^{k+\frac{N}{2}} = -W_N^k$，所以 $X(k)$ 又可表示为

$$X(k) = X_1(k) + W_N^k X_2(k) \qquad k = 0,1,\cdots,\frac{N}{2}-1 \tag{5-38}$$

$$X\left(k+\frac{N}{2}\right) = X_1(k) - W_N^k X_2(k) \qquad k = 0,1,\cdots,\frac{N}{2}-1 \tag{5-39}$$

这样就将 N 点 DFT 运算分解为两个 $N/2$ 点的 DFT 运算。式(5-38)和式(5-39)的运算可用图 5.2(a)所示的流图符号表示(称为蝶形运算符号)。为简单起见，本书采用图 5.2(b)所示的简易蝶形运算符号。采用这种图示法，可将上述分解运算表示为图 5.3 所示的情况，图中 $N = 2^3 = 8$，$X(0) \sim X(3)$ 由式(5-38)给出，而 $X(4) \sim X(7)$ 则由式(5-39)给出。

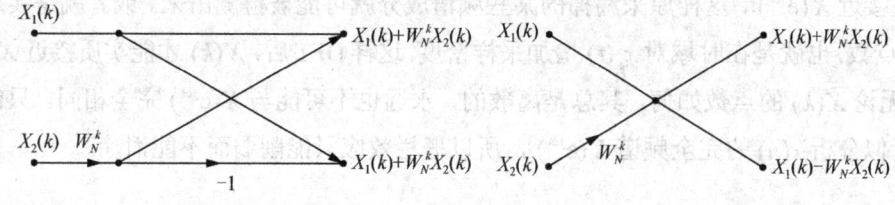

(a) 蝶形运算符号   (b) 简化的蝶形运算符号

图 5.2 蝶形运算符号

由图 5.2 可以看出，完成一个蝶形运算共需要一次复数乘法运算($W_N^k X_2(k)$)和两次复数加法运算。由图 5.3 可以得知，经过一次分解后，计算一个 N 点 DFT 共需要计算两个 $N/2$ 点 DFT 和 $N/2$ 个蝶形运算。而计算一个 $N/2$ 点 DFT 需要 $(N/2)^2$ 次复数乘法运算和 $N/2(N/2-1)$ 次复数加法运算。所以，按图 5.3 计算 DFT 总共需要 $2(N/2)^2 + N/2 = N(N+1)/2 \approx N^2/2$ ($N \geq 1$ 时)次复数乘法运算和 $N(N/2-1) + 2N/2 = N^2/2$ 次复数加法运算。因此经过一次分解后，就使运算量减少近一半。

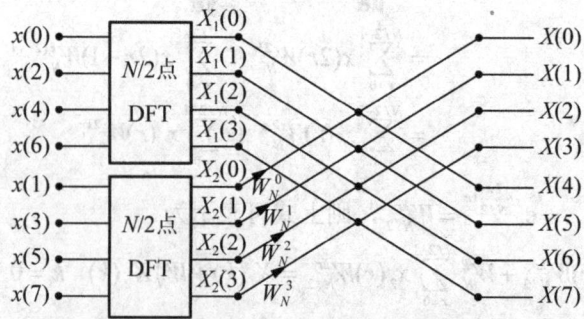

图 5.3 N 点 DFT 的一次时域抽取分解图($N=8$)

既然如此，由于 $N = 2^M$，$N/2$ 是偶数，故可以对 $N/2$ 点 DFT 再按奇偶部分分解为 $N/4$ 点的子序列。同第一次分解相同，将 $x_1(r)$ 按奇偶数分解成两个 $N/4$ 长度的子序列 $x_3(l)$ 和 $x_4(l)$，即

$$\left.\begin{array}{l} x_3(l) = x_2(2l) \\ x_4(l) = x_1(2l+1) \end{array}\right\} \quad l = 0,1,\cdots,\frac{N}{4}-1 \qquad (5\text{-}40)$$

那么，$X_1(k)$ 又可表示为

$$\begin{aligned} X_1(k) &= \sum_{l=0}^{N/4-1} x_1(2l) W_{N/2}^{2kl} + \sum_{l=0}^{N/4-1} x_1(2l+1) W_{N/2}^{k(2l-1)} \\ &= \sum_{l=0}^{N/4-1} x_3(l) W_{N/4}^{kl} + W_{N/2}^{k} \sum_{l=0}^{N/4-1} x_4(l) W_{N/4}^{kl} \\ &= X_3(k) + W_{N/2}^{k} X_4(k) \\ & \qquad k = 0,1,\cdots,\frac{N}{2}-1 \end{aligned} \qquad (5\text{-}41)$$

式中

$$\left\{\begin{array}{l} X_3(k) = \displaystyle\sum_{l=0}^{N/4-1} x_3(l) W_{N/4}^{kl} = \text{DFT}[x_3(l)] \\ X_4(k) = \displaystyle\sum_{l=0}^{N/4-1} x_4(l) W_{N/4}^{kl} = \text{DFT}[x_4(l)] \end{array}\right.$$

同理，由 $X_3(k)$ 和 $X_4(k)$ 的周期性和 $W_{N/2}^{m}$ 的对称性($W_{N/2}^{k+N/4} = -W_{N/2}^{k}$)，最后可得

$$\left.\begin{array}{l} X_1(k) = X_3(k) + W_{N/2}^{k} X_4(k) \\ X_1(k+N/4) = X_3(k) - W_{N/2}^{k} X_4(k) \end{array}\right\} \quad k = 0,1,\cdots,\frac{N}{4}-1 \qquad (5\text{-}42)$$

同样的方法可以得到

$$\left.\begin{array}{l} X_2(k) = X_5(k) + W_{N/2}^{k} X_6(k) \\ X_2(k+N/4) = X_5(k) - W_{N/2}^{k} X_6(k) \end{array}\right\} \quad k = 0,1,\cdots,\frac{N}{4}-1 \qquad (5\text{-}43)$$

式中

$$\left\{\begin{array}{l} X_5(k) = \displaystyle\sum_{l=0}^{N/4-1} x_5(l) W_{N/4}^{kl} = \text{DFT}[x_5(l)] \\ X_6(k) = \displaystyle\sum_{l=0}^{N/4-1} x_6(l) W_{N/4}^{kl} = \text{DFT}[x_6(l)] \end{array}\right.$$

$$\left\{\begin{array}{l} x_5(l) = x_2(2l) \\ x_6(k) = x_2(2l+1) \end{array}\right. \quad l = 0,1,\cdots,\frac{N}{4}-1$$

这样，经过第二次分解后，又将 $N/2$ 点 DFT 分解为两个 $N/4$ 点 DFT。两个 $N/4$ 点 DFT 蝶形运算如图 5.4 所示。以此类推，经过 $M-1$ 次分解，最后将 N 点 DFT 分解成 $N/2$ 个 2 点 DFT。

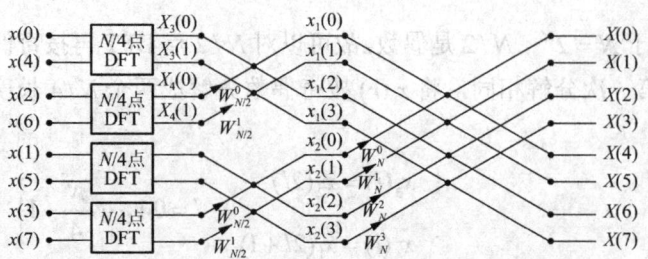

图 5.4 N 点 DFT 的第二次时域抽取分解图(N=8)

一个完整的 8 点 DIT-FFT 运算流图如图 5.5 所示。图中用到关系式 $W_{N/m}^k = W_N^{mk}$。其中输入序列不是按顺序排列的,但其排列是有规律的。

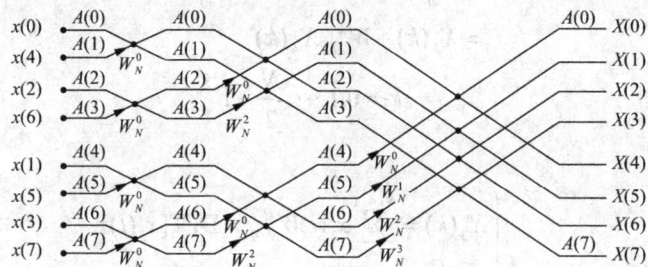

图 5.5 N 点 DIT-FFT 运算流图(N=8)

5.3 典型例题

【例 5-1】序列 $x(n) = R_5(n) = \begin{cases} 1 & 0 \leq n \leq 4 \\ 0 & 其他 \end{cases}$,求:

(1) $N=5$ 的 DFT。

(2) $N=10$ 的 DFT。

解: (1) $N=5$ 时,有

$$X(k) = \sum_{n=0}^{4} x(n)e^{-j\frac{2\pi}{5}kn} = \sum_{n=0}^{4} e^{-j\frac{2\pi}{5}kn} = \frac{1-e^{-j\frac{2\pi}{5}k\cdot 5}}{1-e^{-j\frac{2\pi}{5}k}} \qquad k=0,1,2,3,4$$

即
$$X(k) = \begin{cases} 1 & k=0 \\ 0 & k=1,2,3,4 \end{cases}$$

(2) $N=10$ 时,有

$$X(k) = \sum_{n=0}^{9} x(n)e^{-j\frac{2\pi}{10}kn} = \sum_{n=0}^{4} e^{-j\frac{2\pi}{10}kn} = \frac{1-e^{-j\frac{2\pi}{10}k\cdot 5}}{1-e^{-j\frac{2\pi}{10}k}} = e^{-j\frac{4\pi}{10}k}\frac{\sin\left(\frac{\pi}{2}k\right)}{\sin\left(\frac{\pi}{10}k\right)} \qquad k=0\sim9$$

【例 5-2】有一频谱分析用的 FFT 处理器,其采样点数必须是 2 的整数幂,假定没有

采用任何特殊的数据处理措施,已知给定的条件为:频率分辨率≤10Hz,信号最高频率≤4kHz。试确定以下参量:①最小记录长度 T_0;②采样点间的最大时间间隔 T(最小采样频率);③在一个记录中的最少点数 N。

解: ① 最小记录长度 T_0 为

$$T_0 \geqslant \frac{1}{F_0} = \frac{1}{10} = 0.1(\text{s})$$

② 采样点间的最大时间间隔 T 为

$$T < \frac{1}{2f_h} = \frac{1}{2 \times 4 \times 10^3} = 0.125 \times 10^{-3}(\text{s})$$

③ 一个记录中的最少点数 N 为

$$N > \frac{2f_h}{F_0} = \frac{2 \times 4 \times 10^3}{10} = 800$$

取

$$N = 2^m = 2^{10} = 1024 > 800$$

【例 5-3】离散傅里叶变换(DFT)和离散傅里叶级数(DFS)有什么关系?

答: 离散傅里叶级数适用于周期性的离散序列;离散傅里叶变换适用于有限长序列,其关系如下。

【例 5-4】某线性时不变稳定系统的单位脉冲响应为 $h(n)$(长度为 N),则该系统的频率特性、复频域特性、离散频率特性分别怎样表示,三者之间是什么关系?

解: (1) 频率特性: $H(e^{j\omega}) = \sum_{n=0}^{N-1} h(n)e^{-j\omega n}$

(2) 复频率特性: $H(z) = \sum_{n=0}^{N-1} h(n)z^{-n}$

(3) 离散频率特性: $H(k) = \sum_{n=0}^{N-1} h(n)W_N^{kn}$ 　　　$k = 0,1,\cdots N-1$

$H(e^{j\omega}) = H(z)\big|_{z=e^{j\omega}}$,即 $H(e^{j\omega})$ 为 z 平面单位圆上的 $H(z)$。

$H(k) = H(z)\big|_{z=e^{j\frac{2\pi}{N}k}}$ 　$0 \leqslant k \leqslant N-1$,即 $H(k)$ 为 $H(z)$ 在单位圆上的 N 点等间隔采样。

$H(k) = H(e^{j\omega})\big|_{\omega=\frac{2\pi}{N}}$ 　　$0 \leqslant k \leqslant N-1$,即 $H(k)$ 为 $H(e^{j\omega})$ 在区间 $[0,2\pi]$ 上的 N 点等间隔采样。

【例 5-5】用 DFT 对连续信号进行频谱分析时,主要关心哪两个问题以及怎样解决二

者的矛盾？

答: 用 DFT 对连续信号进行谱分析时,主要关心的两个问题是谱分析范围和谱分辨率。谱分析范围受采样频率 f_s 的限制,即 $f_c < f_s/2$。谱分辨率 $F = f_s/N$,若保持采样点 N 不变,提高谱分辨率就必须降低采样频率从而引起谱分析范围减少。为提高谱分辨率又使谱分析范围减小,必须延长记录时间,增加采样点数 N。

5.4 习 题 选 解

1. 已知 $\text{DFT}[x(n)] = X(k)$,求

$$\text{DFT}\left[x(n)\cos\left(\frac{2\pi mn}{N}\right)\right] \text{和} \text{DFT}\left[x(n)\sin\left(\frac{2\pi mn}{N}\right)\right], \quad 0 < m < N。$$

解: (1) $x(n)\cos\left(\frac{2\pi}{N}mn\right) \leftrightarrow X_1(k) = \frac{1}{2}\sum_{n=0}^{N-1} x(n)\left[e^{j\frac{2\pi}{N}mn} + e^{-j\frac{2\pi}{N}mn}\right]e^{-j\frac{2\pi}{N}kn}$

$$= \frac{1}{2}\sum_{n=0}^{N-1} x(n)\left[e^{-j\frac{2\pi}{N}(k-m)n} + e^{-j\frac{2\pi}{N}(k+m)n}\right]$$

$$= \frac{1}{2}\left[X(k-m) + X(k+m)\right]$$

(2) $x(n)\sin\left(\frac{2\pi}{N}mn\right) \leftrightarrow X_2(k) = \frac{1}{2j}\sum_{n=0}^{N-1} x(n)\left[e^{j\frac{2\pi}{N}mn} - e^{-j\frac{2\pi}{N}mn}\right]e^{-j\frac{2\pi}{N}kn}$

$$= \frac{1}{2j}\sum_{n=0}^{N-1} x(n)\left[e^{-j\frac{2\pi}{N}(k-m)n} + e^{-j\frac{2\pi}{N}(k+m)n}\right]$$

$$= \frac{1}{2j}\left[X(k-m) + X(k+m)\right]$$

2. 若实序列 $x(n)$ 的 8 点 DFT 的前 5 个值为 0.25、$0.125 - j0.3018$、0、$0.125 - j0.0518$、0。

(1) 求 $X(k)$ 的其余 3 点值。

(2) $x_1(n) = \sum_{m=-\infty}^{+\infty} x(n+5+8m)$,求 $X_1(k) = \text{DFT}[x_1(n)]_8$

(3) $x_2(n) = x(n)e^{j\pi n/4}$,求 $X_2(k) = \text{DFT}[x_2(n)]_8$

解: (1) 因为 $x(n)$ 为实数序列,所以,$X(k)$ 满足共轭对称性:$X^*(N-k)=X(k)$。由此可得,$X(k)$ 的其余 3 点的值为 $0.125+j0.0518$、0、$0.125+j0.03018$。

(2) 因为 $x_1(n) = \sum_{m=-\infty}^{+\infty} x(n+5+8m)R_8(n) = x(n+5)_8 R_8(n)$。由 DTF 的循环卷积性质得到

$X_1(k)=X(k)W_8^{-5k}=\{0.25,0.125-j0.3018,0,0.125-j0.0518,0,0.125+j0.0518,0,0.125+j0.3018\}W_8^{-5k}$。

(3) $X_2(k) = \sum_{n=0}^{7} x_2(n)W_8^{kn} = \sum_{n=0}^{7} x(n)W_8^{(k-1)n} = \sum_{n=0}^{7} x(n)W_8^{n(k-1)_8}$

$X(k-1)_8 R_N(k) = \{0.125 + j0.3018, 0.25, 0.125 - j0.3018, 0, 0.125 - j0.0518, 0, 0.125 + j0.0518, 0\}$

第6章 无限长单位脉冲响应数字滤波器(IIR DF)设计

6.1 本章基本要求

(1) 了解数字滤波器的概念与技术指标。

(2) 理解数字滤波器的设计步骤与方法。

(3) 掌握典型模拟滤波器。

(4) 掌握频率采样及插值恢复。

(5) 掌握 DFT 的应用及影响。

6.2 学习要点与公式

6.2.1 数字滤波器基础

1) 数字滤波器的数学描述

时域差分方程为

$$y(n) = \sum_{i=0}^{N} a_i x(n-i) - \sum_{i=0}^{M} b_i y(n-i) \tag{6-1}$$

z 域系统函数为

$$H(z) = \frac{\sum_{i=0}^{M} a_i z^{-i}}{1 - \sum_{i=1}^{N} b_i z^{-i}} = A \frac{\prod_{i=1}^{M}(1 - c_i z^{-1})}{\prod_{i=1}^{N}(1 - d_i z^{-1})} \tag{6-2}$$

式中，$M \leqslant N$。

2) 数字滤波器的技术指标

典型的数字低通滤波器的技术指标包括通带边界频率 ω_p、阻带截止频率 ω_s、通带最大衰减 α_p、阻带最小衰减 α_s。

通带频率范围为 $0 \leqslant |\omega| \leqslant \omega_p$，阻带频率范围为 $\omega_s \leqslant |\omega| \leqslant \pi$，从 ω_p 到 ω_s 称为过渡带，过渡带上的频响一般是单调下降的。对于低通滤波器，α_p 和 α_s 分别定义为

$$\alpha_p = 20\lg\frac{\max\left|H(e^{j\omega})\right|}{\min\left|H(e^{j\omega})\right|}dB \qquad 0 \leqslant |\omega| \leqslant \omega_p \qquad (6\text{-}3)$$

$$\alpha_s = 20\lg\frac{\max\left|H(e^{j\omega_1})\right|}{\max\left|H(e^{j\omega_2})\right|}dB \qquad 0 \leqslant |\omega_1| \leqslant \omega_p \quad \omega_s \leqslant |\omega_2| \leqslant \pi \qquad (6\text{-}4)$$

根据变换，α_p 和 α_s 可写为

$$\alpha_p = -20\lg\left|H\left(e^{j\alpha_p}\right)\right|dB = -20\lg(1-\delta_p)dB$$

$$\alpha_s = -20\lg\left|H\left(e^{j\alpha_s}\right)\right|dB = -20\lg\delta_s dB \qquad (6\text{-}5)$$

式中，δ_p 为通带纹波幅度，δ_s 为阻带纹波幅度。当幅度下降到 $\sqrt{2}/2$ 时，标记 $\omega = \omega_c$，此时，$\alpha=3dB$，则定义 ω_c 为 3dB 通带截止频率。ω_p、ω_c 及 ω_s 统称为边界频率，它们是滤波器设计中所涉及的重要参数。

数字低通滤波器基本指标如图 6.1 所示。

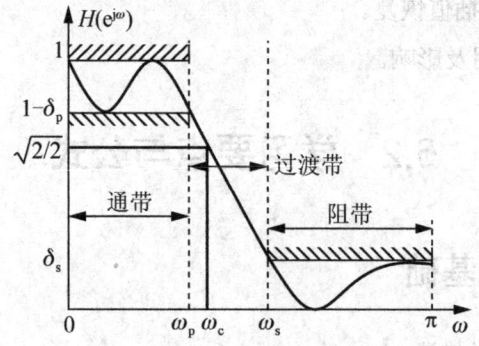

图 6.1　数字低通滤波器基本指标

3) 数字滤波器的分类

数字滤波器有多种分类方式。按频带分类，可分为低通滤波器、高通滤波器、带通滤波器、带阻滤波器等，如图 6.2 所示。

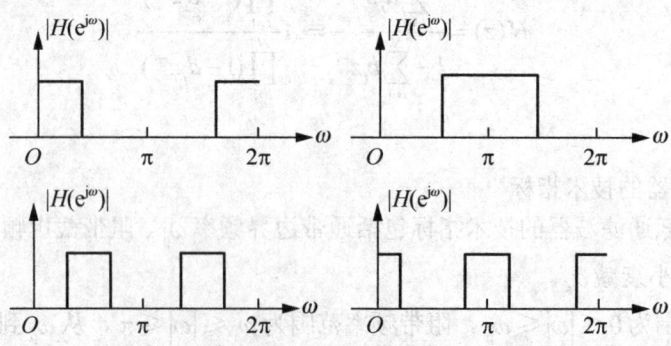

图 6.2　低通、高通、带通和带阻数字滤波器

4) 数字滤波器的设计步骤

数字滤波器的设计一般分为以下几步：按照实际需要确定滤波器的性能要求；用一个因果稳定的系统函数(传递函数)去逼近这个性能要求(这种传递函数可分为两类：IIR DF 和 FIR DF)；用一个有限精度的运算去实现这个传递函数，包括选择运算结构(如级联型、并联型、卷积型、频率采样型以及快速卷积型等)及选择合适的字长和有效的数字处理方法等。

6.2.2　典型模拟滤波器设计方法

模拟滤波器的传输函数为

$$H_a(j\Omega) = |H_a(j\Omega)| e^{j\varphi(\Omega)} \tag{6-6}$$

选频滤波器一般只考虑幅频特性，对相频特性不作要求。

1) 模拟滤波器设计指标

如图 6.3 所示，以模拟低通滤波器为例，通带边界频率为 Ω_p，阻带边界频率为 Ω_s，3dB 截止频率为 Ω_c，通带和阻带的波动范围分别是 δ_p 和 δ_s。

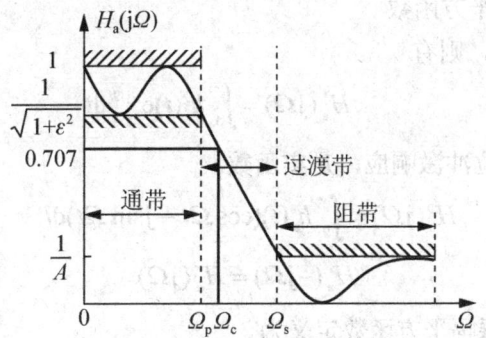

图 6.3　模拟低通滤波器基本指标

通带常数特性 δ_p 和阻带常数特性 δ_s 要求：

$$\frac{1}{\sqrt{1+\varepsilon^2}} \leqslant |H_a(j\Omega)| \leqslant 1 \qquad |\Omega| \leqslant \Omega_p \tag{6-7}$$

$$|H_a(j\Omega)| \leqslant \frac{1}{A} \qquad |\Omega| \geqslant \Omega_s \tag{6-8}$$

通带和阻带的波动称为纹波，单位是分贝，分别由纹波参数 ε 和 A 决定。通带最大纹波 a_p 也称为通带最大衰减，阻带最大纹波 α_s 也称为阻带最小衰减，其定义为

$$\alpha_p = -20\lg \frac{1}{\sqrt{1+\varepsilon^2}} = 10\lg(1+\varepsilon^2)\text{dB} \tag{6-9}$$

$$\alpha_s = -20\lg\left(\frac{1}{A}\right) = 20\lg A\,\text{dB} \tag{6-10}$$

很明显，以上两式可以写为

$$\varepsilon = \sqrt{10^{\alpha_p/10} - 1}, \quad A = 10^{\alpha_s/20} \tag{6-11}$$

工程上为了表示方便，滤波器幅频特性也常常用分贝作为单位，表示为

$$\beta(\Omega) = -20\lg|H_a(j\Omega)| = -10\lg|H_a(j\Omega)|^2 \text{ dB} \tag{6-12}$$

在模拟滤波器的设计中，还有两个参数比较重要，其一为过渡带参数，其二为纹波参数。过渡带参数也称为边沿参数，是衡量滤波器过渡带宽窄和边沿陡峭程度的参数；纹波参数也称为偏离参数，是描述纹波大小和实际滤波器偏离理想滤波器程度的参数。这两个参数分别表示为

$$l = \frac{\Omega_p}{\Omega_s}, \quad m = \frac{\varepsilon}{\sqrt{A^2 - 1}} = \frac{\sqrt{10^{\alpha_p/10} - 1}}{\sqrt{10^{\alpha_s/10} - 1}} \tag{6-13}$$

很明显，过渡带越窄，边沿越陡峭，l 值越趋近于 1。对于低通滤波器 $l<1$，高通滤波器 $l>1$，带通和带阻滤波器有两个 l 值。而纹波越小，m 值越小，也就要求 ε 越小，A 越大。一般来说，要求 $m \ll 1$。在设计滤波器时，为了使得设计结果更接近于理想滤波器，要求 l 值尽量接近于 1，而 m 值尽量接近于 0。

2) 模拟滤波器振幅平方函数

$H_a(j\Omega)$ 是因果系统，则有

$$H_a(j\Omega) = \int_0^\infty h_a(t)e^{-j\Omega t}dt \tag{6-14}$$

式中，$h_a(t)$ 为系统的单位冲激响应，是实函数。

$$H_a(j\Omega) = \int_0^\infty h_a(t)(\cos\Omega t - j\sin\Omega t)dt \tag{6-15}$$

$$H_a(-j\Omega) = H_a^*(j\Omega) \tag{6-16}$$

所以，模拟滤波器振幅平方函数定义为

$$A(\Omega^2) = |H_a(j\Omega)|^2 = H_a(j\Omega)H_a^*(j\Omega) \tag{6-17}$$

$$A(\Omega^2) = H_a(j\Omega)H_a(-j\Omega) = H_a(s)H_a(-s)\big|_{s=j\Omega} \tag{6-18}$$

一般定义上式中 $H_a(s)$、$H_a(j\Omega)$、$|H_a(j\Omega)|$ 分别为模拟滤波器的系统函数、频率响应和幅频特性。模拟滤波器振幅平方函数 $A(\Omega^2) = |H_a(j\Omega)|^2$ 有明确的物理意义，可由实测或计算得到，而设计模拟滤波器归根结底是要得到模拟滤波器的系统函数 $H_a(s)$，因此如何由已知的 $A(\Omega^2)$ 来计算系统函数 $H_a(s)$ 是至关重要的问题。

如果系统稳定，则有 $s = j\Omega$，$\Omega^2 = -s^2$，此时 $A(\Omega^2) = A(-s^2)\big|_{s=j\Omega}$。所以先在 s 平面上标出振幅平方函数的极点和零点，由上式知，$A(-s^2)$ 的极点和零点总是共轭成对出现，且对称于 s 平面的实轴和虚轴。只要用 $A(-s^2)$ 的对称极、零点的一半作为 $H_a(s)$ 的极、零点，就可得到模拟滤波器的系统函数 $H_a(s)$。为了保证 $H_a(s)$ 稳定，应选用 $A(-s^2)$ 在 s 平面的左半平面的极点作为 $H_a(s)$ 的极点。零点的分布则无此限制，只和滤波器的相位特性有关，如果要求是最小相位延迟特性，则 $H_a(s)$ 应取左半平面零点；若无特殊要求，则可将对称

零点的任一半(为共轭对)取为 $H_a(s)$ 的零点。

综上所述,由振幅平方函数确定系统函数 $H_a(s)$ 的步骤如下:由 $H_a(s)H_a(-s)\big|_{s=j\Omega} = \left|H_a(j\Omega)\right|^2$ 得到象限对称的 s 平面函数;将 $\left|H_a(j\Omega)\right|^2$ 因式分解,得到各零极点,将左半平面极点归于 $H_a(s)$。$j\Omega$ 轴上的零点或者极点都为偶次,应取一半(应为共轭对)作为 $H_a(s)$ 的零点或极点。按照 $H_a(s)$ 与 $H_a(j\Omega)$ 的低频或高频特性的对比就可以确定出增益常数。由求出的零点、极点及增益常数,则可完全确定系统函数 $H_a(s)$。

【例 6-1】根据幅度平方函数 $\left|H_a(j\Omega)\right|^2 = \dfrac{16x(25-\Omega^2)^2}{(49+\Omega^2)(36+\Omega^2)}$,由 $H_a(j\Omega)$ 确定系统函数 $H_a(s)$。

解:振幅平方函数可分解为

$$H_a(s)H_a(-s)\big|_{s=j\Omega} = \left|H_a(j\Omega)\right|^2 = \frac{16x(25+s^2)^2}{(49-s^2)(36-s^2)}$$

很明显,极点为 $s=\pm7,\pm6$,零点为 $s=\pm j5$。选取左半平面极点与合适零点,得系统函数为

$$H_a(s) = \frac{k_0(s^2+25)}{(s+7)(s+6)}$$

又因为 $H_a(s)\big|_{s=0} = H_a(j\Omega)\big|_{\Omega=0}$,所以 $k_0 = 4$,系统函数最终为

$$H_a(s) = \frac{4(s^2+25)}{(s+7)(s+6)}$$

下面基于模拟滤波器振幅平方函数,介绍几种模拟低通滤波器的设计方法。

3) 巴特沃思(Butterworth)滤波器设计

巴特沃思滤波器的振幅特性具有通带内最大平坦的特点,其振幅平方函数随频率增加而单调下降。巴特沃思滤波器振幅平方函数为

$$A(\Omega^2) = \left|H_a(j\Omega)\right|^2 = \frac{1}{1+\left(\dfrac{j\Omega}{j\Omega_c}\right)^{2N}} = \frac{1}{1+(\Omega/\Omega_c)^{2N}} \tag{6-19}$$

式中,N 为整数,称为滤波器的阶数,N 越大,通带和阻带的近似性越好,过渡带也越陡,如图 6.4 所示。

在通带,分母 $\Omega/\Omega_c < 1$,随着 N 增加,$(\Omega/\Omega_c)^{2N} \to 0$,$A(\Omega^2) \to 1$。在过渡带和阻带,$\Omega/\Omega_c > 1$,随着 N 增加,$\Omega/\Omega_c \gg 1$,$A(\Omega^2)$ 快速下降。当 $\Omega = \Omega_c$ 时,$A(\Omega_c^2)/A(0) = 1/2$,幅度衰减 $1/\sqrt{2}$,相当于 3dB 衰减点。

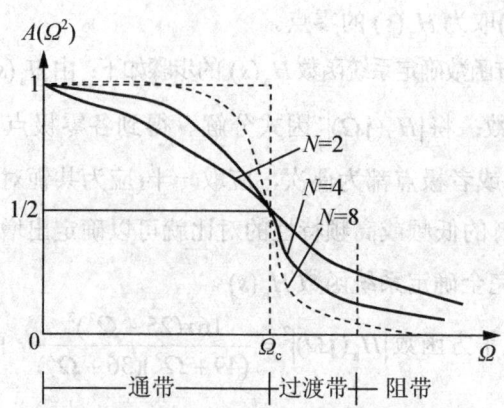

图 6.4 巴特沃思滤波器振幅平方函数

综上，巴特沃思滤波器的幅频特性为

$$\beta(\Omega) = -20\lg|H_a(j\Omega)| = 10\lg\left[\frac{1}{|H_a(j\Omega)|^2}\right] = 10\lg\left[1+\left(\frac{\Omega}{\Omega_c}\right)^{2N}\right] \quad (6\text{-}20)$$

很明显，巴特沃思滤波器的阶数 N 与边沿参数 l、过渡带参数 m、通带边界频率 Ω_p、阻带边界频率 Ω_s 相关；截止频率 Ω_c 与 Ω_p、Ω_s、N 相关。

阶数 N 由下式确定：

$$N \geqslant \frac{\lg m}{\lg l} = \frac{\lg(\varepsilon/\sqrt{A^2-1})}{\lg(\Omega_p/\Omega_s)} = \frac{\lg\left(\frac{\sqrt{10^{\alpha_p/10}-1}}{\sqrt{10^{\alpha_s/10}-1}}\right)}{\lg(\Omega_p/\Omega_s)} \quad (6\text{-}21)$$

$$\Omega_c = \frac{\Omega_p}{\varepsilon^{\frac{1}{N}}}, \quad \Omega_c = \frac{\Omega_s}{(A^2-1)^{\frac{1}{2N}}} \quad (6\text{-}22)$$

巴特沃思滤波器振幅平方函数有 $2N$ 个极点，它们均匀对称地分布在 $|s| = \Omega_c$ 的圆上。振幅平方函数的极点为

$$H_a(-s) * H_a(s) = \frac{1}{1+\left(\frac{s}{j\Omega_c}\right)^{2N}}$$

则滤波器系统极点为

$$s_p = (-1)^{\frac{1}{2N}}(j\Omega_c)$$

【例 6-2】$N = 3$ 阶巴特沃思滤波器振幅平方函数的极点分布如图 6.5 所示，求其系统函数。

解：要保持系统的稳定性，巴特沃思滤波器的系统函数是由 s 平面左半部分的极点 (s_{p3}, s_{p4}, s_{p5}) 组成的，它们分别为

$$s_{p3} = \Omega_c e^{j\frac{2}{3}\pi}, \quad s_{p4} = -\Omega_c, \quad s_{p5} = \Omega_c e^{-j\frac{2}{3}\pi}$$

所以系统函数为
$$H_a(s) = \frac{\Omega_c^3}{(s - s_{p3})(s - s_{p4})(s - s_{p5})}$$

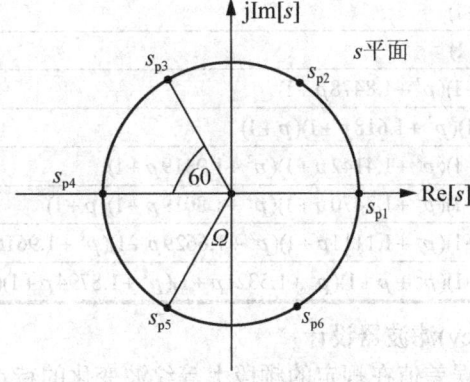

图 6.5 三阶巴特沃思滤波器振幅平方函数极点分布

式中，Ω_c^3 是使 $s = 0$ 时，$H_a(s) = 1$ 而得的。如用 Ω_c 归一化 s，即 $p = s/\Omega_c$，则归一化的三阶巴特沃思滤波器为
$$H_a(s) = \frac{1}{(s/\Omega_c)^3 + 2(s/\Omega_c)^2 + 2(s/\Omega_c) + 1}$$

令 $p = s/\Omega$，$p_k = s_k/\Omega_c$，归一化的三阶巴特沃思滤波器的系统函数为
$$H_a^1(p) = \frac{1}{(p - p_{p3})(p - p_{p4})(p - p_{p5})}$$

结合例 6-2，N 阶巴特沃斯低通滤波器的系统函数为
$$H_a(s) = \frac{\Omega_c^N}{D_N(s)} \tag{6-23}$$

式中，$D_N(s)$ 为巴特沃思多项式，其常见形式为
$$D_N(s) = \prod_{k=1}^{N}(s - s_k) = \prod_{k=1}^{N}(s - \Omega_c p_k), \quad p_k = e^{j\pi(\frac{1}{2} + \frac{2k-1}{2N})} \tag{6-24}$$

所以巴特沃思低通滤波器的归一化系统函数为
$$H_a^1(p) = H_a(s)\big|_{s=p\Omega_c} = H_a(p\Omega_c) = \frac{1}{\prod_{k=0}^{N-1}(p - p_k)} = \frac{1}{D_N^1(p)} \tag{6-25}$$

巴特沃思低通滤波器去归一化式为
$$H_a(s) = H_a^1(p)\big|_{p=s/\Omega_c} \tag{6-26}$$

巴特沃思滤波多项式归一化系数 $D_N^1(p)$ 如表 6.1 所示。

表 6.1   巴特沃思滤波多项式归一化系数 $D_N^1(p)$

阶数 N	$D_N^1(p) = C_1(p)C_2(p)C_{N/2}(p)$
1	$(p+1)$
2	$(p^2+1.4142p+1)$
3	$(p^2+p+1)(p+1)$
4	$(p^2+0.7654p+1)(p^2+1.8478p+1)$
5	$(p^2+0.618p+1)(p^2+1.618p+1)(p+1)$
6	$(p^2+0.5176p+1)(p^2+1.4142p+1)(p^2+1.9319p+1)$
7	$(p^2+0.4450p+1)(p^2+1.2470p+1)(p^2+1.8019p+1)(p+1)$
8	$(p^2+0.3902p+1)(p^2+1.1111p+1)(p^2+1.6629p+1)(p^2+1.9616p+1)$
9	$(p^2+0.3473p+1)(p^2+p+1)(p^2+1.5321p+1)(p^2+1.8794p+1)(p+1)$

4) 切比雪夫(Chebyshev)滤波器设计

切比雪夫滤波器具有误差值在规定的频段上等纹波变化的特点。本小节主要介绍通带等纹波的切比雪夫滤波器。

巴特沃思滤波器在通带内的幅度特性是单调下降的，如果阶数 N 一定，则在靠近截止频率 Ω_c 处，幅度下降很多，也就是为了使通带内的衰减足够小，需要的阶次 N 很高。为了克服这一缺点，可采用切比雪夫滤波器来逼近所希望的 $\left|H(\mathrm{j}\Omega)\right|^2$。切比雪夫滤波器的振幅平方函数 $\left|H(\mathrm{j}\Omega)\right|^2$ 在通带范围内是等纹波的，在相同的过渡带衰减要求下，切比雪夫滤波器的阶数比巴特沃思滤波器要小。

切比雪夫滤波器的振幅平方函数为

$$A(\Omega^2) = \left|H_a(\mathrm{j}\Omega)\right|^2 = \frac{1}{1+\varepsilon^2 V_N^2\left(\dfrac{\Omega}{\Omega_c}\right)} \tag{6-27}$$

式中，Ω_c 为通带截止频率；ε 越大纹波越大，$0<\varepsilon<1$；$V_N(x)$ 为 N 阶切比雪夫多项式，当 $|x|\leqslant1$ 时，$|V_N(x)|\leqslant1$，$|x|>1$ 时，随着 $|x|$ 增加，$V_N(x)$ 增加，有

$$V_N(x) = \begin{cases} \cos(N\mathrm{arccos}x) & |x|\leqslant1 \\ \cosh(N\mathrm{arcosh}x) & |x|>1 \end{cases} \tag{6-28}$$

切比雪夫滤波器的振幅平方函数特性如图 6.6 所示。在滤波器通带内，当 $\dfrac{\Omega}{\Omega_c}\leqslant1$ 时，$|x|\leqslant1$，且 $A(\Omega^2)$ 的变化范围为从1到 $\dfrac{1}{1+\varepsilon^2}$ 之间；而当 $\Omega>\Omega_c$ 时，$|x|>1$，且随着 $\dfrac{\Omega}{\Omega_c}$ 增加，$A(\Omega^2)$ 趋近于0；当 $\Omega=0$ 时，其中 N 值为偶数时，$\left|H_a(\mathrm{j}\Omega)\right|^2_{\Omega=0} = \dfrac{1}{1+\varepsilon^2}$，而当 N 为奇数时，$\left|H_a(\mathrm{j}\Omega)\right|^2_{\Omega=0} = 1$。

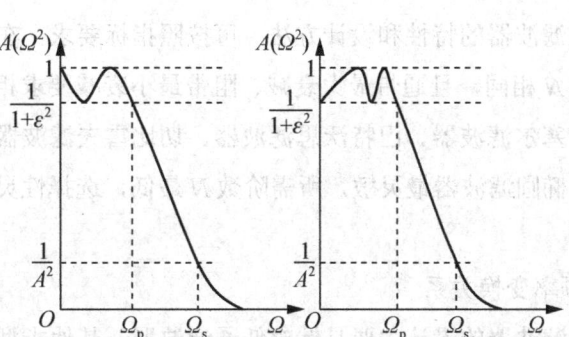

图 6.6　N 为奇数、偶数的切比雪夫滤波器的振幅平方函数特性

切比雪夫滤波器有关参数的确定方法是根据实际需求先确定通带截止频率 Ω_c，再确定 ε，通带纹波表示成

$$\delta = 10\lg \frac{\left|H_a\left(\mathrm{j}\Omega\right)\right|^2_{\max}}{\left|H_a\left(\mathrm{j}\Omega\right)\right|^2_{\min}} = 20\lg \frac{\left|H_a\left(\mathrm{j}\Omega\right)\right|_{\max}}{\left|H_a\left(\mathrm{j}\Omega\right)\right|_{\min}} = 20\lg \frac{1}{1/\sqrt{1+\varepsilon^2}} \tag{6-29}$$

所以，$\delta = 10\lg(1+\varepsilon^2)$，$\varepsilon^2 = 10^{0.1\delta} - 1$，给定通带纹波值 δ 分贝数后可求得 ε^2，再由阻带的边界条件确定阶数 N。Ω_s 和 A^2 为事先给定的边界条件，在阻带中频率点 Ω_s 处，要求滤波器频响衰减达到 $1/A^2$ 以上。当 $\Omega = \Omega_s$ 时，$\left|H_a\left(\mathrm{j}\Omega\right)\right|^2 \leqslant 1/A^2$。

由此得

$$\frac{1}{1 + \varepsilon^2 V_N^2\left(\dfrac{\Omega_s}{\Omega_c}\right)} \leqslant \frac{1}{A^2} \tag{6-30}$$

因此

$$\left|V_N\left(\frac{\Omega_s}{\Omega_c}\right)\right| \geqslant \frac{\sqrt{A^2-1}}{\varepsilon} \tag{6-31}$$

当 $|x| > 1$ 时，$V_N(x) = \cosh(N\mathrm{arcosh}x)$，得

$$N \geqslant \frac{\mathrm{arcosh}\left(\sqrt{A^2-1}/\varepsilon\right)}{\mathrm{arcosh}(\Omega_s/\Omega_c)} \tag{6-32}$$

因此，要求阻带边界频率处衰减越大，N 也越大。当参数 N、Ω_s、ε 给定后，查阅有关模拟滤波器手册，就可求得系统函数 $H_a(s)$。

除巴特沃思滤波器、切比雪夫滤波器以外，常见的模拟滤波器还有椭圆滤波器和贝塞尔滤波器。贝塞尔滤波器在通带内逼近线性的相位特性，是巴特沃思滤波器、切比雪夫滤波器、椭圆滤波器滤波器所没有的。贝塞尔滤波器的过渡带较宽，在阶数 N 相同时，选择性比巴特沃思滤波器、切比雪夫滤波器、椭圆滤波器差。结合《数字信号处理》教材第 9 章相关内容，用 MATLAB 可以方便地设计各种类型的模拟和数字滤波器。本小节讨论了

两种最常用模拟低通滤波器的特性和设计方法，可按照指标要求，在设计时合理选用。经过验证可知，当阶数 N 相同，且通带最大衰减、阻带最小衰减要求相同时，过渡带宽度由大到小排序依次是贝塞尔滤波器、巴特沃思滤波器、切比雪夫滤波器、椭圆滤波器。同样在相同指标要求下，椭圆滤波器最灵敏，所需阶数 N 最低，选择性灵敏度往往与过渡带宽窄要求相反。

5) 模拟滤波器频率变换关系

前面讨论的模拟滤波器的设计主要是针对低通滤波器，其他类型如高通、带通、带阻模拟滤波器的总体设计方法为：通过频率变换公式，先将目标滤波器指标 Ω 转换为相应的归一化低通原型滤波器指标 Ω^1，然后设计归一化低通原型系统函数 $H_{\mathrm{d}}(s^1)$，对 $H_{\mathrm{d}}(s^1)$ 进行频率变换得到目标模拟滤波器系统函数 $H_{\mathrm{a}}(s) = H_{\mathrm{d}}(s^1)\big|_{s^1 = F(s)}$。模拟高通、带通、带阻滤波器的频率变换关系分别为

$$\Omega^1 = -\frac{\Omega_{\mathrm{p}}^1 \Omega_{\mathrm{ph}}}{\Omega}, \quad s^1 = \frac{\Omega_{\mathrm{p}}^1 \Omega_{\mathrm{ph}}}{s} \tag{6-33}$$

$$\Omega^1 = -\Omega_{\mathrm{p}}^1 \frac{\Omega_0^2 - \Omega^2}{B\Omega}, \quad s^1 = \Omega_{\mathrm{p}}^1 \frac{s^2 + \Omega_0^2}{Bs} \tag{6-34}$$

$$\Omega^1 = -\Omega_{\mathrm{p}}^1 \frac{B\Omega}{\Omega_0^2 - \Omega^2}, \quad s^1 = \Omega_{\mathrm{p}}^1 \frac{Bs}{s^2 + \Omega_0^2} \tag{6-35}$$

式中，Ω_{p}^1、Ω_{ph} 分别是归一化模拟低通、目标高通滤波器的截止频率；Ω_0、B 分别是带通、带阻滤波器的中心频率和带宽。

6.2.3　脉冲响应不变法设计 IIR DF

经典数字滤波器的设计方法都是从模拟滤波器出发，经数学变换将模拟滤波器的系统函数 $H_{\mathrm{a}}(s)$ 转换为数字滤波器的系统函 $H(z)$。这一过程可以视为由 s 域到 z 域的映射，这种映射变换应遵循两个基本原则：① $H(z)$ 的频率响应要与 $H_{\mathrm{a}}(s)$ 的频率响应在频域内基本一致，也就是 s 平面的虚轴要映射到 z 平面的单位圆 $|z| = |\mathrm{e}^{\mathrm{j}\omega}| = 1$ 上；②要求 $H(z)$ 的因果稳定性与 $H_{\mathrm{a}}(s)$ 的因果稳定性保持不变，也就是 s 平面的左半平面映射到 z 平面的单位圆内 $|z| < 1$。本章介绍两种设计方法，即脉冲响应不变法和双线性变换法，它们都能完成 s 域到 z 域的映射。

1) 脉冲响应不变法设计思路

脉冲响应不变法是在时域使得 $H_{\mathrm{a}}(s)$ 与 $H(z)$ 取得一致。具体来说就是 $H(z)$ 的单位脉冲响应 $h(n)$ 与模拟滤波器 $H_{\mathrm{a}}(s)$ 的单位冲击响应 $h_{\mathrm{a}}(t)$ 取得一致，使 $h(n)$ 恰好等于 $h_{\mathrm{a}}(t)$ 的采样值 $h_{\mathrm{a}}(nT)$，T 为采样周期，即

$$h(n) = h_{\mathrm{a}}(nT) = h_{\mathrm{a}}(t)\big|_{t=nT} \tag{6-36}$$

综上分析，脉冲响应不变法的整体思路为

$$H_a(s) \xrightarrow{s逆变换} h_a(t) \xrightarrow{采样 t=nT} h_a(nT) = h(n) \xrightarrow{z变换} H(z)$$

先根据指标设计出模拟滤波器的系统函数 $H_a(s)$；然后做 s 逆变换，得到时域的 $h_a(t)$；对 $h_a(t)$ 进行时域采样，得到 $h_a(nT)$；令 $h(n) = h_a(nT)$，得到离散的 $h(n)$；最后对 $h(n)$ 做 z 变换，得到 $H(z)$。因此，脉冲响应不变法设计 $H(z)$ 的步骤可总结如下。

先明确数字滤波器的指标，并将其转换成模拟滤波器的指标，有

$$\omega = \Omega \cdot T = \Omega / f_s = 2\pi f / f_s \tag{6-37}$$

根据上节方法，设计参数对应的模拟滤波器 $H_a(s)$，并写成部分分式形式，有

$$H_a(s) = \sum_{i=1}^{N} \frac{A_i}{s - s_i} \tag{6-38}$$

将对应模拟滤波器 $H_a(s)$ 转换为模拟时域函数 $h_a(t)$，有

$$h_a(t) = \sum_{k=1}^{N} A_k e^{s_k t} u(t) \tag{6-39}$$

对 $h_a(t)$ 采样，得到 $h_a(nT)$，令 $h(n) = h_a(nT)$，得离散单位脉冲响应序列 $h(n)$，有

$$h(n) = h_a(nT) = \sum_{i=1}^{N} A_i e^{s_i nT} u(n) = \sum_{i=1}^{N} A_i \left(e^{s_i T}\right)^n u(n) \tag{6-40}$$

最后对 $h(n)$ 取 z 变换，得到数字滤波器系统函数 $H(z)$，有

$$H(z) = \sum_{i=1}^{N} \frac{A_i}{1 - e^{s_i T} z^{-1}} \tag{6-41}$$

比较式(6-38)和式(6-41)，可以看出 s 平面上的极点 $s = s_i$，变换到 z 平面上仍然是极点 $z_i = e^{s_i t}$，而 $H_a(s)$ 与 $H(z)$ 中所对应的系数 A_i 不变。如果模拟滤波器是稳定的，则所有极点 s_i 都在 s 左半平面，而变换后 $H(z)$ 极点 $z_i = e^{s_i t}$ 也都在单位圆以内，因此滤波器系统保持稳定。很明显在具体设计中，只要确定了模拟滤波器 $H_a(s)$，就可根据式(6-38)和式(6-41)直接得到数字滤波器系统函数 $H(z)$。

脉冲响应不变法中的映射关系如图 6.7 所示。

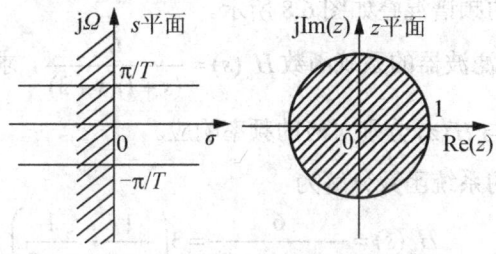

图 6.7　脉冲响应不变法中的映射关系

2) 脉冲响应不变法设计分析

虽然脉冲响应不变法能保证 s 平面与 z 平面的极点位置有一一对应的代数关系,但这并不是说整个 s 平面与 z 平面就存在这种一一对应的关系,特别是滤波器的零点位置在 s 平面与 z 平面就没有一一对应关系,而是随着 $H_a(s)$ 的极点 s_i 与系数 A_i 的变化而变化。

先分析脉冲响应不变法所对应的 s 平面与 z 平面的关系。

由于

$$z = \mathrm{e}^{sT} = \mathrm{e}^{(\sigma+\mathrm{j}\Omega)T} = \mathrm{e}^{\sigma T}\mathrm{e}^{\mathrm{j}\Omega T} = r\mathrm{e}^{\mathrm{j}\omega} \tag{6-42}$$

所以有

$$r = \mathrm{e}^{\sigma T}, \quad \omega = \Omega T \tag{6-43}$$

分析上式,可知 s 平面与 z 平面的映射关系。从整体上看 s 平面的左半平面对应 z 平面的单位圆内, s 平面的虚轴对应 z 平面的单位圆上。具体来看 s 平面与 z 平面是多对一的关系: s 平面上每一条宽为 $2\pi/T$ 的横带部分,都将重复地映射到 z 平面的整个全部平面上;每个 $2\pi/T$ 横带的左半部分映射到 z 平面单位圆以内,每个横带的右半部分映射到 z 平面单位圆以外, $2\pi/T$ 长的虚轴映射到单位圆上一圈。

因为 $h(n) = h_a(nT) = h_a(t)\big|_{t=nT}$, $\omega = \Omega T$,根据时域采样定理可知,时域采样对应频域的周期延拓,即

$$H(\mathrm{e}^{\mathrm{j}\Omega T}) = \frac{1}{T}\sum_{k=-\infty}^{\infty} H_a\left[\mathrm{j}\left(\Omega - \frac{2\pi k}{T}\right)\right] \tag{6-44}$$

$$H(\mathrm{e}^{\mathrm{j}\omega}) = \frac{1}{T}\sum_{m=-\infty}^{\infty} H_a\left(\mathrm{j}\Omega - \mathrm{j}\frac{2\pi k}{T}\right) = \frac{1}{T}\sum_{m=-\infty}^{\infty} H_a\left(\mathrm{j}\frac{\omega - 2\pi k}{T}\right) \tag{6-45}$$

根据奈奎斯特采样定理,如果模拟滤波器的频响带限于折叠频率 $\Omega_\mathrm{S}/2$ 以上,则有

$$H_a(\mathrm{j}\Omega) = 0 \qquad \Omega \geqslant \frac{\pi}{T} \tag{6-46}$$

这样数字滤波器的频响才能不失真,与模拟滤波器的频响在周期内一致,则有

$$H(\mathrm{e}^{\mathrm{j}\omega}) = \frac{1}{T}H_a\left(\mathrm{j}\frac{\omega}{T}\right) \qquad |\omega| \leqslant \pi \tag{6-47}$$

脉冲响应不变法中的频谱混叠如图 6.8 所示。

【例 6-3】已知模拟滤波器的系统函数 $H_a(s) = \dfrac{6}{(s+1)(s+3)}$,求对应的数字滤波器的系统函数 $H(z)$ 以及 $H_a(s)$ 与 $H(z)$ 分别对应的频率响应。

解: 将模拟滤波器的系统函数分解为

$$H_a(s) = \frac{6}{(s+1)(s+3)} = 3\left(\frac{1}{s+1} - \frac{1}{s+3}\right)$$

利用模拟滤波器的系统 $H_a(s)$ 与 $H(z)$ 的对应关系,有

$$H_a(s) = \sum_{i=1}^{N}\frac{A_i}{s - s_i}, \quad H(z) = \sum_{i=1}^{N}\frac{A_i}{1 - \mathrm{e}^{s_i T}z^{-1}}$$

$$H(z) = 3\left(\frac{1}{1 - z^{-1}e^{-T}} - \frac{1}{1 - z^{-1}e^{-3T}}\right) = \frac{3z^{-1}(e^{-T} - e^{-3T})}{1 - z^{-1}(e^{-T} + e^{-3T}) + e^{-4T}z^{-2}}$$

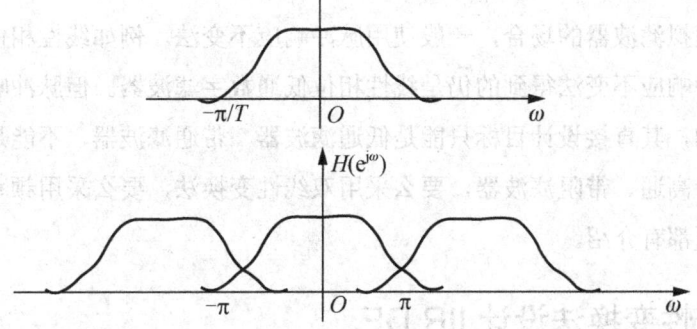

图 6.8　脉冲响应不变法中的频谱混叠

模拟滤波器的频率响应为

$$H_a(j\Omega) = H(s)\big|_{s=j\Omega} = \frac{6}{(j\Omega+1)(j\Omega+3)} = \frac{6}{(3-\Omega^2)+j4\Omega}$$

数字滤波器的频率响应为

$$H(e^{j\omega}) = H(z)\big|_{z=e^{j\omega}} = \frac{3(e^{-T} - e^{-3T})e^{-j\omega}}{1 - (e^{-T} + e^{-3T})e^{-j\omega} + e^{-4T}e^{-j2\omega}}$$

模拟滤波器与数字滤波器的幅频响应如图 6.9 所示。

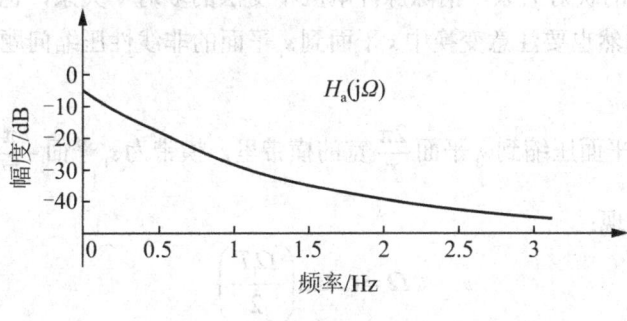

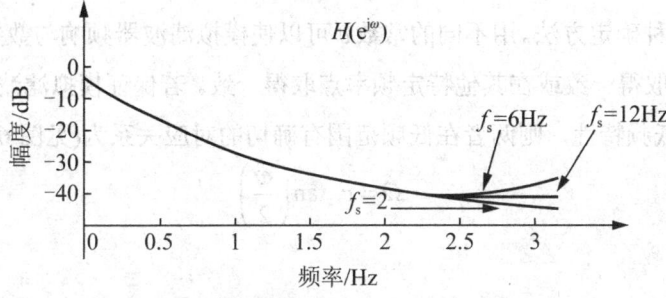

图 6.9　模拟滤波器与数字滤波器的幅频响应

显然 $H(e^{j\omega})$ 与时域采样频率 f_s 相关，f_s 越大，混叠失真越小；当 f_s 足够大时，混叠失真可忽略不计。$H(e^{j\omega})$ 是 $H(j\Omega)$ 的周期延拓，延拓间隔是 f_s。所以 $H(j\Omega)$ 必须是带宽有限的，如果是非带宽有限的，则无论采样频率 f_s 多高，都会造成频谱混叠失真。在单位脉冲响应能模仿模拟滤波器的场合，一般使用脉冲响应不变法。例如线性相位贝塞尔低通滤波器，通过脉冲响应不变法得到的仍是线性相位低通数字滤波器。但脉冲响应不变法的缺陷还是很明显的，其直接设计目标只能是低通滤波器、带通滤波器，不能是高通、带阻滤波器。如果设计高通、带阻滤波器，要么采用双线性变换法，要么采用频率变换的方法。这些方法在后面都有介绍。

6.2.4 双线性变换法设计 IIR DF

1) 双线性变换法设计思路

脉冲响应不变法的主要缺点是只能设计低通、带通滤波器，不能设计高通、带阻滤波器，容易产生混叠失真。其主要原因是在脉冲响应不变法中，s 平面到 z 平面的映射 $z = e^{sT}$ 是多对一的关系。如何消除此问题，是本小节双线性变换法讨论的内容。双线性变换法将 s 平面到 z 平面的映射分为两步：首先将整个 s 平面压缩到 s_1 平面 $2\pi/T$ 宽的横带里；然后通过标准映射关系 $z = e^{sT}$，将 s_1 平面 $2\pi/T$ 宽的横带映射到整个 z 平面上去，由此建立起从 s 平面到 z 平面的一对一的映射关系，消除脉冲响应不变法的多对一关系，也就从根本上避免了频谱混叠现象。当然也要注意变换中 s 平面到 s_1 平面的非线性压缩问题，关注其对系统性能的影响。

很明显，整个 s 平面压缩到 s_1 平面 $\dfrac{2\pi}{T}$ 宽的横带里，横带为 s_1 平面 $-\dfrac{\pi}{T} \sim \dfrac{\pi}{T}$ 一段，可通过以下的正切变换实现：

$$\Omega = c \cdot \tan\left(\frac{\Omega_1 T}{2}\right) \tag{6-48}$$

式中，常数 c 有两种确定方法。用不同的常数 c 可以使模拟滤波器频响与数字滤波器频响(见图 6.10)在低频时取得一致或在其他特定频率点取得一致。若保证模拟滤波器的低频特性逼近数字滤波器的低频特性，则两者在低频范围有确切的对应关系为(见图 6.11)

$$\Omega = c \cdot \tan\left(\frac{\omega}{2}\right) \tag{6-49}$$

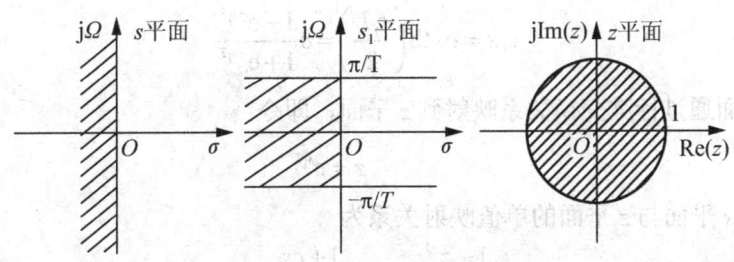

图 6.10　模拟滤波器与数字滤波器的幅频响应

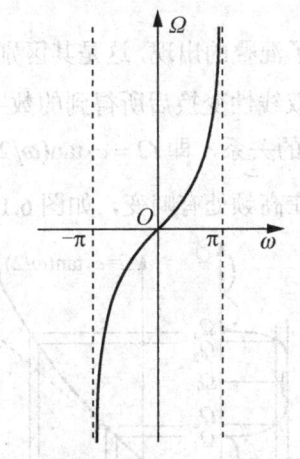

图 6.11　Ω 和 ω 的正切关系

又因为 Ω 和 ω 的值都很小，则上式可近似等于

$$\Omega \approx c\omega/2 \tag{6-50}$$

又根据数字频率 ω 与模拟频率 Ω 的关系，$\omega = \Omega/f_s = \Omega T$，则有

$$\Omega = c\frac{\Omega T}{2} \tag{6-51}$$

因此常数 c 为

$$c = 2/T \tag{6-52}$$

此外，若要保证滤波器的某一特定频率，如截止频率 $\omega_c = \Omega_c T$ 与模拟滤波器的频率 Ω_c 严格对应，要求

$$\Omega_c = c \cdot \tan(\omega_c/2) = c \cdot \tan(\Omega_c T/2) \tag{6-53}$$

$$c = \Omega_c/\tan(\Omega_c T/2) = \Omega_c \cot(\omega_c/2) \tag{6-54}$$

很明显，当截止频率 Ω_c 为低频分量时，$c \approx \Omega_c/(\Omega_c T/2) = 2/T$。综上分析，通常低频时常数 $c = 2/T$。

在以上的对应关系中，当 Ω 由 $-\infty \to 0 \to \infty$ 时，Ω_1 由 $-\dfrac{\pi}{T} \to 0 \to \dfrac{\pi}{T}$，即完成了 s 平面压缩到 s_1 平面 $2\pi/T$ 宽的横带里，则得到 s 平面压缩到 s_1 平面的映射关系为

$$s = c \cdot \mathrm{th}\left(\frac{s_1 T}{2}\right) = c\frac{1 - \mathrm{e}^{-s_1 T}}{1 + \mathrm{e}^{-s_1 T}} \tag{6-55}$$

再将 s_1 平面通过标准变换关系映射到 z 平面，即令

$$z = \mathrm{e}^{s_1 T} \tag{6-56}$$

最后得到 s 平面与 z 平面的单值映射关系为

$$s = c\frac{1 - z^{-1}}{1 + z^{-1}}, \quad z = \frac{1 + cs}{1 - cs} \tag{6-57}$$

2) 双线性变换法设计分析

双线性变换法从理论上避免了混叠的出现，这是其区别与脉冲响应不变法的主要优点。稳定的模拟滤波器系统函数经过双线性变换后所得到的数字滤波器也是稳定的。双线性变换法的主要缺点是 Ω 与 ω 非线性的关系，即 $\Omega = c \cdot \tan(\omega/2)$。这导致数字滤波器的幅频响应相对于模拟滤波器的幅频响应在高频处有畸变，如图 6.12 所示。

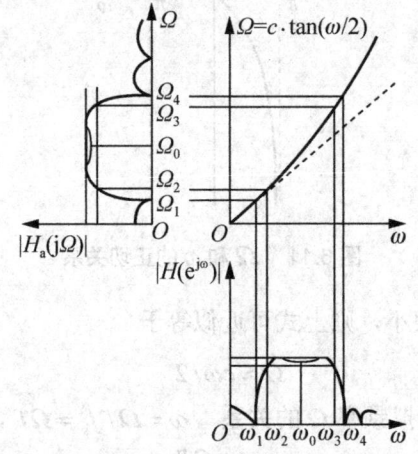

图 6.12　双线性变换法的频率非线性畸变

一个线性相位的模拟滤波器经双线性变换后，所得数字滤波器就不再有线性相位特性。虽然双线性变换法有这样的缺点，但其仍是使用得最广泛的一种设计方法。因为大多数滤波器都具有分段固定的频响特性，如低通、高通、带通和带阻等。

这些典型的滤波器经过双线性变换法后，虽然频率响应发生了非线性变化，但其幅频特性仍然保持基本要求。双线性变换法的畸变现象可以通过预畸来加以校正，也就是将模拟滤波器的临界频率变换前就加以调节，这样可以相对抵消双线性变换法中出现的非线性畸变。

综上分析，双线性变换法的设计步骤如下。

(1) 确定数字低通滤波器技术指标，包括系统截止频率 ω_c、通带边界频率 ω_p、阻带边界频率 ω_s、通带衰减 α_p、阻带衰减 α_s。

(2) 将数字低通指标变换成模拟低通指标 $\Omega = c \cdot \tan(\omega/2)$，　$c = 2/T$。

(3) 根据这些模拟滤波器的参数指标设计模拟滤波器 $H_a(s)$。

(4) 做双线性变换，得到所需的数字滤波器的系统函数与频率响应关系分别为

$$H(z) = H_a(s)\Big|_{s=\frac{2}{T}\frac{1-z^{-1}}{1+z^{-1}}}$$

$$H(e^{j\omega}) = H_a(j\Omega)\Big|_{\Omega=\frac{2}{T}\tan\frac{\omega}{2}} = H_a\left(j\frac{2}{T}\tan\frac{\omega}{2}\right)$$

【例6-4】基于二阶巴特沃思滤波器，用双线性变换法设计低通数字滤波器，已知3dB截止频率为100Hz，系统采样频率为1kHz。

解：归一化的二阶巴特沃思滤波器的系统函数为

$$H_a(s) = \frac{1}{s^2 + \sqrt{2}s + 1} = \frac{1}{s^2 + 1.414s + 1}$$

则将 $s = s/\Omega_c$ 代入，得出截止频率为 Ω_c 的模拟原型为

$$H_a(s) = \frac{1}{\left(\frac{s}{200\pi}\right)^2 + 1.414\left(\frac{s}{200\pi}\right) + 1} = \frac{394\,784}{s^2 + 889s + 394\,784}$$

由双线性变换公式可得

$$H(z) = H_a(s)\Big|_{s=\frac{2}{T}\frac{1-z^{-1}}{1+z^{-1}}}$$

$$= \frac{0.064(1 + 2z^{-1} + z^{-2})}{1 - 1.1683z^{-1} + 0.4241z^{-2}}$$

模拟滤波器有非常经典的设计方法，如巴特沃思滤波器、切比雪夫滤波器、椭圆滤波器等，每种模拟滤波器设计都有许多规范标准、计算公式和思路，同时也有大量归一化的设计表格和曲线，为滤波器的参数分析和设计计算提供了便利。因此在数字滤波器的设计中，往往要依靠模拟滤波器的设计结果，经变换把模拟滤波器的系统函数 $H_a(s)$ 转换为数字滤波器 $H(z)$。具体的变换方法讨论了两种脉冲响应不变法和双线性变换法。设计的数字滤波器的类型主要是以典型低通滤波器为例，下面将讨论其他类型数字滤波器的设计，包括低通、带通、高通、带阻滤波器。

具体的设计思路分两种：一种是将典型模拟低通滤波器在 s 域变换成相应的其他低通、高通、带通、带阻模拟滤波器，然后再将所需模拟滤波器用双线性变换法或脉冲响应不变法变换成数字滤波器；另一种是以典型数字滤波器为原型，在 z 域将其变换为所需的各种类型数字滤波器。

6.2.5　基于模拟滤波器变换设计数字滤波器

因为脉冲响应不变法只能设计带宽有限的滤波器，所以用模拟滤波器低通原型设计各

种数字滤波器的基本方法是双线性变换法。经模拟滤波器原型设计各类数字滤波器的步骤为：①确定数字滤波器的性能要求，确定各频率参数 ω；②由对应变换关系将 ω 映射成模拟 Ω，得出模拟低通滤波器频率参数；③根据模拟频率参数，设计模拟低通滤波器 $H_a(s)$；④把 $H_a(s)$ 变换成所需的数字滤波器系统函数 $H(z)$。

1) 用模拟低通滤波器设计数字低通滤波器

上面讨论了模拟低通滤波器的设计方法以及用模拟低通滤波器设计数字低通滤波器的方法，它们分别有各自的频率变换关系和系统变换关系。脉冲响应不变法的相位对应性较好，双线性变换法相对简单。脉冲响应不变法的对应关系为

$$\omega = \Omega T，\quad H_a(s) = \sum_{i=1}^{N} \frac{A_i}{s - s_i}，\quad H(z) = \sum_{i=1}^{N} \frac{A_i}{1 - e^{s_i T} z^{-1}} \tag{6-58}$$

双线性变换法的对应关系为

$$\Omega = c \cdot \tan\left(\frac{\omega}{2}\right)，\quad s = c\frac{1 - z^{-1}}{1 + z^{-1}}，\quad c = 2/T \tag{6-59}$$

【例 6-5】设计一个三阶巴特沃思低通滤波器，其 3dB 截止频率 $f_c = 2\text{kHz}$，采样频率 $f_s = 8\text{kHz}$，分别用脉冲响应不变法和双线性变换法求解。

解：(1) 脉冲响应不变法。三阶巴特沃思滤波器的传递函数为

$$H_a^1(s) = \frac{1}{1 + 2s + 2s^2 + s^3}$$

$\Omega_c = 2\pi f_c$，以 s/Ω_c 代替 s，得

$$H_a(s) = \frac{1}{1 + 2(s/\Omega_c) + 2(s/\Omega_c)^2 + (s/\Omega_c)^3}$$

将 $H_a(s)$ 写成部分分式结构为

$$H_a(s) = \sum_{i=1}^{N} \frac{A_i}{s - s_i}$$

$$= \frac{\Omega_c}{s + \Omega_c} + \frac{-\Omega_c/\sqrt{3}e^{j\pi/6}}{s + \Omega_c(1 - j\sqrt{3})/2} + \frac{-\Omega_c/\sqrt{3}e^{-j\pi/6}}{s + \Omega_c(1 + j\sqrt{3})/2}$$

对照前面学过的脉冲响应不变法中的部分分式形式，有

$$A_1 = \Omega_c，\ s_1 = -\Omega_c，\ A_2 = -\Omega_c/\sqrt{3}e^{j\pi/6}，\ s_2 = -\Omega_c(1 - j\sqrt{3})/2，$$

$$A_3 = -\Omega_c/\sqrt{3}e^{-j\pi/6}，\ s_3 = -\Omega_c(1 + j\sqrt{3})/2$$

将上式系数代入数字滤波器系统函数得

$$H(z) = \sum_{i=1}^{N} \frac{A_i}{1 - e^{s_i T} z^{-1}}$$

并将 $\Omega_c = 2\pi f_c = 2\pi f_c T = \omega_c/T = 0.5\pi$ 代入，计算得

$$H(z) = \frac{\omega_c/T}{1-e^{-\omega_c}z^{-1}} + \frac{-(\omega_c/\sqrt{3}T)e^{j\pi/6}}{1-e^{-\omega_c(1-j\sqrt{3}/2)}z^{-1}} + \frac{-(\omega_c/\sqrt{3}T)e^{-j\pi/6}}{1-e^{-\omega_c(1+j\sqrt{3})/2}z^{-1}}$$

$$= \frac{1}{T}\left(\frac{1.57}{1-0.21z^{-1}} + \frac{-1.57+0.55z^{-1}}{1-0.19z^{-1}+0.21z^{-2}}\right)$$

很明显，$H(z)$ 与采样周期 T 有关，T 越小，$H(z)$ 的数字增益越大，这是工程上不希望。为解决此问题，只需对 $H(z)$ 稍作修正，即乘以周期 T，使 $H(z)$ 只与 $\omega_c = \Omega_c \cdot T = 2\pi f_c/f_s$ 相关，而与采样频率 f_s 无直接关系，故有

$$H(z) = \frac{1.57}{1-0.21z^{-1}} + \frac{-1.57+0.55z^{-1}}{1-0.19z^{-1}+0.21z^{-2}}$$

(2) 双线性变换法。确定数字域临界频率 $\omega_c = 2\pi f_c T = 0.5\pi$，$\Omega_c = \dfrac{2}{T}\tan\left(\dfrac{\omega_c}{2}\right) = \dfrac{2}{T}$

$$H_a(s) = \frac{1}{1 + 2\left(s\Big/\dfrac{2}{T}\right) + 2\left(s\Big/\dfrac{2}{T}\right)^2 + \left(s\Big/\dfrac{2}{T}\right)^3}$$

$$H(z) = H_a(s)\Big|_{s=\frac{2}{T}\frac{1-z^{-1}}{1+z^{-1}}} = \frac{1}{1 + 2\left(\dfrac{1-z^{-1}}{1+z^{-1}}\right) + 2\left(\dfrac{1-z^{-1}}{1+z^{-1}}\right)^2 + \left(\dfrac{1-z^{-1}}{1+z^{-1}}\right)^3}$$

$$= \frac{1}{2}\frac{(1+z^{-1})^3}{3+z^{-2}}$$

双线性变换法由于频率的非线性变换，使截止区的衰减快，最后在 $\omega=\pi$ 处形成零点，使过渡带变窄，对频率的选择性改善。而脉冲响应不变法无传输零点，存在频谱混叠的可能性。

脉冲响应不变法与双线性变换法频响比较如图 6.13 所示。

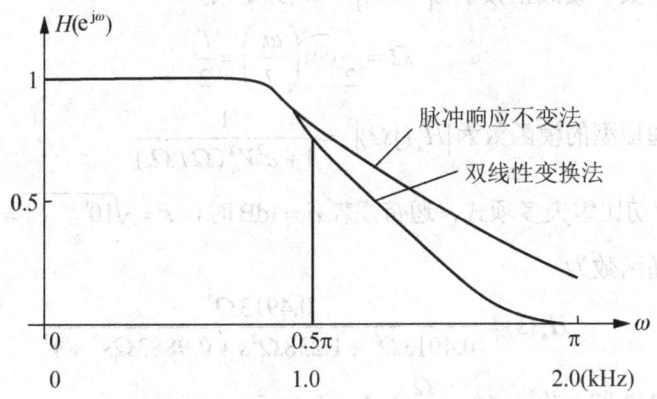

图 6.13　脉冲响应不变法与双线性变换法频响比较

2) 用模拟低通滤波器设计数字高通滤波器

基于模拟低通滤波器设计高通、带通、带阻数字滤波器时有两种思路：其一是先设计一个相应的高通、带通或带阻模拟滤波器，然后通过脉冲响应不变法或双线性变换法变换

为数字滤波器；其二是整合上面的两步变换关系，直接利用模拟低通滤波器，通过特定频率变换关系，一步完成各种数字滤波器的设计。两种方法总思路相同，但第二种方法设计计算简单，这里主要讨论第二种整合后的方法。

脉冲响应不变法对于高通、带阻等非带宽有限滤波器都不能直接采用，除非加前级保护滤波器，或在第一种方法中应用；双线性变换法可以设计各种类型滤波器。这里主要讨论基于双线性变换法的高通滤波器设计。

在高通模拟滤波器的设计中，低通至高通的变换就是 s 变量的倒数，这一关系同样可应用于双线性变换法中，只要将变换式中的 s 代之以 $1/s$，就可得到数字高通滤波器，其系统变换关系为

$$s = \frac{T}{2} \frac{1+z^{-1}}{1-z^{-1}} \tag{6-60}$$

由于倒数关系不改变模拟滤波器的稳定性，也就不会改变双线变换法后数字滤波器的稳定性能，且 s 域虚轴仍映射在 z 域单位圆上，只是方向颠倒了。将 $z = \mathrm{e}^{\mathrm{j}\omega}$ 和 $s = \mathrm{j}\Omega$ 代入上式，得

$$s = \frac{T}{2} \cdot \frac{1+\mathrm{e}^{-\mathrm{j}\omega}}{1-\mathrm{e}^{-\mathrm{j}\omega}} = -\frac{T}{2} \mathrm{j}\cot\left(\frac{\omega}{2}\right) = \mathrm{j}\Omega$$

$$\Omega = -\frac{T}{2}\cot\left(\frac{\omega}{2}\right) \tag{6-61}$$

【例 6-6】设计一个三阶切比雪夫高通滤波器，其中 $f_s = 10\mathrm{kHz}$，$T = 100\mu\mathrm{s}$，截止频率 $f_1 > 2.5\mathrm{kHz}$，不考虑 $f_s/2 = 5\mathrm{kHz}$ 以上的频率，通带内损耗不大于 1dB。

解： 首先确定数字域截止频率 $\omega_1 = 2\pi f_1 T = 0.5\pi$，则

$$\Omega_1 = \frac{T}{2}\cot\left(\frac{\omega_1}{2}\right) = \frac{T}{2}$$

切比雪夫低通原型的模函数为 $|H_a(\mathrm{j}\Omega)|^2 = \dfrac{1}{1+\varepsilon^2 V_N^2(\Omega/\Omega_1)}$

$V_N(\bullet)$ 为 N 阶切比雪夫多项式，通带损耗 $\delta = 1\mathrm{dB}$ 时，$\varepsilon = \sqrt{10^{0.1\delta}-1} = 0.5089$。

$N=3$ 时，传递函数为

$$H_a(s) = \frac{0.4913\Omega_1^3}{0.4913\Omega_1^3 + 1.238\Omega_1^2 s + 0.9883\Omega_1 s^2 + s^3}$$

将 Ω_1 和 s 用 $T/2$ 归一化，$\tilde{\Omega}_1 = \dfrac{\Omega_1}{T/2} = 1$，$\tilde{s} = \dfrac{s}{T/2}$，则

$$H_a(\tilde{s}) = \frac{0.4913}{0.4913 + 1.238\tilde{s} + 0.9883\tilde{s}^2 + \tilde{s}^3}$$

$$H(z) = H_a(\tilde{s})\Big|_{\tilde{s} = \frac{1+z^{-1}}{1-z^{-1}}} = 0.13 \times \frac{1-3z^{-1}+3z^{-2}-z^{-3}}{1+0.34z^{-1}+0.63z^{-2}+0.2z^{-3}}$$

很明显，数字高通滤波器与模拟高通滤波器是不同的，ω 的频带不是无穷的，数字频

域存在由采样频率决定的频率上限，系统频谱在通频带上是以2π为周期的，通常讨论的数字频域仅是$\omega = 0 \sim \pi$，可以参看图6.2。

3) 用模拟低通滤波器设计数字带通滤波器

基于模拟低通滤波器设计数字带通滤波器也是用上述类似方法，带通滤波器和低通滤波器都是带宽有限的系统。如果数字带通滤波器的中心频率为ω_0，则带通变换的目的是将模拟低通滤波器的$\Omega = 0$变换对应$\pm\omega_0$(因为数字滤波器的周期映像)，则需有

$$\Omega: \ -\infty \to 0 \to \infty \xleftarrow{\Omega\text{与}\omega\text{的关系}} \omega: \begin{cases} 0 \to \omega_0 \to \pi \\ -\pi \to -\omega_0 \to 0 \end{cases}$$

其变换关系如图6.14所示。

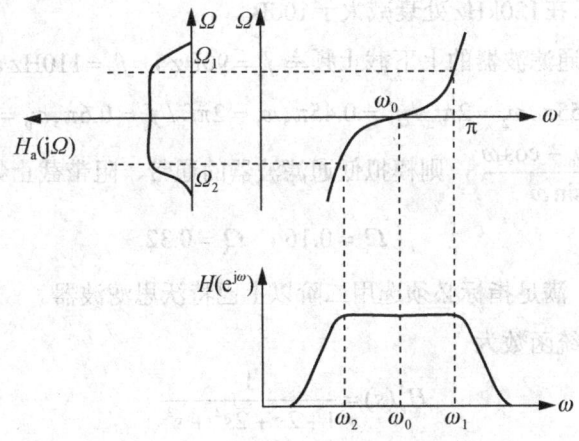

图 6.14 模拟低通滤波器到数字带通滤波器的变换

也就是将s平面的原点映射到z平面的$z = e^{\pm j\omega_0}$，而将s平面的$s = \pm j\infty$点映射到z平面的$z = \pm 1$，满足这一要求的映射关系变换为

$$s = \frac{(z - e^{j\omega_0})(z - e^{-j\omega_0})}{(z-1)(z+1)} = \frac{z^2 - 2z\cos\omega_0 + 1}{z^2 - 1} \tag{6-62}$$

将$z = e^{j\omega}$和$s = j\Omega$代入上式，得

$$s = \frac{e^{j2\omega} - 2e^{j\omega}\cos\omega_0 + 1}{e^{j2\omega} - 1} = \frac{(e^{j\omega} + e^{-j\omega}) - 2\cos\omega_0}{e^{j\omega} - e^{-j\omega}} = j\frac{\cos\omega_0 - \cos\omega}{\sin\omega} = j\Omega$$

$$\Omega = \frac{\cos\omega_0 - \cos\omega}{\sin\omega} \tag{6-63}$$

对上述变换进行稳定性分析。设$z = r \geqslant 0$，则

$$s = \frac{r^2 - 2r\cos\omega_0 + 1}{r^2 - 1} \tag{6-64}$$

显然，上式总是实数，因此是映射在s平面实轴上，则

$$\sigma = \frac{r^2 + 1 - 2r\cos\omega_0}{r^2 - 1} = \frac{(r-1)^2 + 2r(1 - \cos\omega_0)}{r^2 - 1} \tag{6-65}$$

$$\left(r^2 - 1\right) + 2r\left(1 - \cos\omega_0\right) \geqslant 0 \tag{6-66}$$

式(6-65)的分子为非负数，因此 σ 的正负取决于分母，则当 $r<1$ 时 $\sigma<0$，当 $r>1$ 时 $\sigma>0$。综上分析，s 平面左半平面映射到 z 平面单位圆内，而 s 平面右半平面映射到 z 平面单位圆外，显然这种变换关系是不改变系统的稳定性。

在设计带通滤波器时，先要将数字滤波器的上、下边带截止频率 ω_1 和 ω_2 转换为中心频率 ω_0 及模拟低通截止频率 Ω_c。将 ω_1 和 ω_2 代入式(6-63)，如图 6.14 所示，则

$$\Omega_c = \Omega_1 = \frac{\cos\omega_0 - \cos\omega_1}{\sin\omega_1}, \quad \Omega_2 = \frac{\cos\omega_0 - \cos\omega_2}{\sin\omega_2} = -\Omega_1 \tag{6-67}$$

【例 6-7】设计一个巴特沃思带通滤波器，中心频率是 100kHz，其带宽是 20kHz，采样频率 $f_s = 400$kHz，在 120kHz 处衰减大于 10dB。

解：很明显，带通滤波器的上下截止频率 $f_1 = 90$Hz，$f_2 = 110$Hz。其对应的数字角频率为 $\omega_1 = 2\pi f_1/f_s = 0.55\pi$，$\omega_2 = 2\pi f_2/f_s = 0.45\pi$，$\omega_3 = 2\pi f_3/f_s = 0.6\pi$，$\omega_0 = 2\pi f_0/f_s = 0.5\pi$。

又因为 $\Omega = \dfrac{\cos\omega_0 - \cos\omega}{\sin\omega}$，则模拟低通滤波器的通带、阻带截止频率 Ω_c、Ω_s 分别为

$$\Omega_c = 0.16, \quad \Omega_s = 0.32$$

经分析查表 6.1，满足指标必须选用二阶以上巴特沃思滤波器。

三阶归一化的系统函数为

$$H_a^1(s) = \frac{1}{1 + 2s + 2s^2 + s^3}$$

以 s/Ω_c 代替 s，得

$$H_a(s) = \frac{1}{1 + 2(s/\Omega_c) + 2(s/\Omega_c)^2 + (s/\Omega_c)^3}$$

又有 $s = \dfrac{z^2 - 2z\cos\omega_0 + 1}{z^2 - 1} = \dfrac{z^2 + 1}{z^2 - 1}$，则将其代入 $H_a(s)$ 得

$$H(z) = H_a(s)\Big|_{s = \frac{z^2+1}{z^2-1}}$$

4) 用模拟低通滤波器设计数字带阻滤波器

正如高通变换与低通变换的对应关系一样，带阻滤波器的变换关系也是带通滤波器变换关系的倒数，则

$$s = \frac{z^2 - 1}{z^2 - 2z\cos\omega_0 + 1} \tag{6-68}$$

$$\Omega = \frac{\sin\omega}{\cos\omega - \cos\omega_0}, \quad \Omega_c = \frac{\sin\omega_1}{\cos\omega_1 - \cos\omega_0} \tag{6-69}$$

模拟低通滤波器到数字带阻滤波器的频率关系如图 6.15 所示。

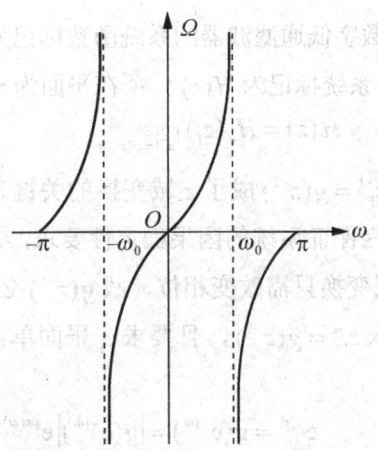

图 6.15 模拟低通滤波器到数字带阻滤波器的频率关系

5) 模拟低通滤波器到各类数字滤波器的变换关系

综上分析,利用模拟低通滤波器设计各类数字滤波器可以直接变换得到。这样只要知道数字滤波器的设计指标,将其代换为模拟滤波器指标并得到模拟滤波器原型,就可以直接方便地得到所要的数字滤波器。

由模拟滤波器到各类数字滤波器的变换关系总结如表 6.2 所示。

表 6.2 模拟低通滤波器与各类数字滤波器变换关系

要变换的数字滤波器	系统函数变换关系 $H(z) = H_a(s)\big|_{s=F(z)}$	Ω 与 ω 频率变换关系
模拟低通——数字低通	$s = \dfrac{2}{T} \cdot \dfrac{1 - z^{-1}}{1 + z^{-1}}$	$\Omega = \dfrac{2}{T} \tan\left(\dfrac{\omega}{2}\right)$
模拟低通——数字高通	$s = \dfrac{T}{2} \cdot \dfrac{1 + z^{-1}}{1 - z^{-1}}$	$\Omega = -\dfrac{T}{2} \cot\left(\dfrac{\omega}{2}\right)$
模拟低通——数字带通	$s = \dfrac{z^2 - 2z\cos\omega_0 + 1}{z^2 - 1}$	$\Omega = \dfrac{\cos\omega_0 - \cos\omega}{\sin\omega}$
模拟低通——数字带阻	$s = \dfrac{z^2 - 1}{z^2 - 2z\cos\omega_0 + 1}$	$\Omega = \dfrac{\sin\omega}{\cos\omega - \cos\omega_0}$

6.2.6 基于数字滤波器变换设计数字滤波器

6.2.5 小节讨论了由模拟低通滤波器原型经频率变换来直接设计各类数字滤波器的方法。这种频率变换的设计方法同样也可直接在数字域中进行。总之,可以从数字低通滤波器出发(当然此数字滤波器也可由模拟滤波器变换得来),在 z 域直接变换得到各类数字滤波器。

因为都是在 z 域变换，则数字低通滤波器的系统函数标记为 $H_d(z_1)$，所在平面为 z_1 平面；所设计的各类目标数字滤波器系统标记为 $H(z)$，所在平面为 z 平面，那么变换关系可写为

$$H(z) = H_d(z_1)\big|_{z_1^{-1} = g(z^{-1})} \tag{6-70}$$

因此，寻找合适的函数 $z_1^{-1} = g(z^{-1})$ 成了 z 域变换的关键。$g(z^{-1})$ 必须满足以下要求：变换关系是 z^{-1} 的有理函数；为保证系统的因果稳定性要求，z_1 平面单位圆内部必须对应 z 平面单位圆内部；因为在 z 域变换只需改变相位，故 $g(z^{-1})$ 必须是全通函数。

令 $z_1 = \mathrm{e}^{j\theta}$，$z = \mathrm{e}^{j\omega}$，代入 $z_1^{-1} = g(z^{-1})$，且要求 z_1 平面单位圆必须对应 z 平面单位圆，得

$$\mathrm{e}^{-j\theta} = g(\mathrm{e}^{-j\omega}) = \left| g(\mathrm{e}^{-j\omega}) \right| \mathrm{e}^{j\varphi(\omega)} \tag{6-71}$$

且 $\left| g(\mathrm{e}^{-j\omega}) \right| = 1$，其中 $\varphi(\omega)$ 是 $g(\mathrm{e}^{-j\omega})$ 的相频特性，即函数 $g(\mathrm{e}^{-j\omega})$ 为全通函数。全通函数可以表示为

$$g(z^{-1}) = \pm \prod_{i=1}^{N} \frac{z^{-1} - \alpha_i^*}{1 - \alpha_i z^{-1}} \tag{6-72}$$

很明显，α_i 为 $g(z^{-1})$ 的极点，可为实数或共轭复数，但必须在单位圆以内，即 $|\alpha_i| < 1$，以保证变换前后系统的稳定性不变；$g(z^{-1})$ 的所有零点都是其极点的共轭倒数 $1/a_i^*$；N 是全通滤波器阶数；当 ω 由 $0 \to \pi$ 变化时，相位函数 $\varphi(\omega)$ 的变化量为 $N\pi$；不同的变换只需选择合适的阶数 N 和极点 α_i。

1) 用数字低通滤波器设计数字低通滤波器

由数字低通滤波器到数字低通滤波器的变换中，$H_d(\mathrm{e}^{j\theta})$ 和 $H(\mathrm{e}^{j\omega})$ 都是低通滤波器，所不同的是截止频率不同，因此当 $\omega = 0 \sim \pi$ 时，对应 $\theta = 0 \sim \pi$。根据全通函数相位 $\varphi(\omega)$ 变化量为 $N\pi$ 的性质，可确定全通函数的阶数 $N = 1$，这样的映射函数为

$$z_1^{-1} = g(z^{-1}) = \frac{z^{-1} - \alpha}{1 - \alpha z^{-1}} \tag{6-73}$$

式中，α 是实数，且必须满足 $g(\pm 1) = \pm 1$，且 $|\alpha| < 1$。将 $z = \mathrm{e}^{j\omega}$ 及 $z_1 = \mathrm{e}^{j\theta}$ 代入式(6-73)可得到频率变换关系。

则 $\mathrm{e}^{-j\theta}$ 与 $\mathrm{e}^{-j\omega}$ 的变换关系为

$$\mathrm{e}^{-j\theta} = \frac{\mathrm{e}^{-j\omega} - \alpha}{1 - \alpha \mathrm{e}^{-j\omega}} \tag{6-74}$$

ω、θ 的关系为

$$\omega = \arctan\left[\frac{(1-\alpha^2)\sin\theta}{2\alpha + (1+\alpha^2)\cos\theta} \right] \tag{6-75}$$

很明显，当 $\alpha = 0$ 时，$\omega_c = \theta_c$，$z_1 = z$，$\omega \sim \theta$ 呈线性关系，其余为非线性；当 $\alpha > 0$ 时，$\omega_c < \theta_c$，带宽变窄；当 $\alpha < 0$ 时，$\omega_c > \theta_c$，带宽变宽；选择合适的 α，可使 θ_c 变换为 ω_c，如图 6.16 所示，则有

$$\alpha = \frac{\sin\left(\dfrac{\theta_c - \omega_c}{2}\right)}{\sin\left(\dfrac{\theta_c + \omega_c}{2}\right)} \tag{6-76}$$

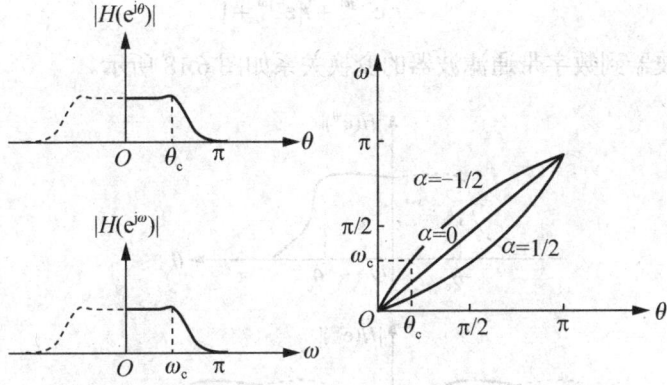

图 6.16　数字低通滤波器到数字低通滤波器的变换关系

2) 用数字低通滤波器设计数字高通滤波器

由数字低通滤波器到数字高通滤波器的变换，就是把低通到低通变换的 z 换成 $-z$，即在单位圆上旋转 π，变换关系为：$\omega = 0 \sim \pi \rightarrow \theta = -\pi \sim 0$，$\omega_c \rightarrow -\theta_c$。

数字低通滤波器到数字高通滤波器的变换关系如图(6.17)所示。

$$z_1^{-1} = g(z^{-1}) = \frac{-z^{-1} - \alpha}{1 + \alpha z^{-1}} = -\frac{z^{-1} + \alpha}{1 + \alpha z^{-1}} \tag{6-77}$$

$$e^{-j\theta} = -\frac{e^{-j\omega} + \alpha}{1 + \alpha e^{-j\omega}} \tag{6-78}$$

$$\alpha = -\frac{\cos\left(\dfrac{\omega_c + \theta_c}{2}\right)}{\cos\left(\dfrac{\omega_c - \theta_c}{2}\right)} \tag{6-79}$$

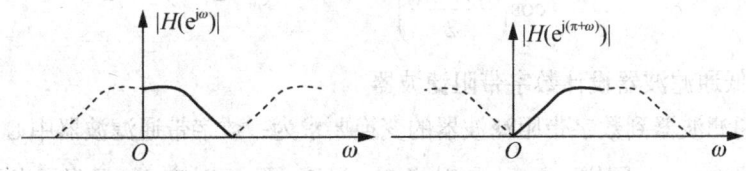

图 6.17　数字低通滤波器到数字高通滤波器的变换关系

3) 用数字低通滤波器设计数字带通滤波器

由数字低通滤波器到数字带通滤波器的变换要求为：数字带通滤波器中心频率 ω_0 对应数字低通滤波器 $\theta = 0$；同样 $\omega = 0 \sim \omega_0$ 对应 $\theta = -\pi \sim 0$，即 ω_2 对应 $-\theta_c$；$\omega = \omega_0 \sim \pi$ 对应 $\theta = 0 \sim \pi$，即 ω_1 对应 θ_c；很明显当 $\omega = 0 \sim \pi$ 时，$\theta = -\pi \sim \pi$，$N = 2$。综上分析可得低通到

带通的变换关系为

$$z_1^{-1} = g(z^{-1}) = -\frac{z^{-2} + r_1 z^{-1} + r_2}{r_2 z^{-2} + r_1 z^{-1} + 1} \tag{6-80}$$

$$e^{-j\theta} = -\frac{e^{-2j\omega} + r_1 e^{-j\omega} + r_2}{r_2 e^{-2j\omega} + r_1 e^{-j\omega} + 1} \tag{6-81}$$

数字低通滤波器到数字带通滤波器的变换关系如图 6.18 所示。

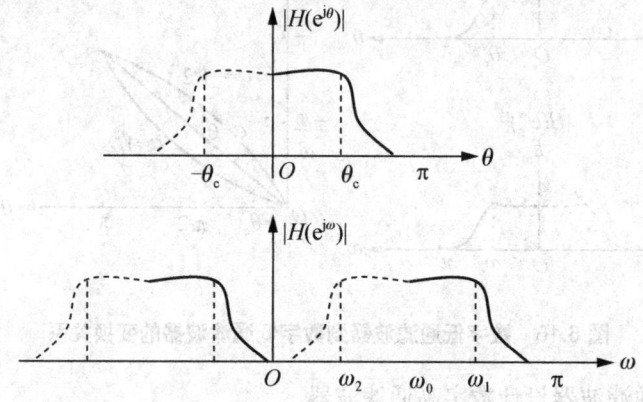

图 6.18 数字低通滤波器到数字带通滤波器的变换关系

确定 r_1、r_2，把变换关系 $\omega_1 \to \theta_c$、$\omega_2 \to -\theta_c$ 代入式(4-81)求解，有

$$\left.\begin{array}{l} e^{-j\theta_c} = -\dfrac{e^{-j2\omega_1} + r_1 e^{-j\omega_1} + r_2}{r_2 e^{-j2\omega_1} + r_1 e^{-j\omega_1} + 1} \\[3mm] e^{j\theta_c} = -\dfrac{e^{-j2\omega_2} + r_1 e^{-j\omega_2} + r_2}{r_2 e^{-j2\omega_2} + r_1 e^{-j\omega_2} + 1} \end{array}\right\} \tag{6-82}$$

$$r_1 = -\frac{2\alpha\beta}{\beta+1}, \quad r_2 = \frac{\beta-1}{\beta+1} \tag{6-83}$$

$$\alpha = \frac{\cos\left(\dfrac{\omega_2 + \omega_1}{2}\right)}{\cos\left(\dfrac{\omega_2 - \omega_1}{2}\right)}, \quad \beta = \cot\left(\frac{\omega_2 - \omega_1}{2}\right)\tan\frac{\theta_c}{2} \tag{6-84}$$

4) 用数字低通滤波器设计数字带阻滤波器

由数字低通滤波器到数字带阻滤波器的变换要求为：数字带通滤波器中心频率 ω_0 对应数字低通滤波器 $\theta = \pm\pi$；同样 $\omega = \omega_0 \sim 0$ 对应 $\theta = \pi \sim 0$，即 ω_2 对应 θ_c；很明显当 $\omega = 0 \sim \pi$ 时，$\theta = -\pi \sim \pi$，$N = 2$。综上分析可得低通到带阻的变换关系为

$$z_1^{-1} = g(z^{-1}) = \frac{z^{-2} + r_1 z^{-1} + r_2}{r_2 z^{-2} + r_1 z^{-1} + 1} \tag{6-85}$$

$$e^{-j\theta} = -\frac{e^{-2j\omega} + r_1 e^{-j\omega} + r_2}{r_2 e^{-2j\omega} + r_1 e^{-j\omega} + 1} \tag{6-86}$$

确定 r_1、r_2，把变换关系 $\omega_1 \to -\theta_c$、$\omega_2 \to \theta_c$ 代入式(6-86)得

$$r_1 = \frac{-2\alpha}{\beta+1}, \quad r_2 = \frac{1-\beta}{1+\beta} \tag{6-87}$$

$$\alpha = \frac{\cos\left(\dfrac{\omega_2+\omega_1}{2}\right)}{\cos\left(\dfrac{\omega_2-\omega_1}{2}\right)}, \quad \beta = \tan\left(\frac{\omega_2-\omega_1}{2}\right)\tan\frac{\theta_c}{2} \tag{6-88}$$

数字低通滤波器到数字带阻滤波器的变换关系如图 6.19 所示。

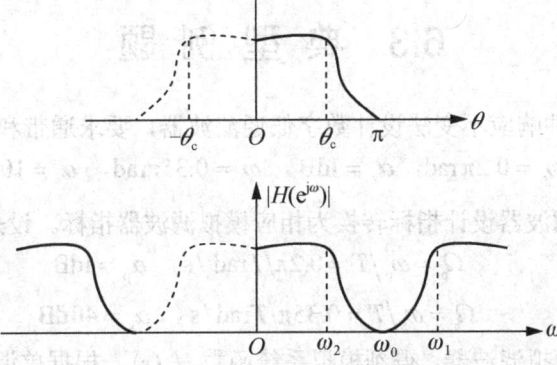

图 6.19　数字低通滤波器到数字带阻滤波器的变换关系

5) 数字低通滤波器到各类数字滤波器的变换关系

综上分析，由数字滤波器原型到各类数字滤波器的变换关系总结如表 6.3 所示。

表 6.3　数字低通滤波器与各类数字滤波器变换关系

要变换的数字滤波器	系统函数变换关系 $H(z)=H_d(z_1)\big|_{z_1^{-1}=g(z^{-1})}$	参数变换关系
数字低通——数字低通	$\dfrac{z^{-1}-\alpha}{1-\alpha z^{-1}}$	$\alpha = \dfrac{\sin\left(\dfrac{\theta_c-\omega_c}{2}\right)}{\sin\left(\dfrac{\theta_c+\omega_c}{2}\right)}$
数字低通——数字高通	$-\left(\dfrac{z^{-1}+\alpha}{1+\alpha z^{-1}}\right)$	$\alpha = \dfrac{\cos\left(\dfrac{\theta_c+\omega_c}{2}\right)}{\cos\left(\dfrac{\theta_c-\omega_c}{2}\right)}$
数字低通——数字带通	$\dfrac{z^{-2}+r_1 z^{-1}+r_2}{r_2 z^{-2}+r_1 z^{-1}+1}$ $r_1=-\dfrac{2\alpha\beta}{\beta+1}, \quad r_2=\dfrac{\beta-1}{\beta+1}$	$\alpha = \dfrac{\cos\left(\dfrac{\omega_2+\omega_1}{2}\right)}{\cos\left(\dfrac{\omega_2-\omega_1}{2}\right)}$ $\beta = \cot\left(\dfrac{\omega_2-\omega_1}{2}\right)\tan\dfrac{\theta_c}{2}$

要变换的数字滤波器	系统函数变换关系 $H(z)=H_d(z_1)\big|_{z_1^{-1}=g(z^{-1})}$	参数变换关系
数字低通——数字带阻	$\dfrac{z^{-2}+r_1z^{-1}+r_2}{r_2z^{-2}+r_1z^{-1}+1}$ $r_1=\dfrac{-2\alpha}{\beta+1}$, $\quad r_2=\dfrac{1-\beta}{1+\beta}$	$\alpha=\dfrac{\cos\left(\dfrac{\omega_2+\omega_1}{2}\right)}{\cos\left(\dfrac{\omega_2-\omega_1}{2}\right)}$ $\beta=\tan\left(\dfrac{\omega_2-\omega_1}{2}\right)\tan\dfrac{\theta_c}{2}$

6.3 典型例题

【例 6-8】 用脉冲响应不变法设计数字低通滤波器，要求通带和阻带具有单调下降特性，指标参数如下： $\omega_p=0.2\pi\text{rad}$ ， $\alpha_p=1\text{dB}$ ， $\omega_s=0.35\pi\text{rad}$ ， $\alpha_s=10\text{dB}$ 。

解： (1) 将数字滤波器设计指标转换为相应模拟滤波器指标。设采样周期为 T ，得到

$$\Omega_p=\omega_p/T=0.2\pi/T\text{rad}/\text{s}, \quad \alpha_p=1\text{dB}$$

$$\Omega_s=\omega_s/T=0.35\pi/T\text{rad}/\text{s}, \quad \alpha_s=40\text{dB}$$

(2) 设计相应的模拟滤波器，得到模拟系统函数 $H_a(s)$ 。根据单调下降要求，选择巴特沃思滤波器。求出纹波幅度参数为

$$\varepsilon=\sqrt{10^{\alpha_p/10}-1}=\sqrt{10^{1/10}-1}=0.508847$$

$$A=10^{\alpha_s/20}=3.1623$$

从而得到

$$k=\Omega_p/\Omega_s=4/7, \quad k_1=\varepsilon\big/\sqrt{A^2-1}=0.1696$$

再将 k 和 k_1 代入，计算得到

$$N=\lg k_1/\lg k=3.1704$$

取整数 $N=4$ 。

取 $T=1\text{s}$ 时，有

$$\Omega_c=\frac{\Omega_s}{(A^2-1)^{1/2N}}=\frac{0.35\pi}{(3.1625^2-1)^{1/8}}=0.2659\pi(\text{rad}/\text{s})$$

查表 6.1 得到归一化四阶巴特沃思多项式为

$$D_4^1(p)=(p-p_1)(p-p_2)(p-p_3)(p-p_4)$$

得到归一化系统函数为

$$G(p)=\frac{1}{(p-p_1)(p-p_2)(p-p_3)(p-p_4)}=\sum_{k=1}^{4}\frac{A_k}{p-p_k}$$

将 Ω_c 代入上式，去归一化，得到希望设计的低通滤波器的系统函数为

$$H_a(s) = G(p)\big|_{p=s/\Omega_c} = \sum_{k=1}^{4} \frac{\Omega_c A_k}{s - \Omega_c p_k} = \sum_{k=1}^{4} \frac{B_k}{s - s_k}$$

式中

$$s_k = \Omega_c p_k , \quad B_k = \Omega_c A_k$$

(3) 将 $T=1s$ 代入，将模拟滤波器系统函数 $H_a(s)$ 转换成数字滤波器系统函数 $H(z)$，即

$$H(z) = \sum_{k=1}^{4} \frac{B_k}{1 - e^{s_k T} z^{-1}} = \sum_{k=1}^{4} \frac{B_k}{1 - e^{s_k} z^{-1}}$$

$$= \frac{0.0456z^{-1} + 0.1027z^{-2} + 0.0154z^{-3}}{1 - 1.9184z^{-1} + 1.6546z^{-2} - 0.6853z^{-3} + 0.1127z^{-4}}$$

【例 6-9】用双线性变换法设计数字低通滤波器，通带单调下降。指标要求：$\omega_p = 0.2\pi \text{rad}$，$\alpha_p = 1\text{dB}$，$\omega_s = 0.35\pi \text{rad}$，$\alpha_s = 10\text{dB}$。

解：(1) 确定数字滤波器指标：$\omega_p = 0.2\pi \text{rad}$，$\alpha_p = 1\text{dB}$，$\omega_s = 0.35\pi \text{rad}$，$\alpha_s = 10\text{dB}$。

(2) 非线性预畸变校正，将数字滤波器设计指标转换为相应的过渡模拟滤波器指标。设采样周期 $T=2s$，得到

$$\Omega_p = \tan(\omega_p/2) = \tan(0.1\pi) = 0.324920 \text{ (rad/s)}, \quad \alpha_p = 1\text{dB}$$

$$\Omega_s = \tan(\omega_s/2) = \tan(0.35\pi/2) = 0.612801 \text{(rad/s)}, \quad \alpha_s = 40\text{dB}$$

(3) 设计相应的过渡模拟滤波器 $H_a(s)$。根据单调下降要求，选择巴特沃思滤波器。计算出 $N=3$，$\Omega_c = 4.248923 \text{rad/s}$。查表 6.1 得到归一化三阶巴特沃思模拟滤波器的系统函数为

$$G(p) = \frac{1}{(p+1)(p^2 + p + 1)}$$

去归一化得到

$$H_a(s) = G(p)\big|_{p=s/\Omega_c} = \frac{0.076707}{(s+0.424892)(s^2 + 0.424892s + 0.180533)}$$

(4) 用双线性变换法将模拟滤波器转换为数字滤波器，即

$$H(z) = H_a(s)\bigg|_{s=\frac{1-z^{-1}}{1+z^{-1}}} = \frac{0.033532 + 0.100597z^{-1} + 0.100597z^{-2} + 0.033532z^{-3}}{1 - 1.424486z^{-1} + 0.882718z^{-2} - 0.189973z^{-3}}$$

【例 6-10】简述数字滤波器的设计步骤。

答：数字滤波器的设计步骤如下。

(1) 按任务要求，确定数字滤波器的技术指标。

(2) 求出数字滤波器的传输函数 $H(z)$。

(3) 用实际数字系统具体实现此数学模型。

(4) 考核所得系统是否满足给定技术指标。

【例 6-11】模拟巴特沃思滤波器的极点在 s 平面上的分布有什么特点？可由哪些极点构成一个因果稳定的系统函数 $H_a(s)$。

答：模拟巴特沃思滤波器在 s 平面上分布的特点如下。

(1) 共有 $2N$ 个极点,等角距分布在半径为 Ω_{c} 的圆上。

(2) 极点对称于虚轴,虚轴上无极点。

(3) 极点间的角距为 $\dfrac{\pi}{N}$ 。

由单位圆内的极点构成的系统是因果稳定的系统。

【例 6-12】为什么 IIR 系统不能具有线性相位?

答:分母多项式系统不可能设置为对称,因此相频特性通常无法控制为线性,只能针对幅频特性进行设计。

【例 6-13】脉冲响应不变法的局限是什么?

答:由于采样定理的限制,模拟系统的频率响应必须具有带限特征,否则会导致频率混叠,因此脉冲响应不变法只适用于阻带没有纹波的低通或带通滤波器。

6.4 习题选解

1.用双线性变换法设计一个三阶巴特沃思数字带通滤波器,采样频率 $f_s=720\mathrm{Hz}$,上下边带截止频率 $f_1=60\mathrm{Hz}$, $f_2=300\mathrm{Hz}$ 。

解:因为

$$\omega_1=2\pi f_1 T=2\pi f_1/f_s=2\pi\times60/720=\pi/6$$

$$\omega_2=2\pi f_2 T=2\pi\times300/720=5\pi/6$$

由

$$\cos\omega_0=\frac{\sin\left(\dfrac{\pi}{6}+\dfrac{5\pi}{6}\right)}{\sin\dfrac{\pi}{6}+\sin\dfrac{5\pi}{6}}=0$$

解出 $\omega_0=\pi/2$,所以

$$\Omega_{\mathrm{c}}=\frac{\cos\dfrac{\pi}{2}-\cos\dfrac{5\pi}{6}}{\sin\dfrac{5\pi}{6}}=-\cot\frac{5\pi}{6}=\sqrt{3}$$

三阶巴特沃思模拟低通原型为

$$H_a(s)=\frac{\Omega_{\mathrm{c}}^3}{s^3+2s^2\Omega_{\mathrm{c}}+2s\Omega_{\mathrm{c}}^2+\Omega_{\mathrm{c}}^3}=\frac{3\sqrt{3}}{s^3+2\sqrt{3}s^2+6s+3\sqrt{3}}$$

为方便,设 $T=2$,有

$$H(z)=H_a(s)\bigg|_{s=\frac{z^2+1}{z^2-1}}=\frac{3\sqrt{3}}{s^3+2\sqrt{3}s^2+6s+3\sqrt{3}}\bigg|_{s=\frac{z^2+1}{z^2-1}}$$

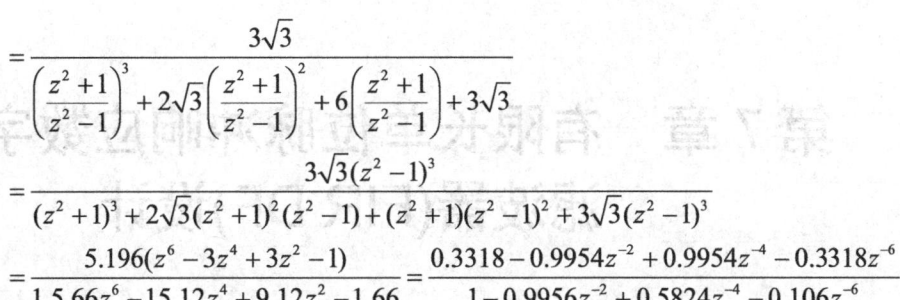

MATLAB 程序如下：

```
b=[0,0,0,5.1962];% 三阶模拟 Butterworth 低通原型的分子；
a=[1,3.4641,6,5.1962];%三阶模拟 Butterworth 低通原型的分子；
w1=tan(5*pi/2);
w2=tan(pi/12);
w0=sqrt(w1*w2);
bs,as]=1p2bp(b,a,w0,2);%低通到带通的变换；
bz,az]=bilinear(bs,as,0.5)%双线性变换；
```

运算结果如下：

```
bz=
  0.3318  0.0000  -0.9954  0.0000  0.9954  -0.0000  -0.3318
az=
  1.0000  -0.0000  -0.9658  -0.0000  0.5827  -0.0000  -0.1060
```

2．设计一个工作于采样频率1MHz 的椭圆数字带通滤波器，要求通带边界频率为560Hz 和780Hz，通带最大衰减为0.5dB，阻带边界频率为400Hz 和1000Hz，阻带最小衰减为50dB。调用 MATLAB 工具箱函数 ellipord 和 ellip 进行设计，并显示数字滤波器系统函数 $H(z)$ 的系数，绘制损耗函数和相频特性曲线。

解：%调用函数 ellipord 和 ellip 设计椭圆数字高通滤波器程序：ex628.m

```
fpl=560;fpu=780;fsl=400;fsu=1000;Fs=1000000;
wp=[2*fpl/Fs,2*fpu/Fs];ws=[2*fsl/Fs,2*fsu/Fs];
rp=0.5;rs=50;
[N,wpo]=ellipord(wp,ws,rp,rs);
[Bz,Az]=ellip(N,rp,rs,wpo);
wk=0:pi/512:pi;
[Hz,w]=freqz(Bz,Az,wk);
Hx=angle(Hz);
subplot(2,1,1);
plot(w,Hx);
xlabel('\omega/\pi');ylabel('相位');
subplot(2,1,2)
plot(wk/pi,20*log10(abs(Hz)));
grid on
```

第7章 有限长单位脉冲响应数字滤波器(FIR DF)设计

7.1 本章基本要求

(1) 理解 FIR DF 的基本概念。

(2) 掌握 FIR DF 线性相位的特点。

(3) 掌握窗函数法设计 FIR DF 的方法。

(4) 掌握频率采样法设计 FIR DF 的方法。

(5) 了解 FIR DF 与 IIR DF 的特点及其区别。

7.2 学习要点与公式

7.2.1 线性相位 FIR DF 格式

FIR DF 的时域差分方程为

$$y(n) = \sum_{i=0}^{N-1} a_i x(n-i) \tag{7-1}$$

FIR DF 的 z 域系统函数为

$$H(z) = \sum_{n=0}^{N-1} h(n) z^{-n} \tag{7-2}$$

FIR DF 的频域系统函数为

$$H(e^{j\omega}) = \sum_{n=0}^{N-1} h(n) e^{-j\omega n} = H_g(\omega) e^{j\theta(\omega)} \tag{7-3}$$

如果系统是线性时不变的,则时域可用卷积形式表示为

$$y(n) = \sum_{i=0}^{N-1} h(i) x(n-i) \tag{7-4}$$

如果 FIR DF 的单位脉冲响应 $h(n)$ 为实数,且 $h(n)$ 是偶对称或奇对称的,则 FIR DF 具有严格的线性相位特性。

(1) 当 $h(n)$ 为偶对称 $h(n) = h(N-1-n)$ 时,具有第一类线性相位。

$$H(e^{j\omega}) = e^{-j\omega\left(\frac{N-1}{2}\right)} \sum_{n=0}^{N-1} h(n)\cos\left[\omega\left(n-\frac{N-1}{2}\right)\right] \qquad (7\text{-}5)$$

$$H(\omega) = \sum_{n=0}^{N-1} h(n)\cos\left[\omega\left(n-\frac{N-1}{2}\right)\right] \qquad (7\text{-}6)$$

$$\varphi(\omega) = -\omega\left(\frac{N-1}{2}\right) \qquad (7\text{-}7)$$

$H(\omega)$ 称为幅度函数，可正可负，区别于幅频响应函数 $\left|H(e^{j\omega})\right|$。相位函数 $\varphi(\omega)$ 随频率线性变化，具有严格的线性相位，其起始初相位为 0。

(2) 当 $h(n)$ 为奇对称 $h(n) = -h(N-1-n)$ 时，具有第二类线性相位。

$$H(e^{j\omega}) = e^{-j\left[\omega\left(\frac{N-1}{2}\right)+\frac{\pi}{2}\right]} \sum_{n=0}^{N-1} h(n)\sin\left[\omega\left(n-\frac{N-1}{2}\right)\right] \qquad (7\text{-}8)$$

$$H(\omega) = \sum_{n=0}^{N-1} h(n)\sin\left[\omega\left(n-\frac{N-1}{2}\right)\right] \qquad (7\text{-}9)$$

$$\varphi(\omega) = -\omega\left(\frac{N-1}{2}\right) - \frac{\pi}{2} \qquad (7\text{-}10)$$

相位函数 $\varphi(\omega)$ 随频率线性变化，具有严格的线性相位，起始初相位为 $-\dfrac{\pi}{2}$。

第一类和第二类线性相位情况的群时延均为

$$\tau(\omega) = \frac{d\varphi(\omega)}{d\omega} = -\frac{N-1}{2} \qquad (7\text{-}11)$$

(3) 如线性相位情况不同，所能设计的滤波器种类是不同的，这在滤波器设计中是必须首先考虑的问题。第一类线性相位，$h(n)$ 偶对称，$\varphi(\omega) = -\omega\left(\dfrac{N-1}{2}\right)$；第二类线性相位，$h(n)$ 奇对称，$\varphi(\omega) = -\omega\left(\dfrac{N-1}{2}\right) - \dfrac{\pi}{2}$。具体情况共分四种：情况 1，$h(n)$ 偶对称且 N 为奇数；情况 2，$h(n)$ 偶对称且 N 为偶数；情况 3，$h(n)$ 奇对称且 N 为奇数；情况 4，$h(n)$ 奇对称且 N 为偶数。各类线性相位情况对应的 FIR DF 类型如表 7.1 所示。

表 7.1   各类线性相位情况对应的 FIR DF 类型

各类线性相位分类情况	低通滤波器	高通滤波器	带通滤波器	带阻滤波器
情况 1： $h(n)$ 偶对称且 N 为奇数	△	△	△	△
情况 2： $h(n)$ 偶对称且 N 为偶数	△	○	△	○
情况 3： $h(n)$ 奇对称且 N 为奇数	○	○	△	○
情况 4： $h(n)$ 奇对称且 N 为偶数	○	△	△	△

注：能设计的滤波器种类用△表示，不能设计的用○表示。

综上分析，四种 FIR DF 的相位特性只取决于 $h(n)$ 的对称性和 N 的奇偶性，而与 $h(n)$ 的具体值无关，其幅度特性 $H(\omega)$ 取决于 $h(n)$ 的对称性。因此，设计 FIR DF 时，在保证 $h(n)$

对称性及 N 点数选取合适的情况下，只需完成幅度特性 $H(\omega)$ 的逼近即可。另外，也要结合考虑相位特性 $\varphi(\omega)$，一般选频滤波器选用情况 1 和情况 2，而微分器及 90° 相移器选用情况 3 和情况 4。

(4) 线性相位 FIR DF 零点特性。线性相位 FIR DF 零点分布情况如图 7.1 所示。线性相位 FIR DF 的单位脉冲响应 $h(n)$ 应具有对称性，即 $h(n)=\pm h(N-1-n)$。将其代入系统函数 $H(z)=\sum_{n=0}^{N-1}h(n)z^{-n}$，则有

$$H(z)=\pm z^{-(N-1)}\sum_{n=0}^{N-1}h(n)(z^{-1})^{-n}=\pm z^{-(N-1)}H(z^{-1}) \tag{7-12}$$

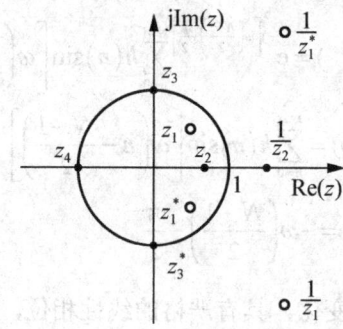

图 7.1 线性相位 FIR DF 零点分布情况

具体分析零点分布，共有四种可能情况：零点既不在单位圆上，也不在实轴上，有四个一组的共轭倒数对 z_i、z_i^{-1}、z_i^*、$(z_i^*)^{-1}$；零点在单位圆上，但不在实轴上，倒数对重合，有一对共轭零点 z_i、z_i^*；零点不在单位圆上，但在实轴上，共轭对重合，有一对互为倒数的零点 z_i、z_i^{-1}；零点既在单位圆上，又在实轴上，共轭和倒数都重合，所以零点四合一，出现的位置只有两种可能 $z_i=\pm 1$。

结合上面对幅度函数 $H(\omega)$ 的分析可知：对于 FIR DF 线性相位的情况 2，$h(n)$ 为偶对称且 N 为奇数，$H(\pi)=0$，$z_i=-1$ 是零点，零点既在单位圆上又在实轴上；对于 FIR DF 线性相位的情况 3，$h(n)$ 为奇对称且 N 为奇数，$H(0)=0$ 和 $H(\pi)=0$，$z_i=\pm 1$ 都是 $H(z)$ 的单根；对于 FIR DF 线性相位的情况 4，$h(n)$ 为奇对称且 N 为偶数，$H(0)=0$，所以 $z_i=1$ 是 $H(z)$ 的单根；在情况 3 和情况 4 时，$h(n)$ 都是奇对称，$H(0)=0$。FIR DF 线性相位滤波器应用广泛，在工程设计时应根据滤波器参数需要选择合适的线性相位类型，遵守其相位特性的约束条件。

7.2.2 窗函数法设计 FIR DF

1) 窗函数法设计思路
如果理想滤波器系统的频率响应为 $H_d(e^{j\omega})$，目标滤波器系统的频率响应为

$H(\mathrm{e}^{\mathrm{j}\omega}) = \sum_{n=0}^{N-1} h(n)\mathrm{e}^{-\mathrm{j}n\omega}$ ，那么 FIR DF 的设计就是用 $H(\mathrm{e}^{\mathrm{j}\omega})$ 逼近 $H_{\mathrm{d}}(\mathrm{e}^{\mathrm{j}\omega})$ 。这种系统逼近的设

计方法有两种，一是从时域逼近的窗函数设计法；二是从频域逼近的频率采样设计法。 需

要注意，这两种设计方法各有特点，适用情况稍有不同。

时域的窗函数设计法是从系统的单位脉冲响应 $h(n)$ 去逼近理想滤波器的单位脉冲响应

$h_{\mathrm{d}}(n)$ 。理想滤波器的频率响应为

$$H_{\mathrm{d}}(\mathrm{e}^{\mathrm{j}\omega}) = \begin{cases} \mathrm{e}^{-\mathrm{j}\omega\alpha} & |\omega| \leqslant \omega_{\mathrm{c}} \\ 0 & \omega_{\mathrm{c}} < |\omega| \leqslant \pi \end{cases} \tag{7-13}$$

$h_{\mathrm{d}}(n)$ 由 $H_{\mathrm{d}}(\mathrm{e}^{\mathrm{j}\omega})$ 的 IDTFT 得到，有

$$
\begin{aligned}
h_{\mathrm{d}}(n) &= \frac{1}{2\pi}\int_{-\pi}^{\pi} H_{\mathrm{d}}(\mathrm{e}^{\mathrm{j}\omega})\mathrm{e}^{\mathrm{j}\omega n}\mathrm{d}\omega \\
&= \frac{1}{2\pi}\int_{-\omega_{\mathrm{c}}}^{\omega_{\mathrm{c}}} \mathrm{e}^{-\mathrm{j}\omega\tau}\mathrm{e}^{\mathrm{j}\omega n}\mathrm{d}\omega = \frac{\sin[\omega_{\mathrm{c}}(n-\tau)]}{\pi(n-\tau)}
\end{aligned}
\tag{7-14}
$$

很明显，理想滤波器的单位脉冲响应 $h_{\mathrm{d}}(n)$ 是无限长序列，且是非因果的。而 FIR DF

是有限长序列，用一个有限长序列 $h(n)$ 去逼近无限长序列 $h_{\mathrm{d}}(n)$ 。给 $h_{\mathrm{d}}(n)$ 加时域窗 $w(n)$ 截

短得到 $h(n)$ 为

$$h(n) = w(n)h_{\mathrm{d}}(n) \tag{7-15}$$

最后由 $h(n)$ 变换得到系统函数 $H(z)$ 和频率响应 $H(\mathrm{e}^{\mathrm{j}\omega})$ ，完成设计。

2) 窗函数法设计分析

为了分析方便，窗函数就使用矩形窗 $R_N(n)$ ，为了改善设计滤波器的特性，后面再分

析其他类型的窗函数。如果理想 $h_{\mathrm{d}}(n)$ 以 α 为中心，且其为偶对称无限长非因果序列，截取

$h_{\mathrm{d}}(n)$ 共 N 点，作为 $h(n)$ ， $n=0\sim(N-1)$ 。为了保证所得的 FIR DF 是因果系统，延时

$\alpha = (N-1)/2$ ，则 $h(n)$ 为

$$h(n) = h_{\mathrm{d}}(n)W_R(n) = \begin{cases} h_{\mathrm{d}}(n) & 0 \leqslant n \leqslant N-1 \\ 0 & \text{其他} \end{cases} \tag{7-16}$$

式中， $W_R(n) = R_N(n)$ 。

时域截短相乘，对应频域卷积，则 $H(\mathrm{e}^{\mathrm{j}\omega})$ 为

$$H(\mathrm{e}^{\mathrm{j}\omega}) = H_{\mathrm{d}}(\mathrm{e}^{\mathrm{j}\omega}) * W_R(\mathrm{e}^{\mathrm{j}\omega}) \tag{7-17}$$

设 $W(\mathrm{e}^{\mathrm{j}\omega})$ 为该窗口函数的频谱，则有

$$
\begin{aligned}
W(\mathrm{e}^{\mathrm{j}\omega}) &= \sum_{n=-\infty}^{\infty} w_R(n)\mathrm{e}^{-\mathrm{j}\omega t} = \sum_{n=0}^{N-1} \mathrm{e}^{-\mathrm{j}\omega n} \\
&= \frac{1-\mathrm{e}^{-\mathrm{j}N\omega}}{1-\mathrm{e}^{-\mathrm{j}\omega}} = \mathrm{e}^{-\mathrm{j}\omega\left(\frac{N-1}{2}\right)}\frac{\sin(\omega N/2)}{\sin(\omega/2)}
\end{aligned}
\tag{7-18}
$$

用幅度函数和相位函数表示，则有

$$W(\mathrm{e}^{\mathrm{j}\omega}) = W_R(\omega)\mathrm{e}^{-\mathrm{j}\omega\alpha} \tag{7-19}$$

其线性相位部分 $\mathrm{e}^{-\mathrm{j}\omega\alpha}$ 表示延时的一半长度 $\alpha = (N-1)/2$ ，对频响起作用的是它的幅度

函数。

矩形窗函数及其幅度函数如图 7.2 所示。

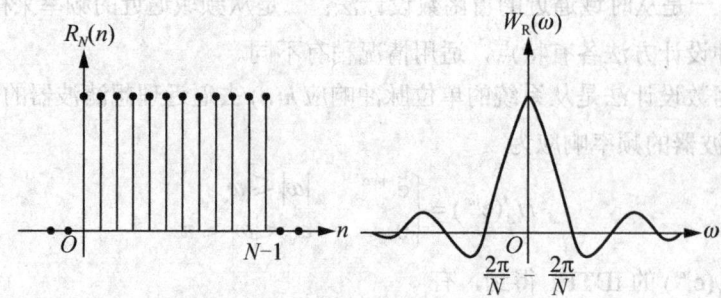

图 7.2　矩形窗函数及其幅度函数

将理想频响 $H_\mathrm{d}(\mathrm{e}^{\mathrm{j}\omega})$ 写成幅度函数和相位函数的形式，有

$$H_\mathrm{d}(\mathrm{e}^{\mathrm{j}\omega}) = H_\mathrm{d}(\omega)\mathrm{e}^{-\mathrm{j}\omega\alpha} \tag{7-20}$$

式中，幅度函数 $H_\mathrm{d}(\omega)$ 为

$$H_\mathrm{d}(\omega) = \begin{cases} 1 & |\omega| \leqslant \omega_\mathrm{c} \\ 0 & \omega_\mathrm{c} \leqslant |\omega| \leqslant \pi \end{cases} \tag{7-21}$$

时域截短相乘，对应频域卷积，则 $H(\mathrm{e}^{\mathrm{j}\omega})$ 为

$$\begin{aligned} H(\mathrm{e}^{\mathrm{j}\omega}) = H_\mathrm{d}(\mathrm{e}^{\mathrm{j}\omega}) * W_\mathrm{R}(\mathrm{e}^{\mathrm{j}\omega}) &= \frac{1}{2\pi}\int_{-\pi}^{\pi} H_\mathrm{d}(\mathrm{e}^{\mathrm{j}\theta}) W_\mathrm{R}\left[\mathrm{e}^{\mathrm{j}(\omega-\theta)}\right]\mathrm{d}\theta \\ &= \frac{1}{2\pi}\int_{-\pi}^{\pi} H_\mathrm{d}(\theta)\mathrm{e}^{-\mathrm{j}\theta\alpha} W_\mathrm{R}(\omega-\theta)\mathrm{e}^{-\mathrm{j}(\omega-\theta)\alpha}\mathrm{d}\theta \\ &= \mathrm{e}^{-\mathrm{j}\omega\alpha}\left[\frac{1}{2\pi}\int_{-\pi}^{\pi} H_\mathrm{d}(\theta) W_\mathrm{R}(\omega-\theta)\mathrm{d}\theta\right] \\ &= H(\omega)\mathrm{e}^{-\mathrm{j}\omega\alpha} \end{aligned}$$

则 FIR DF 幅度函数 $H(\omega)$ 为

$$H(\omega) = \frac{1}{2\pi}\int_{-\pi}^{\pi} H_\mathrm{d}(\theta) W_\mathrm{R}(\omega-\theta)\mathrm{d}\theta \tag{7-22}$$

综上分析，FIR DF 幅度函数 $H(\omega)$ 为理想滤波器幅度函数与窗函数幅度函数的卷积，图 7.3 所示为频域卷积的结果。

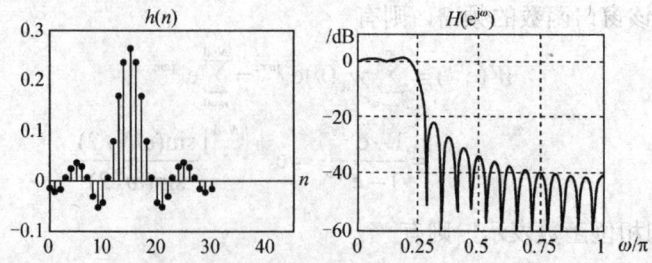

图 7.3　基于矩形窗的 FIR DF 设计结果

在窗函数设计法中，理想滤波器的幅度特性与矩形窗的幅度特性卷积，加窗对理想频响的影响描述如下。

理想滤波器的过渡带为零，实际滤波器的过渡带受主瓣影响，宽度近似为窗函数主瓣宽度，其宽度为 $\Delta B = 4\pi / N$，主瓣宽度与 N 成反比；在 $\omega = \omega_c$ 处，$H(\omega)$ 下降一半，即 6dB；理想滤波器的通带、阻带的幅值分别为 1 和 0，$H(\omega)$ 在通带、阻带均有纹波，纹波由窗函数的旁瓣引起，旁瓣相对值越大，则纹波也越大，而与 N 值无关；当 $\omega = \omega_c \mp (2\pi / N)$ 时，分别出现正、负肩峰，肩峰值的大小决定了滤波器通带的平稳程度和阻带的衰减，对滤波器的性能有很大的影响；因矩形窗函数的幅度特性为

$$W_{\mathrm{R}}(\omega) = \frac{\sin(\omega N / 2)}{\sin(\omega / 2)} \approx N \frac{\sin(N\omega / 2)}{N\omega / 2} = N \frac{\sin m}{m} \tag{7-23}$$

式中，$m = N\omega / 2$，所以窗函数长度 N 的改变不影响主瓣与旁瓣的比例关系，过渡带宽度虽然发生变化，但最大肩峰则始终为 8.95%。这种肩峰不随 N 值的改变而改变，只与窗函数类型有关的现象称为吉布斯(Gibbs)效应。

3) 典型窗函数性能分析

要改进滤波器性能指标，则必须调整窗函数的形状，窗函数应改善的方向为：窗函数频谱主瓣宽度要窄，以获得比较窄的过渡带；相对于主瓣幅值，旁瓣要尽可能的小，能量尽量集中在主瓣中，这样就可减小肩峰和纹波，提高阻带衰减及通带平稳程度。主瓣和旁瓣具有一定的联动性，实际上上述两点不能兼得，设计中总是以增加主瓣宽度来获取对旁瓣的抑制。

4) 典型窗函数性能比较

常见的典型窗函数各有特点，其基本参数如表 7.2 所示。

表 7.2　典型窗函数的基本参数

窗函数类型	主瓣宽度	过渡带精确值 ΔB	旁瓣峰值衰减 α_{m}/dB	阻带最小衰减 α_{s}/dB
矩形窗	$4\pi / N$	$1.8\pi / N$	−13	−21
三角窗	$8\pi / N$	$6.1\pi / N$	−25	−25
汉宁窗	$8\pi / N$	$6.2\pi / N$	−31	−44
哈明窗	$8\pi / N$	$6.6\pi / N$	−41	−53
布莱克曼	$12\pi / N$	$11.0\pi / N$	−57	−74
凯塞窗 $\beta = 8.96$	$12\pi / N$	$11.4\pi / N$	−59	−90

很明显，用矩形窗设计的 FIR DF 过渡带最窄，但阻带最小衰减也最小，仅−21dB；除凯塞窗外，布莱克曼窗设计的阻带最小衰减最大，达−74dB，但过渡带最宽，约为矩形窗的 3 倍。矩形窗只具有理论意义，工程上常用的窗函数是汉宁窗、哈明窗和凯塞窗。窗函数法简单实用，有确定公式提供设计计算，性能参数都有表格可查，设计计算简单；缺点

是当设计目标 $H_d(\mathrm{e}^{\mathrm{j}\omega})$ 较为复杂时，$h_d(n)$ 不容易由 IDFT 求得，另外边界频率因为加窗影响而不便于控制。

5) 窗函数法设计步骤

用窗函数法设计 FIR DF 的一般步骤如下：先根据阻带衰减选择窗函数的种类，再根据过渡带宽度选择窗函数的长度 N；确定希望逼近的理想滤波器频率响应 $H_d(\mathrm{e}^{\mathrm{j}\omega})$，包括低通、高通、带通、带阻滤波器，理想滤波器的截止频率 $\omega_c = (\omega_p + \omega_s)/2$，其中 ω_p 和 ω_s 分别为目标滤波器通带和阻带边界频率；然后计算 $h_d(n) = \dfrac{1}{2\pi}\displaystyle\int_{-\pi}^{\pi}H_d(\mathrm{e}^{\mathrm{j}\omega})\mathrm{e}^{\mathrm{j}\omega n}\mathrm{d}\omega$；再计算 $h(n) = h_d(n)w(n)$；最后可以确定系统函数 $H(z)$ 和系统频响 $H(\mathrm{e}^{\mathrm{j}\omega})$。

【例 7-1】基于窗函数法设计线性高通 FIR DF，要求通带边界频率 $\omega_p = 0.55\pi$，通带最大衰减 $\alpha_p = 1\mathrm{dB}$，阻带边界频率 $\omega_s = 0.3\pi$，阻带最小衰减 $\alpha_s = 50\mathrm{dB}$。

解： (1) 选择窗函数类型，并计算窗函数长度。

哈明窗的阻带最小衰减是 $-53\mathrm{dB}$，汉宁窗的衰减是 $-44\mathrm{dB}$，因为阻带最小衰减要求 $\alpha_s = 50\mathrm{dB}$，所以必须选择哈明窗。

又要求 $\Delta B = \omega_p - \omega_s = \pi/4$，而哈明窗 $\Delta B = 6.6\pi/N$，则 $N = 26.4$。高通滤波器要求 N 是奇数，则取 $N = 27$。

所以哈明窗为

$$w(n) = \left[0.54 - 0.46\cos\left(\frac{2\pi n}{N-1}\right)\right]R_N(n) = \left[0.54 - 0.46\cos\left(\frac{\pi n}{13}\right)\right]R_{27}(n)$$

(2) 确定理想滤波器频响，得

$$H_d(\mathrm{e}^{\mathrm{j}\omega}) = \begin{cases} \mathrm{e}^{-\mathrm{j}\omega\tau} & \omega_c < |\omega| \leqslant \pi \\ 0 & |\omega| \leqslant \omega_c \end{cases}$$

式中，$\tau = (N-1)/2 = 13$；$\omega_c = (\omega_p + \omega_s)/2 = 17\pi/20$。

(3) 计算理想滤波器单位脉冲响应，有

$$\begin{aligned} h_d(n) &= \frac{1}{2\pi}\int_{-\pi}^{\pi}H_d(\mathrm{e}^{\mathrm{j}\omega})\mathrm{e}^{\mathrm{j}\omega n}\mathrm{d}\omega \\ &= \frac{1}{2\pi}\left(\int_{-\pi}^{-\omega_c}\mathrm{e}^{-\mathrm{j}\omega\tau}\mathrm{e}^{\mathrm{j}\omega n}\mathrm{d}\omega + \int_{\omega_c}^{\pi}\mathrm{e}^{-\mathrm{j}\omega\tau}\mathrm{e}^{\mathrm{j}\omega n}\mathrm{d}\omega\right) \\ &= \frac{\sin\pi(n-\tau)}{\pi(n-\tau)} - \frac{\sin\omega_c(n-\tau)}{\pi(n-\tau)} \end{aligned}$$

$$h_d(n) = \delta(n-13) - \frac{\sin\left[17\pi(n-13)/20\right]}{\pi(n-13)}$$

(4) 计算目标滤波器单位脉冲响应，有

$$h(n) = h_d(n)w(n)$$

$$= \left[\delta(n-13) - \frac{\sin\left[17\pi(n-13)/20\right]}{\pi(n-13)} \right]\left[0.54 - 0.46\cos\left(\frac{\pi n}{13}\right) \right]R_{27}(n)$$

(5) 确定系统函数 $H(z)$ 和系统频响 $H(e^{j\omega})$，有

$$H(z) = \mathrm{ZT}\left[h(n)\right] = \mathrm{ZT}\left\{ \left[\delta(n-13) - \frac{\sin\left[17\pi(n-13)/20\right]}{\pi(n-13)} \right]\left[0.54 - 0.46\cos\left(\frac{\pi n}{13}\right) \right]R_{27}(n) \right\}$$

$$H\left(e^{j\omega}\right) = \mathrm{DTFT}\left[h(n)\right]$$

$$= \mathrm{DTFT}\left\{ \left[\delta(n-13) - \frac{\sin\left[17\pi(n-13)/20\right]}{\pi(n-13)} \right]\left[0.54 - 0.46\cos\left(\frac{\pi n}{13}\right) \right]R_{27}(n) \right\}$$

【例 7-2】设计一个 FIR 低通滤波器，低通边界频率 $\omega_p = 0.3\pi$，阻带边界频率 $\omega_s = 0.5\pi$，阻带衰减 α_s 不小于 50dB。先用凯塞窗设计完成，然后回答在满足要求的情况下，还可选用哪种类型窗函数，并计算参数。

解：(1) 计算凯塞窗参数及窗函数长度。

$$\omega_c = \frac{\omega_p + \omega_s}{2} = \frac{0.3\pi + 0.5\pi}{2} = 0.4\pi$$

$$\beta = 0.112(\alpha_s - 8.7) = 0.112 \times (50 - 8.7) = 4.55$$

$$\Delta B = \omega_s - \omega_p = 0.2\pi$$

$$N = \frac{\alpha_s - 8}{2.285 \times \Delta B} = \frac{50 - 8}{2.285 \times 0.2\pi} \approx 30$$

$$w(n) = \frac{I_0\left(\beta\sqrt{1 - \left[1 - 2n/(N-1)\right]^2} \right)}{I_0(\beta)} \qquad 0 \leqslant n \leqslant N-1$$

(2) 确定理想滤波器频响，有

$$H_d(e^{j\omega}) = \begin{cases} e^{-j\omega\tau} & |\omega| \leqslant \omega_c \\ 0 & \omega_c < |\omega| \leqslant \pi \end{cases}$$

式中，$\tau = N/2 = 15$；$\omega_c = (\omega_p + \omega_s)/2 = 2\pi/5$。

(3) 计算理想滤波器单位脉冲响应，有

$$h_d(n) = \frac{1}{2\pi}\int_{-\omega_c}^{\omega_c} e^{-j\omega\tau}e^{j\omega n}\mathrm{d}\omega$$

$$= \begin{cases} \dfrac{\sin\left[\omega_c(n-\tau)\right]}{\pi(n-\tau)} & n \neq \tau \\ \omega_c/\pi & n = \tau \end{cases}$$

(4) 计算目标滤波器单位脉冲响应，有

$$h(n) = h_d(n)w(n)$$

(5) 确定系统函数 $H(z)$ 和系统频响 $H(e^{j\omega})$，有

$$H(z) = \mathrm{ZT}\left[h(n)\right], \quad H(e^{j\omega}) = \mathrm{DTFT}\left[h(n)\right]$$

(6) 其他类型窗函数。

哈明窗的阻带最小衰减是 –53dB，汉宁窗的衰减是 –44dB，因为阻带最小衰减要求 $\alpha_s = -50\text{dB}$，故必须选择哈明窗。

又要求 $\Delta B = \omega_s - \omega_p = \pi/5$，而哈明窗 $\Delta B = 6.6\pi/N$，则 $N = 33$。低通滤波器要求 N 是奇数偶数都可以，故取 $N = 33$。

所以哈明窗为

$$w(n) = \left[0.54 - 0.46\cos\left(\frac{2\pi n}{N-1}\right)\right]R_N(n) = \left[0.54 - 0.46\cos\left(\frac{\pi n}{16}\right)\right]R_{33}(n)$$

7.2.3 频率采样法设计 FIR DF

1) 频率采样法设计思路

窗函数法是从时域去逼近理想滤波器系统的频率响应 $H_d(e^{j\omega})$，而频率采样设计法是从频域去逼近 $H_d(e^{j\omega})$。窗函数法适合表达式较简单的情况，设计结果必须通过仿真验证。频率采样法由于直接在频域设计，故其频率特性可实现任意情况，尤其是一些特殊形式的滤波器。因此，工程上采用频域采样法设计更直接、更明确。

确定理想滤波器原型 $H_d(e^{j\omega})$，对其频域采样，使得目标滤波器在确定值等于理想滤波器的采样结果。这样设计目标数字滤波器的频率特性在某些离散频率点处的值准确地等于理想滤波器在这些频率点处的值，离散点之间的频率特性也有较好逼近。故其设计思路为

$$H_d(e^{j\omega}) \xrightarrow{\text{频域采样}} H_d\left(e^{j\frac{2\pi k}{N}}\right) = H_d(k) = H(k)$$

$$\xrightarrow{\text{IDFT}} h(n) \xrightarrow[\text{ZT}]{\text{DTFT}} \begin{cases} H(e^{j\omega}) \\ H(z) \end{cases}$$

对理性滤波器 $H_d(e^{j\omega})$ 在 $[0, 2\pi)$ 上等间隔采样 N 点，得

$$H(k) = H_d(k) = H_d(e^{j\omega})\Big|_{\omega = \frac{2k\pi}{N}} \qquad k = 0, 1, \cdots, N-1 \tag{7-24}$$

对 $H(k)$ 做 IDFT 得到 $h(n)$ 为

$$h(n) = \frac{1}{N}\sum_{k=0}^{N-1} H(k)e^{j2\pi kn/N} \qquad n = 0, 1, \cdots, N-1 \tag{7-25}$$

对 $h(n)$ 做 ZT 得到 $H(z)$ 为

$$H(z) = \sum_{n=0}^{N-1} h(n)z^{-n} \tag{7-26}$$

由频域内插公式可直接得到 $H(z)$ 和 $H(e^{j\omega})$ 为

$$H(z) = \frac{1-z^{-N}}{N}\sum_{k=0}^{N-1} \frac{H(k)}{1 - e^{j\frac{2\pi}{N}k}z^{-1}} \tag{7-27}$$

$$H(e^{j\omega}) = \frac{1-e^{-j\omega N}}{N}\sum_{k=0}^{N-1}\frac{H(k)}{1-e^{\frac{2\pi}{N}k}e^{-j\omega}} \tag{7-28}$$

2) 频率采样法约束条件

若 FIR DF 是第一类线性相位滤波器，$h(n)$ 为偶对称，$h(n)=h(N-1-n)$，则相位函数 $\theta(k)$ 为

$$\theta(k) = -\omega\frac{N-1}{2}\Big|_{\omega=\frac{2\pi}{N}k} = -\frac{N-1}{N}\pi k \qquad k=0,1,\cdots,N-1 \tag{7-29}$$

当 N 分别是奇数和偶数时，幅度函数分别为

$$A(k) = \pm A(N-k) \tag{7-30}$$

同样，若 FIR DF 是第二类线性相位滤波器，$h(n)$ 为奇对称，$h(n)=-h(N-1-n)$，则相位函数 $\theta(k)$ 为

$$\theta(k) = -\frac{\pi}{2}-\omega\frac{N-1}{2}\Big|_{\omega=\frac{2\pi}{N}k} = -\frac{\pi}{2}-\frac{N-1}{N}\pi k \qquad k=0,1,\cdots,N-1 \tag{7-31}$$

当 N 分别是奇数和偶数时，幅度函数分别为

$$A(k) = \mp A(N-k) \tag{7-32}$$

要改进频率采样法的逼近误差，则应设置合适的过渡带，使得在过渡带上有更多的采样点，避免不连续点，以增加过渡带为代价换取纹波的减小；另外，可增加采样点数，减少系统整体误差，但间断点附近的误差仍很大。

过渡带上采样点个数 m 与滤波器阻带最小衰减 α_s 的经验关系如表 7.3 所示。

表 7.3　过渡带上采样点个数 m 与滤波器阻带最小衰减 α_s 的经验关系

过渡带采样点数 m	0	1	2	3
阻带最小衰减 α_s /dB	15	44～54	65～75	85～95

这样，N 的选择就可以与过渡带上采样点数 m 及过渡带宽度 ΔB 综合考虑，经验公式如下：

$$(m+1)2\pi/N \leqslant \Delta B \Rightarrow N \geqslant (m+1)2\pi/\Delta B \tag{7-33}$$

另外，也可以使用计算机仿真来选择参数，达到最佳设计结果，避免烦琐的推导计算。综上所述，频率采样法直接从频域进行设计，设计过程中的物理概念清楚直观，特别是对于频率响应只有少数几个非零采样值的窄带选频滤波器特别有效；但由于通带和阻带取值固定，过渡带采样点的位置都必须在 $2\pi/N$ 的整数倍点上，所以在确定的截止频率时，此法的使用很不方便；虽然只要 N 足够大，理论上可以达到任何频率，但系统复杂性也会因此增加。

【例 7-3】用频率采样法设计一个线性相位低通 FIR DF，其采样点数 $N=33$，理想特性如下式所示：

$$\left|H_{\mathrm{d}}(\mathrm{e}^{\mathrm{j}\omega})\right|=\begin{cases}1 & 0\leqslant\omega\leqslant0.5\pi\\0 & 0.5\pi\leqslant\omega\leqslant\pi\end{cases}$$

解：因 $N=33$ ，为奇数，能设计线性相位低通 FIR DF 只有情况 1，属于第一类线性相位。幅频特性 $\left|H(\mathrm{e}^{\mathrm{j}\omega})\right|$ 基于 π 偶对称，幅度函数 $A(k)$ 为偶对称， $h(n)=h(N-1-n)$ 。

根据要求，在 $0\sim2\pi$ 内有 33 个采样点，所以第 k 点的频率为 $2\pi k/33$ ；而截止频率 0.5π 介于 $(2\pi/33)\times8$ 和 $(2\pi/33)\times9$ 之间，所以 $k=0\sim8$ 时采样值为 1；根据对称性， $k=25\sim32$ 时采样值也为 1，因 $k=33$ 为下一周期，所以 $0\sim\pi$ 段比 $\pi\sim2\pi$ 段多一个点，即第 0 点与第 33 点对称，第 8 点与第 25 点对称。所以 $A(k)$ 和 $\theta(k)$ 为

$$A(k)=\begin{cases}1 & k=0\sim8,25\sim32\\0 & k=9\sim24\end{cases}\qquad\theta(k)=-\omega\left(\frac{N-1}{2}\right)\bigg|_{\omega=\frac{2\pi}{N}k}=-\frac{32}{33}k\pi$$

将 $H(k)=A(k)\mathrm{e}^{\mathrm{j}\theta(k)}$ 代入内插公式，求 $H(\mathrm{e}^{\mathrm{j}\omega})$ 得

$$H(\mathrm{e}^{\mathrm{j}\omega})=\frac{1}{N}\sum_{k=0}^{N-1}\frac{H_k\sin(\omega N/2)}{\sin[(\omega-2\pi k/N)/2]}\mathrm{e}^{-\mathrm{j}\frac{32\pi k}{N}}\mathrm{e}^{-\mathrm{j}\left(16\omega+\frac{k\pi}{N}\right)}$$

$$=\frac{1}{33}\left\{\sum_{k=0}^{32}\frac{H_k\sin\left[33\left(\frac{\omega}{2}-\frac{k\pi}{33}\right)\right]}{\sin[(\omega-2\pi k/33)/2]}\right\}\mathrm{e}^{-\mathrm{j}16\omega}$$

很明显，当 $8<k<25$ 时， $A(k)=0$ ；而当 k 为其他点时， $A(k)=1$ ，则有

$$\sum_{k=25}^{32}\frac{H_k\sin\left[33\left(\frac{\omega}{2}-\frac{k\pi}{32}\right)\right]}{\sin[(\omega-2\pi k/33)]}\quad\sum_{n=1}^{8}\frac{\sin\left[33\left(\frac{\omega}{2}-\frac{(33-n)\pi}{33}\right)\right]}{\sin\left[\frac{\omega}{2}-\pi(33-n)/33\right]}\quad\sum_{k=1}^{8}\frac{\sin\left[33\left(\frac{\omega}{2}+\frac{k\pi}{33}\right)\right]}{\sin\left(\frac{\omega}{2}+\frac{k\pi}{33}\right)}$$

所以　　$H(\mathrm{e}^{\mathrm{j}\omega})=\frac{1}{33}\left\{\dfrac{\sin\left(\frac{33}{2}\omega\right)}{\sin\left(\frac{\omega}{2}\right)}+\sum_{k=1}^{8}\left[\dfrac{\sin\left[33\left(\frac{\omega}{2}-\frac{k\pi}{33}\right)\right]}{\sin\left(\frac{\omega}{2}-\frac{k\pi}{33}\right)}+\dfrac{\sin\left[33\left(\frac{\omega}{2}+\frac{k\pi}{33}\right)\right]}{\sin\left(\frac{\omega}{2}+\frac{k\pi}{33}\right)}\right]\right\}\mathrm{e}^{-\mathrm{j}16\omega}$

7.2.4　IIR DF 与 FIR DF 综合比较

IIR DF 与 FIR DF 的性能特点归纳如表 7.4 所示。

表 7.4　IIR DF 与 FIR DF 性能特点比较

	IIR DF 的性能特点	FIR DF 的性能特点
设计方法	利用模拟滤波器的设计公式，设计步骤确定、计算简单	一般无解析设计公式，设计过程较复杂，一般要借助计算机仿真完成
设计结果	只能得到幅频特性，相频特性不确定	可得到各种幅频特性和线性相位

续表

	IIR DF 的性能特点	FIR DF 的性能特点
系统阶数	相同参数指标下，系统阶数较低	相同参数指标下，系统阶数较高
稳定性	系统存在极点，有稳定性问题	极点全部在原点，无稳定性问题
因果性	可能会出现系统非因果的问题	总是满足，非因果有限序列可延时为因果序列
结构特点	递归系统有反馈回路	非递归，只有前向通道，无反馈回路
运算误差	由于运算中的误差可能会叠加放大	一般无反馈，总体运算误差小
快速算法	无快速运算方法	可用 FFT 算法，减少运算量

在选择滤波器时，除了要考虑上述因素外，还应综合考虑实际的应用。当滤波器不需要考虑相位问题，只需考虑信号幅度关系时，应尽量选择 IIR DF，其性价比较高，设计简单实用；如果滤波器需要线性相位时，则一般选择 FIR DF，因为 IIR DF 实现线性相位很困难，需要相位校正，而 FIR DF 则可方便实现线性相位，不增加系统的复杂性。

7.3 典型例题

【例 7-4】用窗函数法设计一低通滤波器，所希望的频率响应截止频率 $H(e^{j\omega})$ 在 $0 \leqslant \omega \leqslant 0.25\pi$ 之间为 1，在 $0.25\pi \leqslant \omega \leqslant \pi$ 之间为 0，取 $N=11$，观察其频谱响应的特点。

解：

$$H_d(e^{j\omega}) \begin{cases} e^{-j(N-1)\omega/2} & 0 \leqslant \omega \leqslant 0.25\pi \\ 0 & 0.25\pi \leqslant \omega \leqslant \pi \end{cases}$$

取　　$\omega(n) = \begin{cases} 1 & 0 \leqslant n \leqslant N-1 \\ 0 & \text{其他} \end{cases}$，即矩形窗。

由

$$h(n) = \omega\left(n - \frac{N-1}{2}\right) h_d\left(n - \frac{N-1}{2}\right)$$

$$= h_d\left(n - \frac{N-1}{2}\right) = \frac{\sin\left[0.25\pi \times \left(n - \frac{N-1}{2}\right)\right]}{\pi\left(n - \frac{N-1}{2}\right)}$$

当 $N=11$ 时，求得

$$h(0) = h(10) = -0.045, \quad h(1) = h(9) = 0, \qquad h(2) = h(8) = 0.075$$

$$h(3) = h(7) = 0.1592, \quad h(4) = h(6) = 0.2251, \quad h(5) = 0.25$$

【例 7-5】 用频率采样法设计一个低通滤波器，其截止频率是采样频率的 1/10，取 N=20。

解：此处 N 为偶数，且在通带内对 $H(e^{j\omega})$ 采样时，仅得两个点，由

$$H_d(k) = \begin{cases} e^{-j(N-1)k\pi/N} & k = 0,1,\cdots,N/2-1 \\ 0 & k = N/2 \\ -e^{-j(N-1)k\pi/N} & k = N/2+1,\cdots,N-1 \end{cases}$$

有

$$H_d(0) = 1$$
$$H_d(1) = e^{-j19\pi/20}$$
$$H_d(19) = H_d(20-1) = H_d^*(1) = e^{j19\pi/20}$$

在其他点处有

$$H_d(k) = 0$$

【例 7-6】简述吉布斯现象产生的原因及如何改善。

答：FIR 滤波器设计中，对 $h(n)$ 的截断相当于时域加窗，其频域特征就成为理想滤波器频率特性和窗函数频率特性的卷积，因此产生吉布斯现象。吉布斯现象可以通过适当选择窗函数的方法加以改善。

【例 7-7】用窗函数法设计 FIR 滤波器时，窗口的大小、形状和位置对各滤波器产生什么样的影响？

答：(1) 窗口长度对滤波器的过渡带产生影响，即窗口长度越长，滤波器的过渡带宽越窄、越陡。

(2) 窗口的形状对滤波器的最小阻带衰减和过渡带都有影响。最小阻带衰减取决于窗谱主、副瓣面积之比，过渡带宽度取决于窗谱的主瓣宽度。

(3) 窗口的位置对滤波器的相位产生影响，

【例 7-8】FIR 和 IIR 滤波器各自的主要特点是什么？各适用于什么场合？

答：IIR 的优点如下。

(1) 递归结构。

(2) 对频率分量的选择性好。

(3) $H(z)$ 设计有封闭形式公式。

(4) 对计算手段要求较低。

IIR 的缺点如下。

(1) 不稳定。

(2) 相同性能下阶次较低。

(3) 有噪声反馈，噪声较大。

(4) 运算误差大。

IIR 的适用范围：设计分段常数的标准低通、高通、带通、带阻和全通滤波器。

FIR 的优点如下。

(1) 相位可以做得严格线性。

(2) 稳定。

(3) 相同性能下阶次高。

(4) 噪声小。

FIR 的缺点如下。

(1) 非递归结构。

(2) 选择性差。

(3) 没有封闭形式的设计公式，需要凭经验反复进行调试。

FIR 的适用范围：设计正交变换器、微分器、均衡器等。

7.4　习　题　选　解

1. 设计一个低通滤波器，其模拟频响的幅度函数为

$$|H_{AL}(j\omega)| = \begin{cases} 1 & 0 \leqslant f \leqslant 500\text{Hz} \\ 0 & \text{其他} \end{cases}$$

用窗函数法设计数字滤波器，数据长度为 10ms，抽样频率 $f_s = 2\text{kHz}$，阻带衰减分别为 20dB 和 40dB，计算出相应的模拟滤波器和数字滤波器过渡带宽。

解： 用窗函数法设计数字滤波器时，由阻带指标决定用什么窗函数。所以阻带衰减为 20dB 时用矩形窗。阻带衰减为 40dB 时用汉宁窗。

数字滤波器的截止频率为

$$\omega_c = \Omega_c T = \frac{2\pi f_c}{f_s} = \frac{2\pi \times 500}{2000} = \frac{\pi}{2}$$

数字滤波器的理想特性为

$$H_{DL}(e^{j\omega}) = \begin{cases} e^{-j\omega\alpha} & 0 \leqslant \omega \leqslant \pi/2 \\ 0 & \pi/2 \leqslant \omega \leqslant \pi \end{cases}$$

式中，α 是保证 $h(n)$ 为因果序列所加的时移，且 $\alpha = \dfrac{N-1}{2}$。

则理想滤波器单位脉冲响应为

$$h_d(n) = \frac{1}{2\pi}\int_{-\pi/2}^{\pi/2} e^{-j\omega\alpha} e^{jn\omega}d\omega = \frac{1}{2\pi}\int_{-\pi/2}^{\pi/2} e^{j\omega(n-\alpha)}d\omega$$

$$= \frac{1}{2\pi}\frac{1}{j(n-\alpha)}\left[e^{j\omega(n-\alpha)} e^{j\omega(n-\alpha)}\right]\Big|_{-\pi/2}^{\pi/2} = \frac{\sin\left[\dfrac{\pi}{2}(n-\alpha)\right]}{\pi(n-\alpha)} = \frac{1}{2}\text{Sa}\left[\frac{\pi}{2}(n-\alpha)\right]$$

$$h(n) = h_d(n)w_N(n)$$

式中，$w_N(n)$ 为合适的窗函数；N 为正确的时宽。

数据长度 $t_p = NT = 10\text{ms}$，由 $T = \dfrac{1}{2000}\text{s} = \dfrac{1}{2}\text{ms}$，可得

$$N = \frac{10 \times 10^{-3}}{T} = \frac{10 \times 10^{-3}}{(1/2) \times 10^{-3}} = 20$$

(1) 用矩形窗时，有

$$h(n) = \frac{\sin\left[\dfrac{\pi}{2}(n-\alpha)\right]}{\pi(n-\alpha)}[u(n)-u(n-20)]$$

数字滤波器的过渡带宽为 $\Delta\omega = \dfrac{4\pi}{N} = \dfrac{4\pi}{20} = 0.2\pi$

模拟滤波器的过渡带宽为 $\Delta f = \dfrac{\Delta\omega}{2\pi T} = \dfrac{0.2\pi}{2\pi} \times 2000\text{Hz} = 200\text{Hz}$

(2) 用汉宁窗时，有

$$h(n) = \frac{1}{2}\left[1-\cos\frac{2\pi}{N-1}\right]\frac{\sin\left[\dfrac{\pi}{2}(n-\alpha)\right]}{\pi(n-\alpha)}[u(n)-u(n-20)]$$

数字滤波器的过渡带宽为 $\Delta\omega = \dfrac{8\pi}{N} = \dfrac{8\pi}{20} = 0.4\pi$

模拟滤波器的过渡带宽为 $\Delta f = \dfrac{\Delta\omega}{2\pi T} = \dfrac{0.4\pi}{2\pi} \times 2000\text{Hz} = 400\text{Hz}$

2. 理想滤波器 $\omega = 0 \sim 2\pi$ 的频率特性如图 7.4 所示。

(1) 用 8 点频率采样法求出其系统函数，并绘出结构图。

(2) 用 16 点频率采样法求出其系统函数，并绘出结构图。

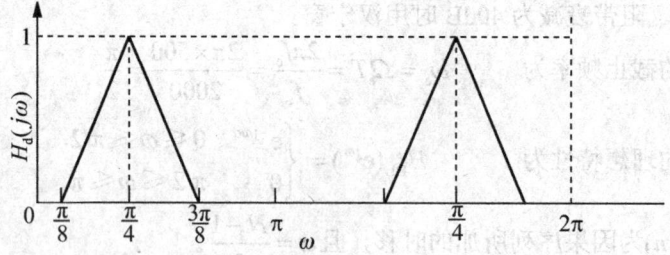

图 7.4　题 2 图

解： (1) 由图 7.4 可得 $\omega = 0 \sim \pi$ 时有

$$H_d(j\omega) = \begin{cases} \dfrac{8}{\pi}\left[\omega - \dfrac{\pi}{8}\right] & \dfrac{\pi}{8} \leqslant \omega \leqslant \dfrac{\pi}{4} \\[2mm] \dfrac{8}{\pi}\left[\dfrac{3\pi}{8} - \omega\right] & \dfrac{\pi}{4} \leqslant \omega \leqslant \dfrac{3\pi}{8} \\[2mm] 0 & \dfrac{3\pi}{8} \leqslant \omega \leqslant \pi \end{cases}$$

$\omega = \pi \sim 2\pi$ 可对称得到。

8 点的采样间隔为 $2\pi/8 = \pi/4$ (8 点频率采样在 2π 区间)。8 点的采样值除了 $H_d(1)\big|_{\omega=\pi/4} = H_d(15)\big|_{\omega=7\pi/4} = 1$, 其余均为零。所以

$$H(z) = \frac{1-z^{-8}}{8}\left(\frac{1}{1-W_8^{-1}z^{-1}} + \frac{1}{1-W_8^{-7}z^{-1}}\right)$$

因为
$$W_8^{-1} = e^{j\frac{2\pi}{8}} = e^{j\frac{\pi}{4}}, \quad W_8^{-7} = e^{j\frac{2\pi}{8}\times 7} = e^{-j\frac{\pi}{4}}$$

所以
$$\begin{aligned}
H(z) &= \frac{1-z^{-8}}{8}\left(\frac{1}{1-e^{j\frac{\pi}{4}}z^{-1}} + \frac{1}{1-e^{-j\frac{\pi}{4}}z^{-1}}\right) \\
&= \frac{1-z^{-8}}{4}\left[\frac{1-z^{-1}\cos(\pi/4)}{1-2z^{-1}\cos(\pi/4)+z^{-2}}\right] \\
&= \frac{1-z^{-8}}{4}\left(\frac{1-0.707z^{-1}}{1-1.414z^{-1}+z^{-2}}\right)
\end{aligned}$$

(2) 16 点的采样间隔为 $2\pi/16 = \pi/8$(16 点频率采样在 2π 区间)。16 点的采样值除了 $H_d(2)\big|_{\omega=\pi/4} = H_d(14)\big|_{\omega=7\pi/4} = 1$, 其余均为零。所以

$$H(z) = \frac{1-z^{-16}}{16}\left(\frac{1}{1-W_{16}^{-2}z^{-1}} + \frac{1}{1-W_{16}^{-14}z^{-1}}\right)$$

因为
$$W_{16}^{-2} = e^{j\frac{2\pi}{16}\times 2} = e^{j\frac{\pi}{4}}, \quad W_{16}^{-14} = e^{j\frac{2\pi}{16}\times 14} = e^{-j\frac{\pi}{4}}$$

所以
$$\begin{aligned}
H(z) &= \frac{1-z^{-16}}{16}\left(\frac{1}{1-e^{j\frac{\pi}{4}}z^{-1}} + \frac{1}{1-e^{-j\frac{\pi}{4}}z^{-1}}\right) \\
&= \frac{1-z^{-8}}{8}\left[\frac{1-z^{-1}\cos(\pi/8)}{1-2z^{-1}\cos(\pi/8)+z^{-2}}\right] \\
&= \frac{1-z^{-16}}{8}\left(\frac{1-0.707z^{-1}}{1-1.414z^{-1}+z^{-2}}\right)
\end{aligned}$$

第 8 章　数字系统的网络结构

8.1　本章基本要求

(1) 理解数字系统的结构图和信号流图。

(2) 掌握 FIR 系统的结构特点。

(3) 掌握 IIR 系统的结构特点。

(4) 理解数字系统的有限字长效应。

(5) 了解频率采样型、格型网络结构原理。

8.2　学习要点与公式

8.2.1　数字信号处理的信号流图与结构图

1) 信号流图

图 8.1 所示为一个信号处理示意图，它表示信号 $x(n)$ 经过放大 a_0 倍以后传递到输出端，同时信号 $x(n)$ 经过延时一个时间周期后经过放大 a_1 倍以后传递到输出端，两个到输出端的信号相加后形成输出信号 $y(n)$。延时单元 z^{-1} 的输出是 $x(n-1)$。该信号处理示意图的功能可以用下面的差分方程表示：

$$y(n) = a_0x(n) + a_1x(n-1) \tag{8-1}$$

上述例子表明，数字信号处理的实现过程可以用一种类似于图 8.1 所示的图来表示。同时也可以看出，一个数字处理系统一般只要用到以下三种基本操作单元。

(1) 乘法运算单元，如上例中的 $a_0x(n)$、$a_1x(n-1)$。

(2) 延时处理单元，如上例中的 $x(n)$ 延时成 $x(n-1)$。

(3) 求和运算单元，如上例中的 $a_0x(n)+a_1x(n-1)$。

2) 信号流图的表示方法

为了简便起见，我们将图 8.1 中的各种元素进行简化，图 8.2 表示了这种简化处理的方法及含义。

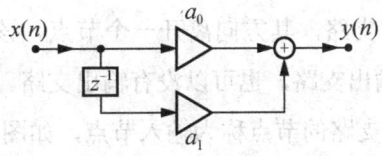

图 8.1 信号处理示意图

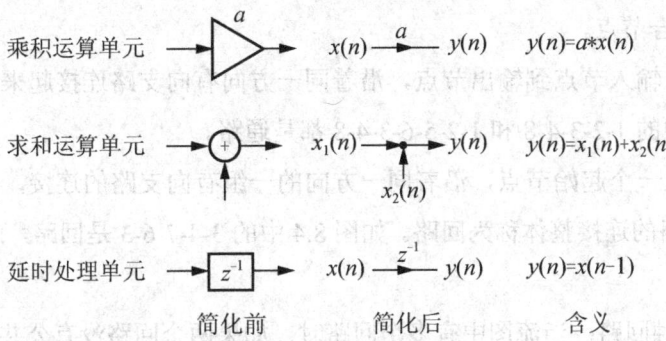

简化前　　　　　　　简化后　　　　　　含义

图 8.2 信号流图基本图形及含义

这样，图 8.1 所示的信号处理过程就可以用图 8.3 来表示了。图 8.3 便称为信号流图。

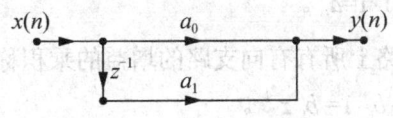

图 8.3 信号流图

3) 信号流图、系统函数、梅森公式

信号流图和系统函数都是电子电气、自动控制等学科常用来表示系统的图形和数学表示法，它们的理论是图论和线性方程组、差分方程组的关系。在图论中，把信号流图看成是由许多节点和定向支路连成的网路，如图 8.4 所示。下面是对这种流图中常用的名词的解释。

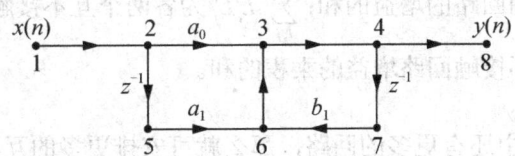

图 8.4 流图示例

(1) 节点：是用来表达信号状态的相关点，如图 8.4 中列出的 1,2,…,8 都是节点。

(2) 有向支路：是节点与节点之间的有向连线，其方向在图上用箭头表示。

(3) 输入支路：一条有向支路，其方向指向一个节点，该定向支路就是该节点的输入支路，一个节点可以有多个输入支路，也可以没有输入支路。

(4) 输出支路：一条有向支路，其方向离开一个节点，该定向支路就是该节点的输出支路，一个节点可以有多个输出支路，也可以没有输出支路。

(5) 输入节点：只有输出支路的节点称为输入节点，如图 8.4 中的 1 是输入节点。

(6) 输出节点：只有输入支路的节点称为输出节点，如图 8.4 中的 8 是输出节点。

(7) 混合节点：既有输入支路，又有输出节点的节点称为混合节点，如图 8.4 中的 2、3、4 等节点是混合节点。

(8) 通路：从输入节点到输出节点，沿着同一方向有向支路连接起来的一组路径称为通路，如图 8.4 中的 1-2-3-4-8 和 1-2-5-6-3-4-8 都是通路。

(9) 回路：从一个起始节点，沿着同一方向的一组有向支路的连接，可以回到起始节点，这组有向支路的连接整体称为回路。如图 8.4 中的 3-4-7-6-3 是回路，而 2-5-6-3-2 不是回路。

(10) 互不接触回路：当流图中有多个回路时，如果两个回路没有公共的支路或节点，那么这两个回路称为互不接触回路。

(11) 通路增益：一条通路上所有有向支路的增益的乘积称为通路增益，如图 8.4 中的 1-2-3-4-8 通路的增益为 $1 \cdot a_0 \cdot 1 \cdot 1 = a_0$。

(12) 回路增益：一条回路上所有有向支路的增益的乘积称为回路增益，如图 8.4 中的 3-4-7-6-3 回路的增益为 $1 \cdot z^{-1} \cdot b_1 \cdot 1 = b_1 z^{-1}$。

一个信号流图，如果输入、输出序列分别是 $x(n)$、$y(n)$，序列对应的 z 变换分别是 $X(z)$、$Y(z)$，那么对应的系统函数为

$$H(z) = \frac{Y(z)}{X(z)} = \frac{1}{\Delta} \sum_k T_k \Delta_k \tag{8-2}$$

式中，Δ 是信号流图的特征式，有

$$\Delta = 1 - \sum_i L_i + \sum_{i,j} L_i' L_j' - \sum_{i,j,k} L_i'' L_j'' L_k'' + \cdots$$

式中，$\sum_i L_i$ 为所有不同回路的增益的和；$\sum_{i,j} L_i' L_j'$ 为各两个互不接触回路增益的乘积的和；$\sum_{i,j,k} L_i'' L_j'' L_k''$ 为各三个互不接触回路增益的乘积的和。

如果一个信号流图中还有更多的回路，那么就可安排更多的互不接触回路增益的乘积的和。

式(8-2)中 T_k 是从输入节点到输出节点的第 k 条通路的增益。Δ_k 是不接触第 k 条通路的特征余子式。

$$\Delta_k = 1 - \sum_i L_i + \sum_{i,j} L_i' L_j' - \sum_{i,j,k} L_i'' L_j'' L_k''$$

在 Δ_k 特征余子式的各因子的计算中，l_i、l_i'、l_i'' 都与第 k 条通路不接触，其计算方法

与特征式 Δ 计算时相同。

【例8-1】利用梅森公式计算由图8.4代表的系统函数。

解：(1) 特征式 Δ 的计算。

因为系统中只有一条回路，所以 Δ 计算时没有两项以上回路乘积的项。这时，$L_1=b_1z^{-1}$，$\Delta=1-L_1=1-b_1z^{-1}$。

(2) 特征余子式 Δ_k 的计算。

本系统有两条通路，第一条通路为 1-2-3-4-8，第二条通路为 1-2-5-6-3-4-8，所以有两个特征余子式 Δ_1、Δ_2。先来计算第一条通路的特征余子式 Δ_1。

与第一条通路不接触的图形如图 8.5 中的实线部分所示，从中可以看出没有回路。

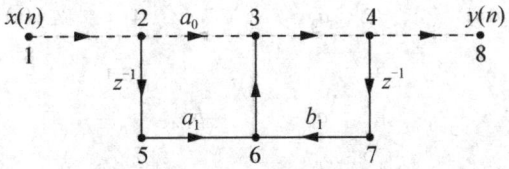

图 8.5　特征余子式 Δ_1 计算图

所以，$\Delta_1=1-0=1$。

再来计算第二条通路的特征余子式 Δ_2 的计算。

与第二条通路不接触的图形如图 8.6 中的实线部分所示，从中可以看出没有回路。

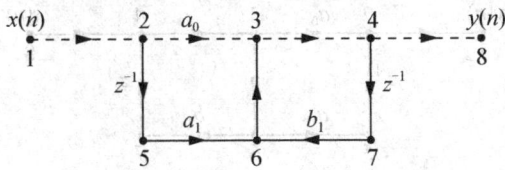

图 8.6　特征余子式 Δ_2 计算图

所以，$\Delta_2=1-0=1$。

(3) 通路增益的计算。

第一条通路的增益为　　　　　　　　　　　　$T_1=a_0$

第二条通路的增益为　　　　　　　　　　　　$T_2=a_1z^{-1}$

(4) 综合得

$$\sum_k T_k\Delta_k = T_1\,\Delta_1\,T_2\,\Delta_2$$

$$= a_0 + a_1\,z^{-1}$$

整个信号流图的系统函数为

$$H(z)=\frac{Y(z)}{X(z)}=\frac{1}{\Delta}\sum_k T_k\Delta_k=\frac{a_0+a_1z^{-1}}{1-b_1z^{-1}}$$

4) 信号流图的转置及转置定理

在一个单输入系统中，将各有向支路的方向转到与原方向相反的方向，将原来是输入节点的改为输出节点，原来是输出节点的改为输入节点。这种处理完成了对原信号流图的转置。如图 8.7 所示就是图 8.4 的转置，其中图 8.7(a)是转置前的原图；图 8.7(b)只改变了有向支路的方向；图 8.7(c)按照习惯，信号输入还是用 $x(n)$ 表示，输出用 $y(n)$ 表示；图 8.7(d)按照习惯，图的左侧放信号输入部分，图的右侧放信号输出部分。

对于一个转置了的信号流图，它代表的系统与原来系统的系统函数有什么关系？转置定理说明，转置后的信号流图与转置前的信号流图具有相同的系统函数。也就是说，图 8.7(a)与图 8.7(d)的系统函数相同。

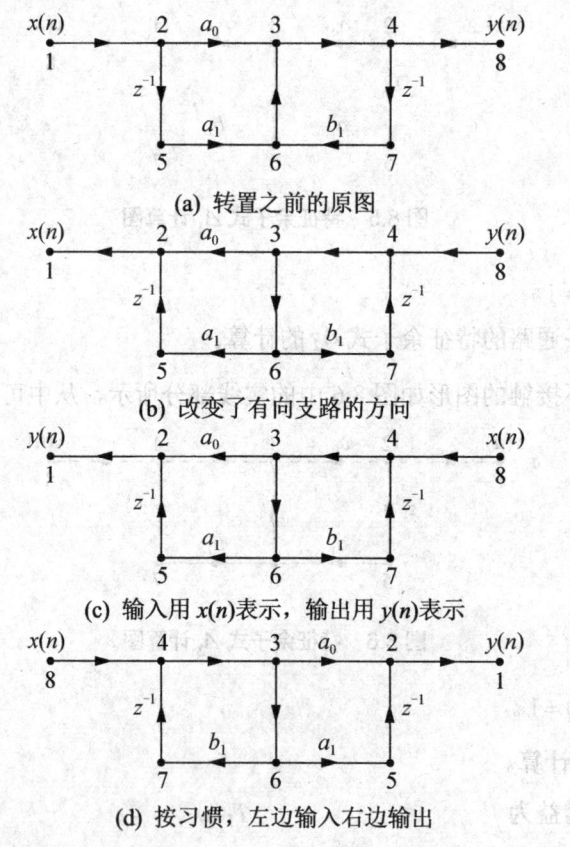

(a) 转置之前的原图

(b) 改变了有向支路的方向

(c) 输入用 $x(n)$ 表示，输出用 $y(n)$ 表示

(d) 按习惯，左边输入右边输出

图 8.7　信号流图转置过程示意图

8.2.2　FIR 系统的结构

1) FIR 系统的横截型结构

FIR 系统在许多书上被称为 FIR 滤波器，两种称呼意思相同。

在滤波器设计的相关章节中已经可以看出，FIR 系统一般用 $h(n)$ 作为它的设计结果(也

可以用系统函数表示)，它的长度一般用 N 表示。对应的系统函数为

$$H(z) = \sum_{n=0}^{N-1} h(n)z^{-n} \tag{8-3}$$

这样的系统的输入输出关系用卷积运算表示为

$$y(n) = \sum_{i=0}^{N-1} h(i)x(n-i)$$

$$= h(0)x(n) + h(1)x(n-1) + \ldots + h(N-1)x(n-N+1) \tag{8-4}$$

对应式(8-4)，很容易得到其对应的图，图 8.8 很清楚地表示了与式(8-4)的对应关系。

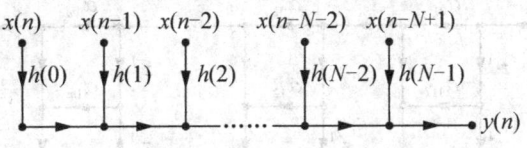

图 8.8　FIR 系统结构说明图

图中的 $x(n-1)$、$x(n-2)$、$x(n-N+1)$ 等都是由 $x(n)$ 逐步延时若干个时间周期得到的。所以可以将图 8.8 改成图 8.9 所示的结构，由于这种结构直接对应系统输出响应的卷积关系，所以称为卷积型结构或直接型结构，但普遍称它为 FIR 系统的横截型结构，图中 z^{-1} 就是延时处理单元。从图中可以看出，$x(n)$ 经过 z^{-1} 延时处理单元后就成了 $x(n-1)$。

根据转置定理，如图 8.9 所示的 FIR 系统的横截型结构可以进行转置，转置后的结构如图 8.10 所示。这两种 FIR 的结构形式不同，但代表的系统是相同的。图 8.9 的结构形式表示信号 $x(n)$ 的延时序列 $x(n-1)x(n-2)\ldots$ 与 $h(n)$ 中的各个值相乘，再求和得到 $y(n)$。而图 8.10 的结构形式表示信号 $x(n)$ 与 $h(n)$ 中的各个值相乘后再各自延时不同的延时周期，然后求各个延时后的值的和，最后得到 $y(n)$。所以说，不同的结构代表不同的计算方法，结构对处理的影响将在后面的相关章节中介绍。

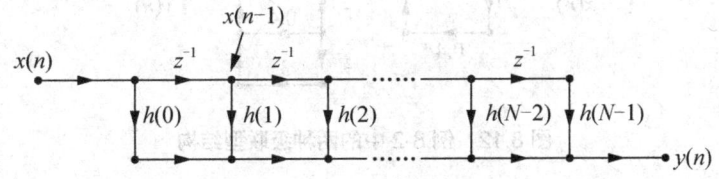

图 8.9　FIR 系统的横截型结构

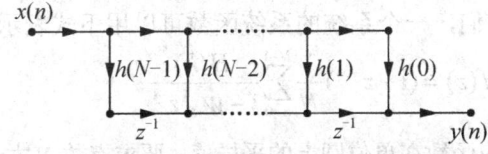

图 8.10　FIR 横截型结构的转置结构图

2) FIR 系统的级联型结构

式(8-3)表示的一个 N 级 FIR 系统可以变换成若干个二阶函数的乘积，即

$$H(z) = \sum_{n=0}^{N-1} h(n)z^{-n} = \prod_{i=1}^{m}(\alpha_{0i} + \alpha_{1i}z^{-1} + \alpha_{2i}z^{-2}) = \prod_{i=1}^{m} H_i(z) \tag{8-5}$$

式中，$H_i(z)$ 一般为二阶系统，其系数 a_{0i}、a_{1i}、a_{2i} 由 $h(n)$ 的各个值决定。这种由 m 个二阶系统函数相乘的形式表示的整个系统可以由 m 个二阶系统的级联组成，如图 8.11 所示。有些情况下，m 个级联系统中可能有一阶系统。

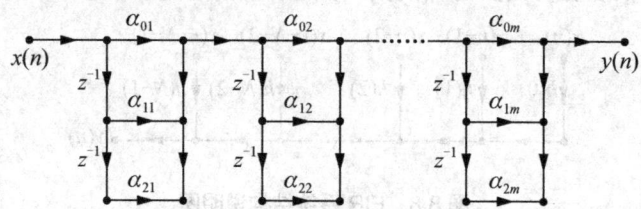

图 8.11　FIR 系统的级联型结构

【例 8-2】求 $h(n) = (0.2, 0.48, 3.16, 1.2)$ 这个系统的级联型结构。

解：该 FIR 系统函数为

$$H(z) = 0.2 + 0.48z^{-1} + 3.16z^{-2} + 1.2z^{-3}$$
$$= (0.2 + 0.4z^{-1} + 3z^{-2})(1 + 0.4z^{-1})$$

其级联型结构如图 8.12 所示，这里有两种不同的级联型结构，代表了不同的运算次序。

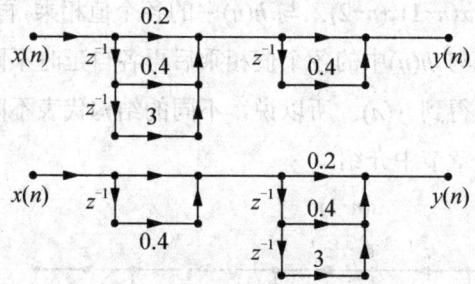

图 8.12　例 8-2 中的两种级联型结构

3) FIR 系统的频率采样型结构

频率采样型结构的形式与 IIR 系统的级联、并联型结构有很多相似之处。

频域采样定理告诉我们，一个系统的系统函数可以用下式表示：

$$H(z) = (1 - z^{-N})\frac{1}{N}\sum_{n=0}^{N-1}\frac{H(k)}{1 - W_N^{-k}z^{-1}} \tag{8-6}$$

式中，$H(k)$ 是系统频率响应函数在单位圆上的采样值，要求点数 N 大于原系统序列的长度，否则系统会出现误差。如果 $h(n)$ 的长度为 M，那么用频率采样型结构来实现这个系统时要求 N 大于 M。由于 IIR 系统的单位冲击响应无限长，所以这种频率采样型结构不适用于 IIR 系统。

在式(8-6)中，N 是一个需要选择的数，选择的原则是 N 大于 M，M 是设计 FIR 系统时的结果，为已知数。$H(k)$ 可由 $H(z)$ 或其他方法求得，或者已经给出。

由 $H(z)$ 求 $H(k)$ 的方法是直接用定义计算，即

$$H(k) = H(z)\Big|_{Z=e^{j\frac{2\pi k}{N}}} \qquad k=0,1,2,3,\ldots,N$$

式(8-6)可以分成两个主要组成部分。

第一部分，设

$$H_c(z) = 1 - z^{-N} \tag{8-7}$$

这是一个梳状滤波器，它有 N 个零点。它的频率特性如图 8.13 所示。

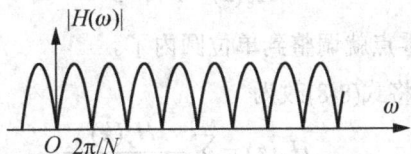

图 8.13 梳状滤波器频率特性图

第二部分，设

$$H_k(z) = \sum_{n=0}^{N-1} \frac{H(k)}{1 - W_N^{-k} z^{-1}} \tag{8-8}$$

这是 $N-1$ 个一阶结构并联起来的系统。每个子结构都有一个反馈支路，它的极点为

$$z_k = e^{j\frac{2\pi}{N}k} \qquad k = 0,1,2,\ldots,N-1$$

极点位置与零点位置重合。理论上这种在单位圆上的极点被零点抵消，所以系统还是稳定的，同时有

$$H(z) = \frac{1}{N} H_c(z) \cdot H_k(z)$$

显然，一个频率采样型结构的系统实际上是由一个梳状滤波器和 N 个一阶并联子结构组成的级联系统，如图 8.14 所示。

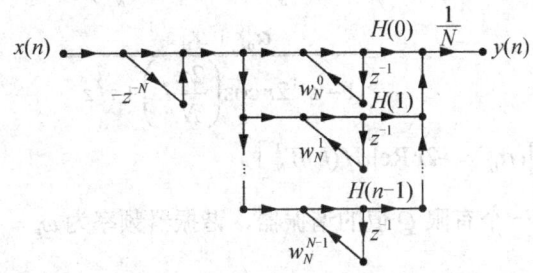

图 8.14 FIR 系统频率采样结构图

频率采样系统作为滤波器时调整频率特性容易，可以实现任意形状的频响系统。$H_k(z)$ 很适合现代电子产品模块化设计的特点。

虽然频率采样系统有很多优点，但是由于其理论上存在单位圆上的极点需要相应的零极点相互抵消的问题，在实际实现过程中使用有限字长代替精确数值的时候，往往不能很好地实现这种零极点相互抵消，还可能出现极点超出单位圆的现象，造成系统的不稳定。同时，频率采样结构的系统，一阶反馈子系统中 $H(k)$ 是一个复数，因此要进行复数运算，在实现上要增加系统的复杂程度，因此有必要对频率采样结构进行修正。修正的指导思想是将原来在单位圆上的零极点往单位圆里面移动一点，从而保证极点在单位圆内，考虑到采样点的对称性，可将两个共轭采样点合并在一起组成二阶子结构。

调整零点时，将式(6-7)改为

$$H_c(z) = 1 - r^N z^{-N}$$

式中，$r < 1$，但 $r \approx 1$。这样零点就调整到单位圆内了。

调整极点与上面相似，将式(8-8)改为

$$H_k(z) = \sum_{n=0}^{N-1} \frac{H_r(k)}{1 - W_N^{-k} r z^{-1}} \tag{8-9}$$

式中，$H_r(k)$ 是在 r 圆上的 $H(z)$ 的采样值，考虑到 $r \approx 1$，$Hr(k) \approx H(k)$。经过上面的零极点调整，它们在 r 圆上等间隔采样相互抵消，即使字长的影响不能完全抵消，也不会出现超出单位圆的现象，能够保证系统稳定。

下面讨论解决复数运算的问题.

先明确几个因素是共轭对称的。

因为 $h(n)$ 是实数，其 DFT 是圆周共轭对称的，即

$$H(N-k) = H^*(k)$$
$$W_N^{-(N-k)} = W^k = (W^{-k})^*$$

因此可将第 k 个及第 $N-k$ 个子结构合并为一个二阶子结构，即

$$\begin{aligned}
H_k(z) &= \frac{H(k)}{1 - rW_N^{-k}z^{-1}} + \frac{H(N-k)}{1 - rW_N^{-(N-k)}z^{-1}} \\
&= \frac{H(k)}{1 - rW_N^{-k}z^{-1}} + \frac{H^*(k)}{1 - r(W_N^{-k})^*z^{-1}} \\
&= \frac{\alpha_{0k} + \alpha_{1k}z^{-1}}{1 - z^{-1}2r\cos\left(\dfrac{2\pi}{N}k\right) + r^2 z^{-2}}
\end{aligned}$$

式中，$\alpha_{0k} = 2\operatorname{Re}[H(k)]$；$\alpha_{1k} = -2r\operatorname{Re}\left[H(k)W_N^k\right]$。

这个二阶子结构是一个有限 Q 值的谐振器，谐振器频率为 $\omega_k = \dfrac{2\pi}{N}k$。

除了共轭极点外，还有实数极点，分两种情况。

(1) N 为偶数时，有一对实数极点 $z = \pm r$，对应于两个一阶网络：

$$H_0(z) = \frac{H(0)}{1 - rz^{-1}} \quad , \quad H_{\frac{N}{2}}(z) = \frac{H(N/2)}{1 - rz^{-1}}$$

这时
$$H(z) = (1 - r^N z^{-N}) \frac{1}{N} \left[H_0(z) + H_{\frac{N}{2}}(z) + \sum_{k=1}^{\frac{N}{2}-1} H_k(z) \right]$$

频率采样型结构如图 8.15 所示，其中三种内部子网络如图 8.16 所示。所有子结构都是标准的二阶有反馈结构。

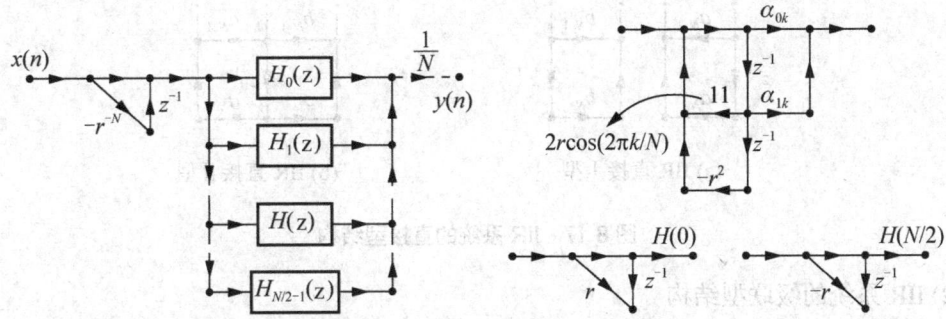

图 8.15 N 为偶数修正的频率采样型结构   图 8.16 三种子网络图

(2) 当 N 为奇数时，只有一个实数极点 $z = r$，对应于一个一阶网络 $H_0(z)$。

这时
$$H(z) = (1 - r^N z^{-N}) \frac{1}{N} \left[H_0(z) + \sum_{k=1}^{\frac{N-1}{2}} H_k(z) \right]$$

通过利用共轭对称关系的修正，频率采样型结构的并联环节减少了一半。但是对于 N 很大的系统，整个结构的运算环节和存储环节很大，系统复杂。当应用在窄带滤波的时候，大部分采样点的值为零($H(k) = 0$)，许多二级子结构也就不需要了。所以频率采样型结构也比较适合窄带滤波器的使用场合。

除了上面介绍的系统结构以外，还有格型网络结构。它很适合一般的数字系统，具有对有限字长不敏感、适合递推算法的优点，在频谱计算、线性预测、自适应滤波中有很多应用。

8.2.3 IIR 系统的结构

1) IIR 系统的直接型结构

IIR 系统常常用系统函数式或差分方程式表示。下面先用差分方程来分析 IIR 系统的结构形式，再用系统函数来印证结构图与系统函数的关系。IIR 系统差分方程为

$$y(n) = \sum_{i=0}^{N} a_i x(n-i) + \sum_{i=1}^{N} b_i y(n-i) \tag{8-10}$$

设一个中间变量 $w(n)$ 为

$$w(n) = \sum_{i=0}^{N} a_i x(n-i) \tag{8-11}$$

则
$$y(n) = w(n) + \sum_{i=1}^{N} b_i y(n-i) \tag{8-12}$$

IIR 系统的直接型结构如图 8.17 所示。

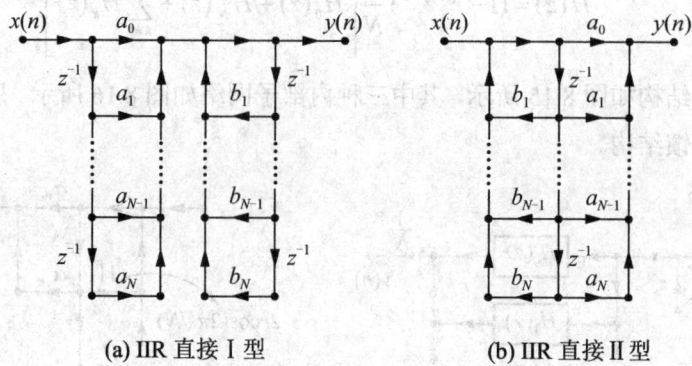

(a) IIR 直接 I 型　　　　　(b) IIR 直接 II 型

图 8.17　IIR 系统的直接型结构

2) IIR 系统的级联型结构

若 $H(z)$ 可写为以下形式:

$$H_i(z) = \frac{1 + \alpha_{i1}z^{-1} + \alpha_{i2}z^{-2}}{1 + \beta_{i1}z^{-1} + \beta_{i2}z^{-2}} \tag{8-13}$$

$$H(z) = H_1(z)H_2(z) \dots H_k(z) \tag{8-14}$$

其中每个 $H_i(z)$ 都是一个二阶子系统(或一阶子系统),整个系统可以是有若干个二阶或一阶子系统串联在一起,达到实现整个系统函数的功能,这种方式的系统结构称为 IIR 系统的级联型结构,如图 8.18 所示。

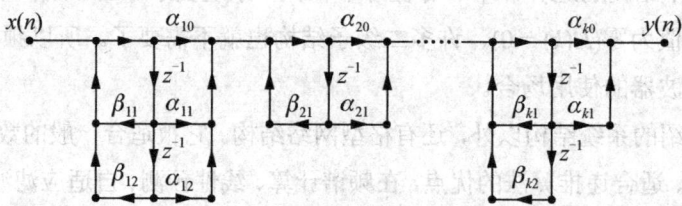

图 8.18　IIR 系统的级联型结构

从二阶子系统的形成过程中可以看出,当一个系统的有多个分子多项式和分母多项式的时候,存在一个选择分子多项式和分母多项式的搭配组合问题,不同的分子分母的二阶(一阶)多项式组合成的子系统有不同的性能,对总系统实现的性能影响也不同,这一般可以用计算机辅助分析的方式进行。

3) IIR 系统的并联型结构

IIR 系统的系统函数还可以变换成部分分式的形式,即

$$H(z) = \frac{\sum_{i=0}^{M} a_i z^{-i}}{1 - \sum_{i=1}^{N} b_i z^{-i}} = \frac{\sum_{i=1}^{M} a_i z^{-i}}{\prod_{k=1}^{N1}(1 - c_k z^{-1})\prod_{k=1}^{N2}(1 - d_k z^{-1})(1 - d_k^* z^{-1})}$$

$$= \sum_{k=1}^{N1} \frac{a_k}{(1-c_k z^{-1})} + \sum_{k=1}^{N2} \frac{(\alpha_{k0} + \alpha_{k1} z^{-1})}{(1 + \beta_{k1} z^{-1} + \beta_{k2} z^{-2})}$$

$$= H_1(z) + H_2(z) + \ldots + H_{N1+N2}(z) \tag{8-15}$$

这样原系统函数 $H(z)$ 就变成了几个一阶子系统和几个二阶子系统的和，即

$$H(z) = \frac{Y(z)}{X(z)} = \sum_{i=1}^{N1+N2} H_i(z)$$

$$Y(z) = \sum_{i=1}^{N1+N2} H_i(z) X(z)$$

$$Y(z) = H_1(z) X(z) + H_2(z) X(z) + \ldots + H_{N1+N2}(z) X(z)$$

从上面的公式可以看出，各个子系统的输入都是相同的 $X(z)$，在求总系统输出的时候，可以先求出子系统在输入序列为 $x(n)$ 时的响应 $y_i(n)$，再求和得到 $y(n)$，即

$$y(n) = y_1(n) + y_2(n) + \ldots + y_{N1+N2}(n) \tag{8-16}$$

根据式(8-16)可以得到 IIR 系统的并联型结构，如图 8.19 所示。

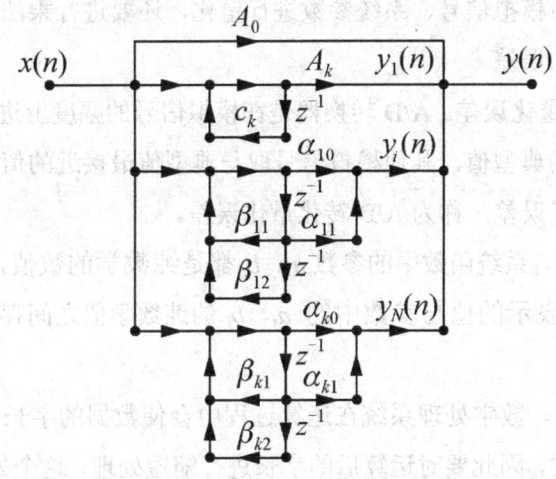

图 8.19　IIR 系统的并联型结构

有时将系统函数进行部分分式展开时会出现常数项，这是一个零阶系统，也作为并联系统中的一个支路，如图 8.19 中的 A_0 支路。这种并联型系统实现简单，只需一个二阶子系统通过改变输入系数即可完成，便于程序化设计，极点位置可单独调整，相互之间不发生影响，在多内核计算机发展迅速的当前，适合使用并行计算来提高运算速度，同时它还有误差小的优点。

【例 8-3】系统 $H(z) = \dfrac{8 - 4z^{-1} + 11z^{-2} - 2z^{-3}}{1 - 1.25z^{-1} + 0.75z^{-2} - 0.125z^{-3}}$，画出该系统的并联型结构图。

解： $H(z) = 16 + \dfrac{8}{1 - 0.5z^{-1}} + \dfrac{-16 + 20z^{-1}}{1 - z^{-1} + 0.5z^{-2}}$

其结构图如图 8.20 所示，图中有一个零阶子系统。

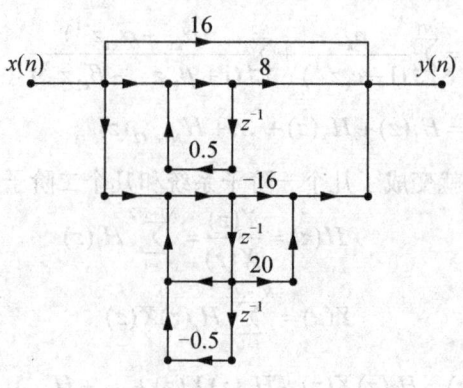

图 8.20　例 8-3 图

8.2.4　有限字长效应

1) 数字系统的误差分类

数字系统经常要对模拟信号、系统参数进行量化，还要进行乘法等运算，这些处理将会存在下面几种常见的误差。

(1) A/D 转换器的量化误差。A/D 转换器是在模拟信号的幅度上进行离散化，只能取有限个值作为模拟信号的典型值，其他模拟信号取与典型值最接近的值作为它的量化值，这个取值的过程就产生了误差，称为 A/D 转化量化误差。

(2) 参数量化误差。系统函数中的参数 a_i、b_i 都是纯数学的数值，在数字系统中要用二进制数表示，这个表示的值与参数中的 a_i、b_i 的纯数学值之间存在量化误差，有时也表示误差。

(3) 运算处理误差。数字处理系统在运算过程中会使数据的字长变长，但由于数字系统的硬字长总是有限的，因此要对运算后的字长进行缩短处理，这个处理过程会产生误差，因为这种处理常常采用的是舍入舍出或截尾的方法，所以运算处理误差常常称为舍入误差或截尾误差。

2) 二进制数的表示及量化误差分析

在计算机原理等教科书中介绍了二进制数定点、浮点、原码、反码、补码的表示和运算方法，在研究量化误差的影响时，由于补码具有代表性，所以本书以定点补码为主进行讨论。

1) 定点二进制数的表示

定点二进制表示数时，小数点的位置是固定不变的。一般小数点的左边是数的整数部分，小数点的右边是数的小数部分。虽然理论上定点数可以把小数点定在任何位置，但我们经常把小数点定在第一位的后面，而第一位是符号位，符号位 1 表示负数，0 表示正数。这样一个定点数的取值范围在 ±1 之间。

2) 表示误差

上面一个定点数，从二进制表示成十进制数时没有误差，原因是我们没有限制十进制数的位数的长度。但当我们要用一个有限长的二进制数表示数字系统的系数时就会出现误差，如系数是十进制数 0.754，用二进制数表示是 0.1100000100000110…，是一个无限长的二进制数，如果用一个一定长度的二进制来表示这个数，必须对这个无限长度的二进制数取一定位数的长度，例如连同符号位取 11 位长度，那么其结果是 0.1100000100。这个有限长度的二进制数 0.1100000100 用十进制数来表示时为 0.73906，产生的误差为

$$0.754 - 0.73906 = 0.00009375$$

这就是表示误差，即把一个精确的值用一个数制的数表示时产生的误差，在数字信号处理中常称为量化误差。

3) A/D 转换量化误差

前面相关章节讲述了对模拟信号采样速率的要求，提出了采样定理等理论。在实际工作中，模拟信号在幅度上是连续分布的，有限位的 A/D 转换实际上是要用有限个离散的值去近似连续分布的值。这个近似处理是由 A/D 转换过程完成的，一般用 A/D 转换器实现(也可以用其他方法实现)。A/D 转换器实现这个近似过程时产生的误差与舍入舍出处理相同。

4) 运算误差

两个一定字长的二进制数相乘，其乘积的长度会大于原来的乘数和被乘数。而系统常常因为硬件等原因，乘积只能用乘数或被乘数的长度来表示。这时就必须对乘积进行舍入舍出或截尾处理。这种由于运算过程中字长变长以后需要缩短处理产生的误差称为运算误差。运算中一般采用舍入舍出处理，其误差性质等同舍入误差。加法运算不会增加字长，所以不会产生误差，但可能会出现溢出的现象。溢出会使系统出现很大的错误，是信号处理系统中应该考虑避免的。

从上面的简单分析可以看出，无论是表示误差、A/D 转换误差还是运算误差，都可以从对一个数进行舍入舍出和截尾处理两种方法的角度分析其误差产生的特点。

5) 量化误差分析

对于一个定点数，我们经常采用 $b+1$ 来描述它的长度，其中 1 位为符号位，b 位为数。

(1) 截尾误差分析。在这里先讨论补码的情况。一个长度为 $b+1$ 位的定点数，当被截的数是正数时，其截去部分的最大值为

$$\underbrace{0.0000…0011111}_{b \uparrow 0}$$

由于是一个正数截去了尾部，剩下的数小于原来的数，所以其误差是负值。

这个误差的最大范围为

$$\Delta = \sum_{i>b} 2^{-i} = 2^{-b}$$

当被截的数是负数时，其截去部分的最大值为

$$\underbrace{1.000...0}_{b个0}0111111$$

其误差是负值。这个误差的最大范围也为

$$\Delta = \sum_{i>b} 2^{-i} = 2^{-b}$$

所以，总的来说，定点数用补码表示时，其截尾误差为

$$-2^{-b} \leqslant e \leqslant 0$$

下面直接给出定点原码和反码的截尾误差，分析过程略，可参考吴镇扬编著的《数字信号处理》。

① 原码的截尾误差：

当被截的数是正数时，$-2^{-b} \leqslant e \leqslant 0$；

当被截的数是负数时，$0 \leqslant e \leqslant 2^{-b}$。

② 反码的截尾误差：

当被截的数是正数时，$0 \leqslant e \leqslant 2^{-b}$；

当被截的数是负数时，$-2^{-b} \leqslant e \leqslant 0$。

三种编码的截尾处理量化误差可以用图 8.21 表示。

(2) 舍入误差分析。我们用 $Q[x]$ 表示对数值 x 进行舍入舍出处理。一个 b 位长度数为二进制，其最小量化间距为 $\Delta = 2^{-b}$，在进行二进制舍入舍出处理时，总是舍到接近真值的那个二进制值，由于 $\Delta = 2^{-b}$，所以舍入误差为 $\Delta/2$。有一种特殊情况是需要处理的数据刚好是 $\Delta/2$，这时既可以舍入，也可以舍出，在实际工作中常常采用随机的方法决定舍入还是舍出，保证两种处理的几率相等。

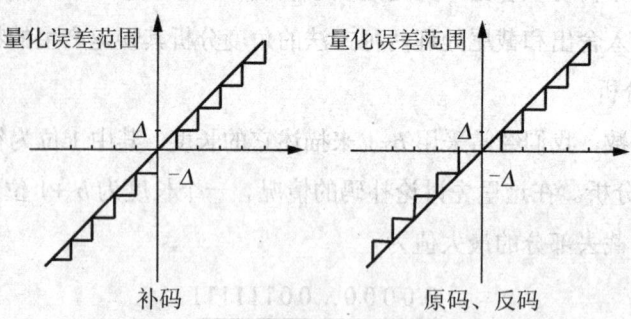

图 8.21　三种编码的截尾处理量化误差示意图

所以舍入舍出的误差为 $-\dfrac{1}{2}2^{-b} \leqslant e \leqslant \dfrac{1}{2}2^{-b}$。

从上面的分析可以看出,一个系统的误差有三种主要来源,它们分别是表示误差(参数的量化误差)、A/D 转换误差(模拟信号量化误差)和运算误差。一般用截尾或舍入处理的方法使处理的对象变成有限长的二进制数据,采用定点补码时的误差见表 8.1。在下面的讨论中,引进一个专用符号 q,表示量化二进制最小有效位的量值,$q=2^{-b}$。

表 8.1 采用定点补码时的误差

处理方式	截尾处理	舍入舍出处理
表示误差(参数量化误差)	$-2^{-b} \leqslant e \leqslant 0$	$-\frac{1}{2}2^{-b} \leqslant e \leqslant \frac{1}{2}2^{-b}$
A/D 转换误差(模拟信号量化误差)	$-2^{-b} \leqslant e \leqslant 0$	$-\frac{1}{2}2^{-b} \leqslant e \leqslant \frac{1}{2}2^{-b}$
运算误差	$-2^{-b} \leqslant e \leqslant 0$	$-\frac{1}{2}2^{-b} \leqslant e \leqslant \frac{1}{2}2^{-b}$

8.2.5 误差效应分析

8.2.4 小节介绍了由数字信号处理的基础环节出现的误差,并以定点补码为例分析了误差的范围。那么如何评估这些误差在数字信号处理系统产生的影响呢?这就是误差效应的分析。总的来说, A/D 转换误差和运算误差可以把误差转化成噪声来处理,而表示误差则会影响系统的准确性。本小节主要从这两方面展开讨论。

1) A/D 转换误差的统计分析与信噪比

在 8.2.4 小节中,虽然对 A/D 转换误差的来源进行了分析,给出了误差的分布范围,但要确切知道每一次 A/D 转换产生的误差值(用 $e(n)$ 表示)是不可能的。所以在实际工程中,通常利用统计分析的方法分析这种误差产生的效应。

我们将一组上面分析的误差序列 $e(n)$ 作为一个随机序列,它具有如下的统计特性。

(1) $e(n)$ 序列是一个平稳随机序列。

(2) $e(n)$ 序列与信号 $x(t)$ 或者 $x(n)$ 不相关。

(3) $e(n)$ 序列与自身之间不相关,可以把 $e(n)$ 序列看做为白噪声。

(4) $e(n)$ 等概率分布。

这样我们可以认为量化误差 $e(n)$ 是一个白噪声序列的量化噪声,所以该噪声与信号 $x(n)$ 之间具有相加性。A/D 转换过程可以用图 8.22 表示。

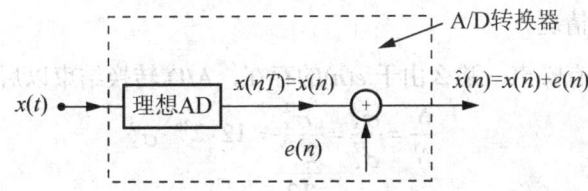

图 8.22 A/D 转换器模型示意图

A/D 转换过程可以看做一个理想的 A/D 过程转换出理想的序列 $x(n)$，再在这个 $x(n)$ 上与一个随机噪声序列 $e(n)$ 相加形成一个新的序列，有

$$\hat{x}(n) = x(n) + e(n)$$

这个是实际的 A/D 结果，它是一个有噪信号。

下面研究 A/D 转换在两种字长处理情况下的噪声的统计特性，主要研究 $e(n)$ 的平均直流分量、噪声功率、自协方差序列，即 $e(n)$ 的数学期望 m_e 和方差 σ_e^2 和 $r_{ee}(n)$。

(1) 舍入舍出处理。对于舍入误差，$e(n)$ 的概率分布函数为

$$p[e(n)] = \begin{cases} \dfrac{1}{q} & -\dfrac{q}{2} \leqslant e \leqslant \dfrac{q}{2} \\ 0 & \text{其他} \end{cases} \tag{8-17}$$

根据数学期望 m_e 和方差 σ_e^2 的定义，它们分别为

$$m_e = E[e(n)] = \int_{-q/2}^{q/2} ep(e)\mathrm{d}e = \int_{-q/2}^{q/2} e\frac{1}{q}\mathrm{d}e = -\frac{q}{2} \tag{8-18}$$

$$\sigma_e^2 = E\{[e(n) - m_e]^2\} = \int_{-q/2}^{q/2} (e - m_e)^2 p(e)\mathrm{d}e = \frac{q^2}{12} \tag{8-19}$$

(2) 截尾处理。对于截尾误差，$e(n)$ 的概率分布函数

$$p[e(n)] = \begin{cases} \dfrac{1}{q} & -q \leqslant e \leqslant 0 \\ 0 & \text{其他} \end{cases} \tag{8-20}$$

其 m_e 和方差 σ_e^2 分别为

$$m_e = \int_{-q}^{0} ep(e)\mathrm{d}e = \int_{-q}^{0} e\frac{1}{q}\mathrm{d}e = -\frac{q}{2} \tag{8-21}$$

$$\sigma_e^2 = \int_{-q}^{0} (e - m_e)^2 p(e)\mathrm{d}e = \frac{q^2}{12} \tag{8-22}$$

$$r_{ee}(n) = E\{[e(m) - m_e][e(m+n) - m_e]\} = E[E(M)E(M+N)] = \sigma_e^2\delta(n) \tag{8-23}$$

从上面的分析可以看出，不管是舍入误差还是截尾误差，都与其量化噪声字长 b 有关，字长越长，量化间距越小，量化噪声的方差就越小，都是 $q^2/12$。同时定点补码处理时，误差的平均值为 $-q/2$，这表示量化噪声中有直流成分，所以较少使用。

在评价信号的优劣方法中，常常用到信噪比这一概念。下面讨论一个模拟信号经过 A/D 转换后信噪比的变化情况。

假设原信号中没有噪声，那么由于 $e(n)$ 的存在，A/D 转换结束以后的信噪比为

$$\frac{S}{N} = \frac{\sigma_x^2}{\sigma_e^2} = \frac{\sigma_x^2}{\dfrac{2^{-2b}}{12}} = 12 \cdot 2^{2b} \cdot \sigma_x^2 \tag{8-24}$$

如果用分贝表示，则信噪比为

$$\frac{S}{N} = 10\lg\frac{\sigma_x^2}{\sigma_e^2} = 6.02b + 10.79 + 10\lg\sigma_x^2 \text{ (dB)} \tag{8-25}$$

由此可见，信噪比与量化时的字长有关，每增加一位字长，信噪比可以增加约 6 db。同时，信噪比与原信号的能量有关，原信号强则信噪比高。但在这里限制了信号强度不能超过 1，所以它对信噪比的贡献是负值。

一般语音信号要求的信噪比为 70dB，对应 A/D 转换的字长为 12 位。字长并不总是越长越好，如果量化时的信噪比远高于原信号的信噪比，这种提高系统字长的高要求就没有意义了。

2) 量化误差噪声通过线性系统后的输出

上面研究了量化误差与噪声的关系，提出了量化误差可以等效成噪声，并给出了这种噪声的统计分析结果。在数字系统中主要有两种这样的量化误差可以作为噪声来处理，它们是 A/D 转换量化误差和运算过程的误差，如图 8.23 所示。图 8.23 (a)是 A/D 转换的噪声等效示意图，图 8.23(b)是乘法运算噪声等效示意图。在下面的分析中就用类似的方法，在有乘法的地方把它看做为一个理想 A/D 的输出和一个噪声的和。

$$\hat{y}(n) = \hat{x}(n) * h(n) = x(n) * h(n) + e(n) * h(n) = y(n) + f(n) \tag{8-26}$$

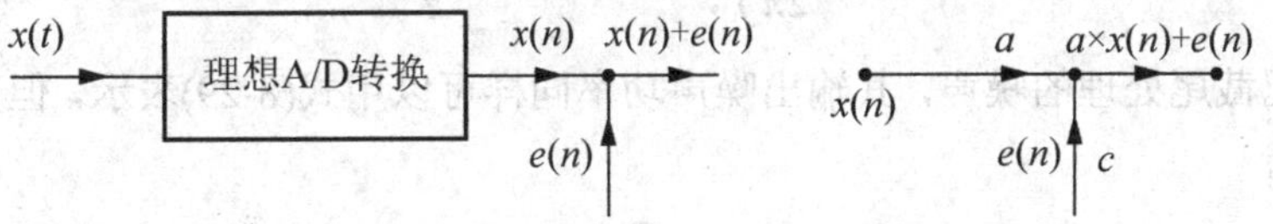

(a) A/D 转换的噪声等效示意图　　　(b) 乘法运算的噪声等效示意图

图 8.23　量化噪声示意图

这里讨论的是这个信号和噪声一起进入数字系统以后，它的输出如何定量分析一个白噪声 $e(n)$ 与信号 $x(n)$ 一起进入一个线性时不变系统，系统的单位冲击响应为 $h(n)$。由于 $e(n)$ 与 $x(n)$ 不相关，所以满足叠加定理，其输出是它们各自响应的和，如图 8.24 所示。

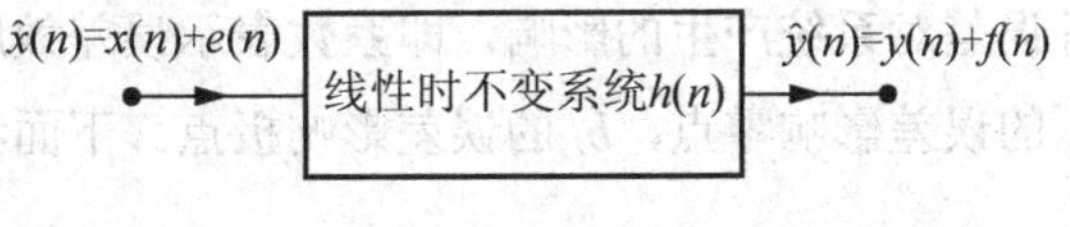

图 8.24　含噪信号通过线性时不变系统的输出

图中，$f(n)$ 为输入噪声通过系统后的输出噪声。

式(6-26)中，有
$$y(n) = x(n) * h(n)$$
$$f(n) = e(n) * h(n)$$

因为 $e(n)$ 与 $x(n)$ 不相关，在输出端 $f(n)$ 与 $y(n)$ 也不相关。这时可以独立计算 $f(n)$ 的统计特性。

$$m_f = E[f(n)] = E\left[\sum_{m=-\infty}^{\infty} h(m)e(n-m)\right]$$

$$= \sum_{m=-\infty}^{\infty} h(m)E[e(n-m)]$$ (8-27)

$$= m_e \sum_{m=-\infty}^{\infty} h(m)$$

$$= 0$$

$$\sigma_f^2 = E\left\{[f(n)-m_f]^2\right\} = E\left[\sum_{m=\infty}^{\infty} h(m)e(n-m)\cdot\sum_{l=\infty}^{\infty} h(l)e(n-l)\right]$$

$$= \sum_{m=\infty}^{\infty}\sum_{l=\infty}^{\infty} h(m)h(l)E[e(n-m)e(n-l)]$$

$$= \sum_{m=\infty}^{\infty}\sum_{l=\infty}^{\infty} h(m)h(l)\sigma_e^2\delta(m-l)$$

$$= \sigma_e^2 \sum_{m=-\infty}^{\infty} h^2(m)$$ (8-28)

根据帕斯维尔定理，有

$$\sum_{m=-\infty}^{\infty} h^2(m) = \frac{1}{2\pi j}\oint H(z)H(z^{-1})\frac{\mathrm{d}z}{z}$$

$$\sigma_f^2 = \frac{\sigma_e^2}{2\pi j}\oint H(z)H(z^{-1})\frac{\mathrm{d}z}{z}$$ (8-29)

对以补码截尾处理的噪声，其输出噪声功率同样可以用式(8-29)表示，但其输出噪声均值不为零，有

$$m_f = m_e \sum_{m=-\infty}^{\infty} h(m) = m_e H(\mathrm{e}^{\mathrm{j}0})$$ (8-30)

这里讨论了量化噪声从系统输入端进入系统后在输出端的输出噪声。

3) 参数表示误差对系统的影响

表示误差就是系统参数的量化误差。系统函数中的参数 a_i、b_i 都是理论计算值，具有无限的精度。而在实际实现时要用有限长的二进制数表示，这里存在误差，并已经在前面讨论过了。这里讨论这种误差对系统产生的影响，即系数表示误差效应。这种效应主要体现在零极点的变化上，a_i 的误差影响零点，b_i 的误差影响极点。下面我们将从数学理论方面讨论这种影响。

系数量化误差对零点和极点都会产生影响，有

$$\hat{a}_i = a_i + \Delta a_i$$ (8-31)

$$\hat{b}_i = b_i + \Delta b_i$$ (8-32)

式中，$\hat{a}_i$、$\hat{b}_i$ 分别表示由于 a_i、b_i 有误差 Δa_i、Δb_i 以后的实际值。

实际的系统函数为

$$\hat{H}(z) = \frac{\sum\limits_{i=0}^{N} \hat{a}_i z^{-i}}{1 - \sum\limits_{i=1}^{N} \hat{b}_i z^{-i}} \tag{8-33}$$

数字系统中极点对整个系统性能的影响往往要大于零点对系统的影响。因此，在这里我们以研究对极点的影响为主，与对零点影响的研究方法相似，此处不作介绍。

为了研究极点的变化，令

$$A(z) = 1 - \sum_{i=1}^{N} b_i z^{-i} = \prod_{i=1}^{N} (1 - p_i z^{-1}) = 0$$

式中，p_i 就是系统的极点。由于有 Δb_i 的存在，所以 p_i 会发生偏移。其偏移量为

$$\mathrm{d}p_i = \sum_{k=1}^{N} \frac{\partial p_i}{\partial b_k} \Delta b_k \qquad k=1,2,3,\dots,N \tag{8-34}$$

式(8-34)说明极点 p_i 的偏移量 $\mathrm{d}p_i$ 与系统中所有极点的误差 Δb_k 有关系，$(\partial p_i / \partial b_i)$ 越大，表明系数 b_k 对极点误差越敏感。$\partial p_i / \partial b_i$ 称为极点偏移灵敏度。

通过求偏微分的方法分析系统极点偏移灵敏度不直观，下面推导较为直观的方法。

因为

$$\frac{\partial A(z)}{\partial b_k} = \frac{\partial A(z)}{\partial p_i} \cdot \frac{\partial p_i}{\partial b_k}$$

所以

$$\frac{\partial p_i}{\partial b_k} = \frac{\dfrac{\partial A(z)}{\partial b_k}}{\dfrac{\partial A(z)}{\partial p_i}} \Bigg|_{z=p_i}$$

而

$$\frac{\partial A(z)}{\partial b_k} = \frac{\partial}{\partial b_k} \cdot (1 - \sum b_k z^{-k})\Big|_{z=p_k}$$

$$= -p_k^{-k} \tag{8-35}$$

$$\frac{\partial A(z)}{\partial p_k} = \frac{\partial}{\partial p_k} \cdot \Big[\prod (1 - p_i z^{-1})\Big]\Big|_{z=p_k}$$

$$= -z^{-1} \prod_{\substack{i=1 \\ i \neq k}}^{N} (1 - p_i z^{-1})\Big|_{z=p_k}$$

$$= -p^{-N} \prod_{\substack{i=1 \\ i \neq k}}^{N} (p_k - p_i) \tag{8-36}$$

所以

$$\frac{\partial p_i}{\partial b_k} = \frac{p_i^{N-k}}{\prod\limits_{\substack{l=1 \\ l \neq i}}^{N} (p_l - p_i)} \tag{8-37}$$

$$\mathrm{d}p_i = \sum_{k=1}^{N} \frac{\partial p_i}{\partial b_k} \Delta b_k = \sum_{k=1}^{N} \frac{p_i^{N-k}}{\prod_{\substack{l=1 \\ l \neq i}}^{N}(p_l - p_k)} \cdot \Delta b_k \tag{8-38}$$

这个推导是对单极点情况进行的，多极点的也可以做类似的推导。同时零点推导方法也类似。在式(8-37)中，分母是各个极点 p_l 到极点 p_i 的向量积，如果一个系统的多个极点间的距离越近，那么这个系统参数的误差对极点的偏移影响越大。图 8.25 用向量图的方法表示了这种情况。图 8.25(a)中极点比较靠近，那么系数 b_i 的误差对极点 p 的影响就较大。图 8.25(b)中极点距离比图 8.25(a)中要远，那么系数 b_i 的误差对极点 p 的影响比图 8.25(a)中的要小。同时，一个高阶系统比低阶系统极点的数量多，所以，高阶系统的零极点更加容易发生偏移。从这个角度出发，并联结构和级联结构由于是二阶子系统的组合，子结构的零极点偏移要比直接型结构小。对一些频率特性要求很高的高阶系统，可以采用并联或级联的结构来实现，以降低由于零极点偏移产生的性能变化。

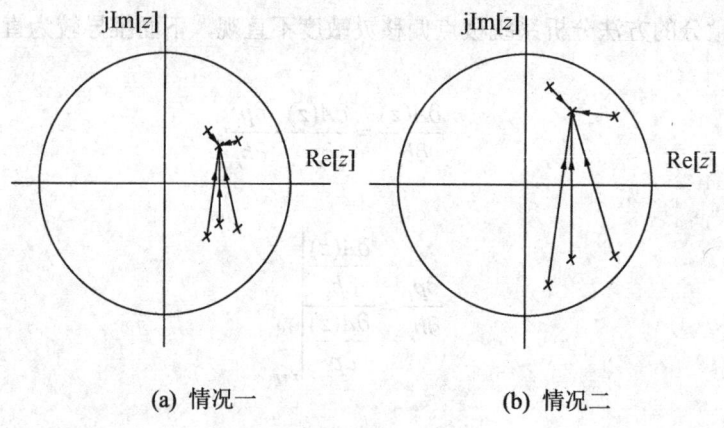

(a) 情况一   (b) 情况二

图 8.25　极点间向量图

在实际工作中，极点影响灵敏度是需要考虑的一个因素，但主要还是考虑设计的技术指标。极点影响可以通过选择高性能指标的设备来消除，例如采用双精度计算的方法。当然使用双精度以后计算量会大大增加，这时可以再考虑使用计算速度快的计算机和快速算法等措施。

8.2.6　几种特殊的滤波器

1) 全通滤波器

全通系统的幅频特性不随频率的变化而变化，而是为常数，即

$$\left| H_{\mathrm{ap}}(\mathrm{e}^{j\omega}) \right| = 1 \tag{8-39}$$

最简单的全通系统是一阶实零极点系统，即

$$H_{\text{ap}}(z) = \frac{z^{-1} - a}{1 - az^{-1}} \tag{8-40}$$

N 阶全通系统可以表示为

$$H_{\text{ap}}(z) = \prod_{i=1}^{N1} \left[\frac{z^{-1} - a_i^*}{1 - a_i z^{-1}} \cdot \frac{z^{-1} - a_i}{1 - a_i^* z^{-1}} \right] \cdot \prod_{i=1}^{N2} \frac{z^{-1} - b_i}{1 - b_i z^{-1}} \tag{8-41}$$

一个根在单位圆内部的 z 的实系数分母多项式，只要其分子多项式与分母多项式对称，则其代表的系统是一个全通系统，其零点一定与极点以单位圆对称。

2) 最小相位滤波器

系统不同频点之间的相频特性值之差是系统在这两点之间的相移。相移往往会造成信号的失真，所以通信系统常常希望相移较小。已知系统的相移特性为

$$\beta(\omega) = \sum_{m=1}^{M} \arg[e^{j\omega} - c_m] - \sum_{k=1}^{n} \arg[e^{j\omega} - d_k] + (N - M)\omega \tag{8-42}$$

很明显，($e^{j\omega} - c_m$)是单位圆上任意一点与零点的向量线的相角；$\sum\limits_{m=1}^{M} \arg[e^{j\omega} - c_m]$ 是所有零点向量线相角的和。同理，($e^{j\omega} - d_k$)是单位圆上任意一点与极点的向量线的相角；$\sum\limits_{m=1}^{M} \arg[e^{j\omega} - c_k]$ 是所有极点向量线相角的和。

若 $\Delta\omega = \omega_1 - \omega_0 = 2\pi$，得

$$\Delta\beta = \beta(\omega_1) - \beta(\omega_0) = \begin{cases} 2\pi & |c_m|, |d_k| < 1 \\ 0 & |c_m|, |d_k| > 1 \end{cases} \tag{8-43}$$

对于一个系统，在单位圆内的零点数量用 M_i 表示，在单位圆外的零点数量用 M_o 表示，在单位圆内的极点数量用 N_i 表示，在单位圆外的极点数量用 N_o 表示。这时有

$$M = M_i + M_o, \quad N = N_i + N_o$$

(1) 当 $M = M_i$, $N = N_i$ 时，有

$$\Delta\beta = \beta(\omega_1) - \beta(\omega_0) = 2\pi(M_i - N_i) + 2\pi(N - M) = 0$$

这时相位变化最小，我们把这样的系统称为最小相移系统，也称为最小相位延时系统。

(2) 当 $M = M_o, \cdots, N = N_i$ 时，有

$$\Delta\beta = \beta(\omega_1) - \beta(\omega_0) = -2\pi N_i + 2\pi(N - M) = -2\pi M$$

这时相位变化最大，我们把这样的系统称为最大相移系统。

当 $N = N_o$ 时，全部的极点在单位圆以外，我们把这样的系统称为逆因果系统。

8.3　典型例题

【例 8-4】设 FIR 网络系统函数 $H(z)$ 为 $H(z) = 0.96 + 2z^{-1} + 2.8z^{-2} + 1.5z^{-3}$，试画出 $H(z)$ 的直接型结构和级联型结构。

解：将 $H(z)$ 进行因式分解，得到

$$H(z) = (0.6 + 0.5z^{-1})(1.6 + 2z^{-1} + 3z^{-2})$$

它的直接型结构和级联型结构分别如图 8.26 所示。

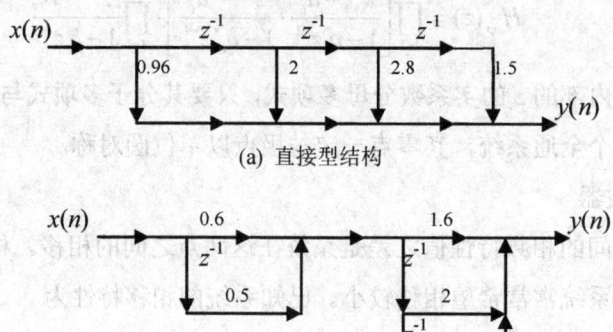

(a) 直接型结构

(b) 级联型结构

图 8.26　直接型结构和级联型结构

【例 8-5】设 IIR 数字滤波器的系统函数 $H(z)$ 为 $H(z) = \dfrac{8 - 4z^{-1} + 11z^{-2} - 2z^{-3}}{1 - \dfrac{5}{4}z^{-1} + \dfrac{3}{4}z^{-2} - \dfrac{1}{8}z^{-3}}$，试写

出系统的差分方程，并画出该滤波器的直接型结构。

解：由系统函数 $H(z)$ 写出差分方程为

$$y(n) = \frac{5}{4}y(n-1) - \frac{3}{4}y(n-2) + \frac{1}{8}y(n-3) + 8x(n) - 4x(n-1)$$
$$+ 11x(n-2) - 2x(n-3)$$

可根据系统函数或差分方程画出直接型结构如图 8.27 所示。

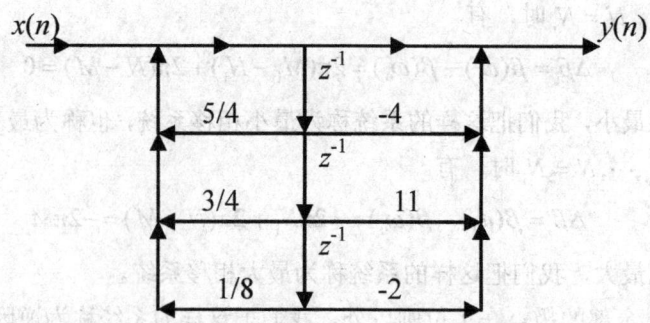

图 8.27　滤波器的直接型结构

【例 8-6】各种实现结构各有什么特点？

答：IIR：

直接 I 型，优点为简单；缺点为延迟多，对字长敏感，调整零极点不便。

直接Ⅱ型，优点为比直接Ⅰ型延迟减少一半，节省了存储器、寄存器。

级联型，优点为易于调整零极点。

并联型，优点为总误差较小，易于调整极点，硬件并行实现速度快，误差小。

FIR：

直接型和级联型的情况与 IIR 相同，线性相位型的乘法次数减少一半。

8.4 习题选解

1. 已知 FIR 系统的 16 个频率采样值为：$H(0)=12$，$H(1)=-3-j\sqrt{3}$，$H(2)=1+j$，$H(3)=H(4)=\ldots=H(13)=0$，$H(2)=1-j$，$H(1)=-3+j\sqrt{3}$。试画出其频率采样结构图。如果取 $r=0.95$，画出其修正的采用实系数乘法的频率采样结构图。

解： $H(z)=\dfrac{1-z^{-N}}{N}\sum_{k=0}^{N-1}\dfrac{H(k)}{1-W_N^{-k}z^{-1}}$ $N=16$

得其频率采样结构图如图 8.28 所示。

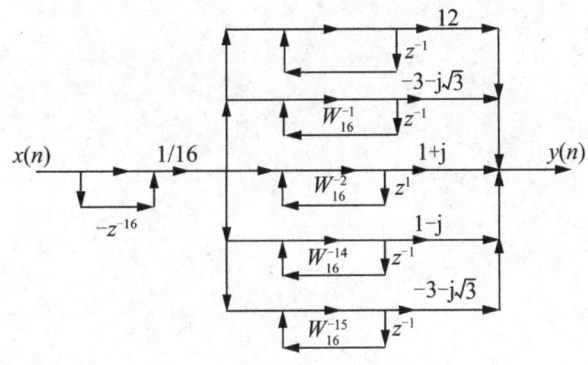

图 8.28 习题 1 图(1)

取修正半径 $r=0.95$，将上式中互为复共轭的并联支路合并，得

$$H(z)=\frac{1-r^{16}z^{-16}}{16}\sum_{k=0}^{15}\frac{H(k)}{1-rW_{16}^{-k}z^{-1}}=\frac{1}{16}(1-0.4401z^{-16})\left[\frac{H(0)}{1-0.95z^{-1}}+\left(\frac{H(1)}{1-0.95W_{16}^{-1}z^{-1}}\right.\right.$$

$$\left.+\frac{H(15)}{1-0.95W_{16}^{-15}z^{-1}}\right)+\left(\frac{H(2)}{1-0.95W_{16}^{-2}z^{-1}}+\frac{H(14)}{1-0.95W_{16}^{-14}z^{-1}}\right)\right]$$

$$=\frac{1}{16}(1-0.4401z^{-16})\left[\frac{12}{1-0.95z^{-1}}+\left(\frac{-6-6.5254z^{-1}}{1-1.7554z^{-1}+0.9025z^{-2}}+\frac{2-2.6870z^{-1}}{1-1.3435z^{-1}+0.9025z^{-2}}\right)\right]$$

其频率采样结构图如图 8.29 所示。

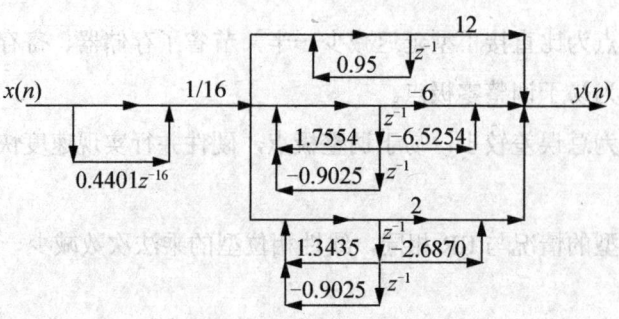

图 8.29　习题 1 图(2)

2. 分别用 6 字长原码、反码、补码形式表示数 7/32、-7/32。

解：$x = 7/32$：原码 = [0.001110] = 反码 = 补码。

$x = -7/32$：原码 = [1.001110]；反码 = [1.110001]；补码 = [1.110010]。

参 考 文 献

[1] 沈卫康，宋宇飞. 数字信号处理. 北京：清华大学出版社，2011
[2] 程佩青. 数字信号处理教程. 北京：清华大学出版社，2007
[3] 胡广书. 数字信号处理——理论、算法与实现. 北京：清华大学出版社，2003
[4] 高西全，丁玉美. 数字信号处理. 西安：西安电子科技大学出版社，2008
[5] 吴镇扬. 数字信号处理. 北京：高等教育出版社，2004
[6] A.V.奥本海姆. 刘树棠译. 离散时间信号处理. 西安：西安交通大学出版社，2001
[7] Sanjit K.Mitra. 孙洪译. 数字信号处理——基于计算机的方法. 北京：电子工业出版社，2006
[8] Richard G. Lyons. 朱光明译. 数字信号处理. 北京：机械工业出版社，2006
[9] John G. Proakis. 方艳梅译. 数字信号处理. 北京：电子工业出版社，2007
[10] 恩格尔. 刘树棠译. 数字信号处理：使用 MATLAB. 西安：西安交通大学出版社，2002
[11] 英格尔. 刘树棠译. 数字信号处理 MATLAB 版. 西安：西安交通大学出版社，2008
[12] 高西全，丁玉美. 数字信号处理——原理、实现及应用. 北京：电子工业出版社，2006
[13] 胡广书. 数字信号处理导论. 北京：清华大学出版社，2003
[14] 程乾生. 数字信号处理. 北京：北京大学出版社，2003
[15] 吴镇扬. 数字信号处理的原理与实现. 南京：东南大学出版社，2002
[16] 张小虹. 数字信号处理. 北京：机械工业出版社，2005
[17] 程佩青. 数字信号处理教程习题分析与解答. 北京：清华大学出版社，2007
[18] 高西全，丁玉美. 数字信号处理学习指导. 西安：西安电子科技大学出版社，2009
[19] 张小虹. 数字信号处理学习指导与习题解答. 北京：机械工业出版社，2005
[20] 高西全，丁玉美. 数字信号处理学习指导与题解. 北京：电子工业出版社，2007
[21] 邓立新，曹雪虹. 数字信号处理学习辅导及习题详解. 北京：电子工业出版社，2005
[22] 楼顺天，李博菡. 基于 MATLAB7.x 的系统分析与设计——信号处理. 西安：西安电子科技大学出版社，2005
[23] 陈怀琛. 数字信号处理——MATLAB 释疑与实现. 北京：电子工业出版社，2004
[24] 楼顺天，李博菡. MATLAB7.x 程序设计语言. 西安：西安电子科技大学出版社，2007
[25] 王宏. MATLAB 6.5 及其在信号处理中的应用. 北京：清华大学出版社，2004
[26] 张志涌. 精通 MATLAB 6.5 版. 北京：航空航天大学出版社，2003
[27] 王世一. 数字信号处理. 北京：北京理工大学出版社，2006
[28] Sanjit K.Mitra. 孙洪译. 数字信号处理实验指导书. 北京：电子工业出版社，2005
[29] 史林，赵树杰. 数字信号处理. 北京：科学出版社，2007
[30] 刘益成，孙祥娥. 数字信号处理. 北京：电子工业出版社，2009
[31] 王永玉，孙衢. 数字信号处理及应用. 北京：北京邮电大学出版社，2009
[32] 胡广书. 现代信号处理教程. 北京：清华大学出版社，2004